KB001851

다윈가

플라톤가

Welcome to
지식인 마을

새싹마을

촘스키가

아크로폴리스

아고라

아인슈타인가

입구

지식인마을28

제인 구달 & 루이스 리키

인간과 유인원, 경계에서 만나다

지식인마을 28 인간과 유인원, 경계에서 만나다

제인 구달 & 루이스 리키

저자_ 진주현

1판 1쇄 발행_ 2008. 9. 12.
1판 4쇄 발행_ 2022. 10. 1.

발행처_ 김영사
발행인_ 고세규

등록번호_ 제406-2003-036호
등록일자_ 1979. 5. 17.

경기도 파주시 문발로 197(문발동) 우편번호 10881
마케팅부 031)955-3100, 편집부 031)955-3200, 팩스 031)955-3111

저작권자 ⓒ 진주현, 2008
이 책의 저작권은 저자에게 있습니다. 서면에 의한 저자와 출판사의
허락 없이 내용의 일부를 인용하거나 발췌하는 것을 금합니다.

Copyright ⓒ 2008 Joohyun Jin
All rights reserved including the rights of reproduction in whole
or in part in any form. Printed in KOREA.

값은 뒤표지에 있습니다.
ISBN 978-89-349-2179-0 04400
　　　978-89-349-2136-3 (세트)

홈페이지_ www.gimmyoung.com　　　블로그_ blog.naver.com/gybook
인스타그램_ instagram.com/gimmyoung　이메일_ bestbook@gimmyoung.com

좋은 독자가 좋은 책을 만듭니다.
김영사는 독자 여러분의 의견에 항상 귀 기울이고 있습니다.

지식인마을 28

제인 구달 & 루이스 리키
Jane Goodall & Louis Leakey

인간과 유인원,
경계에서 만나다

진주현 지음

김영사

인류학에서 배운 열정

고인류학의 선구자라 불리는 루이스 리키는 어렸을 때부터 동네 곳곳을 뒤지며 화석을 찾는 취미가 있었다고 한다. 또한 침팬지 연구의 선구자인 제인 구달은 한 살 때부터 침팬지 인형을 늘 지니고 다녔으며 어렸을 적부터 동물을 관찰하는 일을 매우 좋아했다고 한다. 인류학을 업으로 하게 된 나 역시 이런 멋진 배경을 가지고 있으면 좋으련만, 안타깝게도 나는 인류학이 무언지도 대학에 들어가서야 제대로 알게 된 아주 평범한 학생이었다. 현재 내 연구의 핵심에 놓여 있는 뼈 역시 대학에서 체질 인류학 수업을 듣기 전에는 아예 관심도 없었다. 인류 진화에 관해서도 아는 것이라고는 고작 중·고등학교 수업시간에 들었던 북경 원인 정도가 전부였다.

하지만 알게 되면 그때 보이는 것은 예전에 보던 것과는 다르다고 했다. 1999년에 우연히 읽게 된 한 권의 책은 나에게 그동안 내가 전혀 모르던 새로운 세상을 열어 주었다. 인류 진화를 다루는 고인류학이라는 학문에 매료된 것을 계기로 지난 십 년 간 분야를 넓혀 생물 인류학 그리고 고고학을 넘나들며 새로운 것을 배우는 즐거움에 푹 빠질 수 있었다. 사람을 사람이게 하는 특징은 무엇인지, 동시에 사람을 여전히 동물이게 하는 특징은 무엇인지 배워나가는 것이 참으로 재미있었다. 물론 그 중간중간에 내 능력이 모자라 좌절도 겪었고 모든 것을 그만두고 싶은 충동에 사로잡힐 때도 있었다. 그런 시기에 나를 붙잡아주고 내가 계속해서 인류학을 공부하도록 해준 것이 바로 루이스 리키를 비롯한 리키 가족과 제인 구달의 열정이었다. 공부가 힘들어서 하고 싶지 않을 때면 그들을 비롯한 훌륭한 인류학자들의 이야기를 담은 책과 비디오를 반복해서 봤다. 그들의 열정과 끈기 그리고 좌절에도 굴하지 않는 용기를 보고 있으면 가슴이 뛰었다. 그렇게 해서 나는 다시 마음을 다잡곤 했다.

그런 훌륭한 학자들에 대해 내가 글을 쓴다는 것 자체가 영광스러운 일이다. 모자란 것 많은 글이지만 이 책을 통해 루이스 리키와 제인 구달의 학문과 삶에 대한 열정이 독자들에게 전달 되었으면 한다.

인류학을 공부하러 유학을 떠나기 전에 잠시 망설인 적이 있었다. 인류학을 통해 딱히 출세할 수도 없을 것 같고 돈을 잘 벌 수도 없을 것 같기에, 단순히 재미있다는 이유로 이 길을 가겠다고 하는 것이 잘하는 일인지 망설여졌다. 그때 아버지께서 말씀하셨다. "무엇이든 네가 가장 좋아하는 일을 해야 행복하단다." 우리 아버지는 언제나 나의 결정을 믿고 지지해주셨으며 내게 삶의 지혜와 도전정신을 가르쳐 주셨다. 초고를 가장 먼저 읽어주신 것도 아버지였다. 유학 생활이 힘들다면서 엄마에게 전화해 하소연한 적도 많았고 먹을 것부터 시작해서 온갖 것들을 미국으로 부쳐달라고 부탁도 자주 드렸다. 심지어는 책을 쓰면서도 온갖 투정은 엄마에게 다 부렸다. 그런 것들을 다 받아준 엄마가 아니었다면 이렇게 박사 과정의 끝이 보이는 날도 책이 완성되어 나오는 날도 오지 않았을 것이다. 속 깊은 내 동생 미현이의 재치와 발랄함도 이 책이 나오는 데까지 큰 몫을 했다.

초고를 열심히 읽고 손봐준 친구 미숙이에게 고마운 마음을 전한다. 내게 책을 쓸 수 있는 기회를 주신 박순영 선생님과 장대익 선생님께 감사드린다. 이 책의 대부분을 북경의 한 연구소에서 썼다. 연구한다고 앉아서 책을 쓰고 있어도 눈 감아주고 오히려 편안히 쓸 수 있는 환경을 제공해 준 류우(刘武), 우슈제(吳秀杰), 진청쿤(金成坤) 박사님이 아니었다면 원고를 완성하지 못했을 것이다. 마지막으로 내가 책을 쓰게 되었다고 했을 때 누구보다 기뻐해 주시고 격려를 아끼지 않으신 니나 자블론스키Nina Jablonski 선생님께도 이 자리를 빌어 감사의 말씀을 전하고 싶다.

2008년 8월
중국 곤명에서
진주현

〈지식인마을〉시리즈는…

〈지식인마을〉은 인문·사회·과학 분야에서 뛰어난 업적을 남긴 동서양대표 지식인 100인의 사상을 독창적으로 엮은 통합적 지식교양서이다. 100명의 지식인이 한 마을에 살고 있다는 가정 하에 동서고금을 가로지르는 지식인들의 대립·계승·영향 관계를 일목요연하게 볼 수 있도록 구성했으며, 분야별·시대별로 4개의 거리(street)를 구성하여 해당 분야에 대한 지식의 지평을 넓히는 데 도움이 되도록 했다.

〈지식인마을〉의 거리

플라톤가　플라톤, 공자, 뒤르켐, 프로이트 같이 모든 지식의 뿌리가 되는 대사상가들의 거리이다.

다윈가　고대 자연철학자들과 근대 생물학자들의 거리로, 모든 과학 사상이 시작된 곳이다.

촘스키가　촘스키, 베냐민, 하이데거, 푸코 등 현대사회를 살아가는 인간에 대한 새로운 시각을 제시한 지식인의 거리이다.

아인슈타인가　아인슈타인, 에디슨, 쿤, 포퍼 등 21세기를 과학의 세대로 만든 이들의 거리이다.

이 책의 구성은

〈지식인마을〉시리즈의 각권은 인류 지성사를 이끌었던 위대한 질문을 중심으로 서로 대립하거나 영향을 미친 두 명의 지식인이 주인

공으로 등장한다. 그리고 다음과 같은 구성 아래 그들의 치열한 논쟁을 폭넓고 깊이 있게 다룸으로써 더 많은 지식의 네트워크를 보여주고 있다.

초대 각 권마다 등장하는 두 명이 주인공이 보내는 초대장. 두 지식인의 사상적 배경과 책의 핵심 논제가 제시된다.
만남 독자들을 더욱 깊은 지식의 세계로 이끌고 갈 만남의 장. 두 주인공의 사상과 업적이 어떻게 이루어졌으며, 그들이 진정 하고 싶었던 말은 무엇이었는지 알아본다.
대화 시공을 초월한 지식인들의 가상대화. 사마천과 노자, 장자가 직접 인터뷰를 하고 부르디외와 함께 시위 현장에 나가기도 하면서, 치열한 고민의 과정을 직접 들어본다.
이슈 과거지식인의 문제의식은 곧 현재의 이슈. 과거의 지식이 현재의 문제를 해결하는 데 어떻게 적용될 수 있는지 살펴본다.

이 시리즈에서 저자들이 펼쳐놓은 지식의 지형도는 대략적일 뿐이다. 〈지식인마을〉에서 위대한 지식인들을 만나, 그들과 대화하고, 오늘의 이슈에 대해 토론하며 새로운 지식의 지형도를 그려나가기를 바란다.

지식인마을 책임기획 **장대익**
서울대학교 자유전공학부 교수

Contents 이 책의 내용

Jane Goodall

Chapter 1

초대

INVITATION

Louis Leakey

아프리카보다
뜨거운 삶을 살다

아프리카에서
온 초대장
——

뜨겁다 못해 따가운 태양이 내리쬐는 어느 날, 아프리카의 황량한 벌판을 누비며 화석을 찾는 이들이 있다. 온몸이 땀으로 범벅이 되었는데도 이들은 때로는 땅을 보고 걷고, 때로는 낙타를 타고 끊임없이 이동한다. 그러다 마침내 화석을 발견하면 주머니 속에 넣어두었던 삽과 붓을 들고 조심스레 화석을 꺼내기 시작한다. 어느 하나 가치가 없는 화석이 있겠냐만 특히 중요한 화석이 발견된 날 밤에는 아프리카의 발굴 캠프에서 성대한 잔치가 벌어진다. 냉장고가 없어 따뜻해져 버린 맥주와 염소구이 바비큐밖에 없지만 이것만으로도 이들은 행복에 젖어 별이 쏟아지는 아프리카의 하늘 아래서 밤새 웃고 떠든다. 그 다음날 해가 뜰 무렵 그들은 또다시 아프리카의 벌판으로 화석을 찾아나선다. 땅속에서 오랜 세월을 견뎌온 화석은 이들의 손을 거쳐 세상으로 나오게 되고 그렇게 모인 화석들은 우리가 기억하지 못하는 먼 옛날 지구상에 살았던 우리의 조상에 대한 이야기를 하나둘씩 들려준다.

리키 가족은 고고학과 인류학을 대표하는 학자 집안으로 널리 알려져 있다. 전설까지는 아니라 하더라도 아마 세계적으로 가장 잘 알려진 인류학자를 꼽으라면 어김 없이 1, 2위를 다툴 사람들이 바로 리키 가족이다. 리키 가족의 명성은 루이스 리키^{Louis} $_{Leakey, 1903~1972}$와 그의 부인 메리 리키$^{Mary\ Leakey,\ 1913~1996}$로부터 시작된다. 루이스 리키는 저명한 과학 잡지 《네이처^{Nature}》에만 40편의 논문을 발표했고, 메리 리키는 여성 최초로 스웨덴 왕립 과학원에서 수여하는 골드 린네 메달을 받았다. 이 부부가 젊음을 바친 올두바이 계곡$^{Olduvai\ Gorge}$에서 태어난 아들 리차드 리키^{Richard} $_{Leakey, 1944~}$는 아내 미브 리키$^{Meave\ Leakey,\ 1942~}$와 또 다시 아프리카의 뜨거운 태양 아래 젊음을 바쳤고, 그들의 딸인 루이즈 리키^{Louise} $_{Leakey, 1972~}$ 역시 케냐의 발굴 현장을 누비며 인류학자의 길을 걷고 있다. 이 정도면 바야흐로 인류학이 가업인 집안이라고 할 수 있을 것이다. 리키 가족을 인류학이라는 학문으로 인도한 루이스 리키의 이름을 딴 리키 재단은 오늘날 수많은 인류학자들에게 연구 기금을 지원하는 가장 주요한 재단 중 하나로 자리 잡았다.

시선을 다른 곳으로 옮겨보자. 나무가 빽빽하게 들어찬 아프리카의 숲 속. 한 여인이 망원경을 들고 산봉우리에 꼼짝 않고 앉아서 무언가를 관찰하고 있다. 벌써 몇 시간이 지나도록 그녀는 같은 자리에서 망원경을 들여다보고 있다. 망원경으로 보이는 산 너머 나무에서는 야생의 침팬지들이 뛰놀고 있었다. 마침내 침팬지들을 잘 관찰할 수 있는 산봉우리를 찾아낸 그녀는 아예 그곳에서 먹고 자면서 침팬지를 계속 지켜보기로 하고 침낭과 간단한 먹을거리, 그리고 공책을 들고 다시 산봉우리에 오른다. 그리고는 커피 한 잔과 빵 한 조각으로 저녁을 때운 후, 침팬지들이 잠들 때까지 기다렸다가 자신도 침낭에 들어가 잠을 청한다. 그녀는 이렇게 하늘 가득 쏟아지는 별들과 이름 모를 곤충의 울음소리를 친구 삼아 아프리카의 숲 속에서 30년이 넘는 세월을 침팬지 연구에 바친다. 이렇게 모은 자료들은 침팬지를 이해하는 데는 물론이고 인간을 더 잘 이해하는 데까지 커다란 도움을 주게 된다.

그녀가 바로 세계적인 동물학자 제인 구달^{Jane Goodall, 1934~}이다. 제인은 1년 365일 중에 3백 일 이상을 외국에 머무르며 강연을 하고 있으며 유엔 평화대사로 임명되었을 뿐만 아니라 간디 평화상을 비롯한 수많은 상을 수상한 유명 인사가 되었다. 그럼에도 제인을 상징하는, 뒤로 넘겨 하나로 묶은 말꼬리 머리 스타일에는 변함이 없다. 스물여섯 살의 나이에 아프리카 오지로 침팬지 연구를 위해 떠났

던 제인은 과연 세계적인 스타가 된
오늘날의 자신의 모습을 과연 상상
이나 할 수 있었을까.

아무도 가지 않은 길을 가다

사실 루이스 리키
는 그 명성에 비해
인류학이라는 학문에
이론이나 사상적으로 공
헌한 바는 적은 편이다. 이는 앞뒤 가리지 않고
일단 덤비고 보는 루이스의 성격과도 관련이 있지만
고인류학이나 고고학이라는 학문의 특성과도 긴밀하게 연
결되어 있다.

과학적인 방법으로 연구를 한다고 하면 흔히 다음과 같은 과
정을 떠올리게 된다. 어떤 가설을 세우고 그 가설이 맞는지를 검
증하기 위해 실험을 설계하고 결과가 나올 때까지 실험을 반복
하며 그 결과에 따라 가설이 증명되거나 기각된다. 물론 오늘날
고고학이나 인류학의 경우 이런 식으로 가설을 세우고 증명 과
정을 거칠 수 있을 만큼 화석과 유물 자료가 충분히 쌓여 있기
때문에 그러한 과정이 어느 정도 가능한 것이 사실이다. 하지만
루이스 리키가 아프리카로 떠나던 1930년대의 사정은 달랐다.
그때까지 발견된 중요한 화석은 다섯 손가락 안에 꼽을 정도였
나. 인류의 조상으로 여겨지는 화석이 일단 발견이 되어야 그 다

음에 그것을 토대로 인류 진화 역사에 대한 가설을 세우거나 이론을 만들어낼 수 있을 것 아닌가. 아무 자료도 없는 상태에서 루이스 리키가 아득한 과거에 대한 가설을 세운다는 것은 불가능에 가까웠다.

이 세상 모든 일의 성공과 실패에는 정도의 차이가 있을 뿐 운이라는 것이 어느 정도 작용하는 것은 사실이지만, 고고학 발굴의 경우에는 행운의 힘이 거의 절대적이라고 해도 과언이 아니다. 일단 찾고자 하는 유물이 땅속 어딘가에 묻혀 있을 것이라는 신념을 가지고 땅을 직접 파야 하는데 도대체 어디서부터 얼마만큼을 파야 원하는 것을 찾을 수 있다는 말인가. 설령 모든 여건이 맞아 떨어져서 원하는 만큼, 원하는 기간 동안 땅을 팔 수 있다고 한들 그곳에 정말로 내가 찾고자 하는 유물이 있는지조차 확실하지 않은 상태에서 시작하는 일이기에 그 결과는 아무도 장담할 수 없다. 만약 누군가가 당신에게 한반도 어딘가에 살았을 우리의 오래 전 조상의 화석을 찾아내라고 한다면 어디서부터 얼마만큼 땅을 파내려 가야 할지 알 수 있을까?

상황이 이렇다 보니 가설이나 이론의 성립보다는 일단 누군가가 실패를 두려워하지 않고 발굴 작업에 뛰어드는 것이 중요했다. 그런 의미에서 루이스 리키는 인류학의 선구자다. 그는 학자로서 명성을 얻기 위해 혹은 돈을 벌기 위해 아프리카의 올두바이 계곡에서 발굴을 시작하지 않았다. 탄자니아의 올두바이는 금방 휙 둘러볼 수 있는 작은 계곡이 아니다. 1백 미터 정도의 깊이로 수십 킬로미터에 걸쳐 뻗어 있는 계곡이 올두바이이다. 그

넓은 올두바이 어딘가에 인류의 조상이 흔적을 남겼을 것이라는 믿음 하나만으로 하염없이 땅만 내려다보면서 화석을 찾고자 한 사람이 바로 루이스 리키와 그의 부인 메리이다. 21세기에 들어선 오늘날에도 여전히 전기가 들어오지 않는 그런 오지 중 오지가 올두바이인데 하물며 1930년대는 어떠했겠는가. 그런 곳에서 자그마치 30년 동안이나 계속해서 발굴을 진행해 결국 원하는 화석을 찾아낸 이들이 리키 부부이다. 이러한 그들의 열정과 끈기, 그리고 결실은 《내셔널 지오그래픽》을 통해 전 세계에 알려졌고, 이는 오지 탐험의 꿈을 가지고 있던 많은 젊은이들을 자극했다. 그리고 그 젊은이들은 오늘날 인류학을 이끌어가는 중심 세대가 되었다.

하지만 루이스 리키는 특유의 강한 고집 때문에 다른 학자들의 의견을 잘 수용하지 못했고, 그 결과 발견된 화석에 대한 잘못된 분석과 이론을 내놓기 십상이었다. 또한 말년에 접어들면서 결국 실패로 돌아가다시피 한 캘리포니아의 발굴 작업에 지나치게 많은 힘을 쏟으면서 학자로서 자신의 명성을 악화시키기도 했다. 하지만 그렇다고 해서 그가 오늘날 인류학에 남긴 업적의 가치가 줄어드는 것은 결코 아니다.

콜럼버스의 달걀 이

야기를 생각해보자. 콜럼버스가 달걀 밑을 깨뜨려 책상 위에 세우자 사람들은 그런 식이라면 누구나 할 수 있다며 그를 비웃었다. 그러자 콜럼버스가 답했다. "당신들이 할 수 있다고 생각하는 것은 이미 내가 하는 것을 보았기 때문입니다." 이 일화가 사실인지 아닌지에 대한 논쟁 여부를 떠나서 콜럼버스의 달걀 일화는 무엇이든 처음 시작하는 것이 얼마나 중요한지를 보여주는 좋은 예이다. 루이스 리키의 이야기를 처음 듣는 사람들은 그렇게 무조건 오랫동안 땅만 파면 된다면 누가 못하겠냐고 생각하기 쉽다. 하지만 과연 그럴까?

탄자니아의 곰비 Gombe라는 외진 곳에서 30년이 넘는 세월 동안 야생 침팬지를 관찰한 제인 구달의 연구를 생각해보자. 침팬지 연구를 시작할 때 제인은 고등학교만 마친 상태였다. 박사 학위는커녕 대학 문턱에도 가본 적이 없었다. 제인이 스물셋의 나이에 아프리카로 떠난 것은 어렸을 때부터 가보고 싶었던 곳이었기 때문이지 침팬지를 연구하고자 하는 목적에서가 아니었다. 그 당시 제인 구달은 침팬지가 정확히 어디에 사는지도 알지 못했을 뿐더러 침팬지를 야생에서 관찰한다는 것은 생각조차 해본 적도 없었다. 그러나 우연히 만난 루이스 리키를 통해 곰비로 가게 되면서 그녀의 인생은 송두리째 바뀌었다. 비서학교 출신의 영국 소녀에서 오늘날 침팬지 연구의 선구자가 된 것이다.

제인은 곰비라는 오지에서 외로움과 싸우며 침팬지를 연구하기 시작했다. 이는 그때까지 아무도 제대로 해본 적이 없는 작업이었다. 루이스 리키가 올두바이에서 발굴을 시작할 때와 마찬가지로 제인 구달 역시 어떤 가설을 세운 후에 야생 침팬지 연구를 시작한 것은 아니었다. 가설을 세울 수 있는 기본 자료조차 전무한 상황 속에서 그녀는 일단 현장 속으로 뛰어들어 직접 관찰하고 시행착오를 겪으면서 자료를 쌓아 나가는 작업부터 해야만 했다. 제인이 곰비에서 연구를 시작하게 된 정황과 곰비에서의 초기 연구 방법을 듣는 사람들은 "그게 뭐 그렇게 대단한 것인가. 무조건 앉아서 침팬지를 관찰하기만 하면 되는 것 아닌가" 하고 생각할 수도 있다. 하지만 이 역시 콜럼버스의 달걀인 셈이다.

사람을 연구하는 학문, 인류학

아무도 가지 않은 길을 선택한 루이스 리키와 제인 구달의 열정이 젊은 세대를 사로잡은 것은 사실이지만 리키와 구달이 단순히 열정과 용기만으로 젊은이들의 우상이 된 것은 아니다. 그것 못지않게 젊은이들에게 매력적으로 다가갔던 것은 사람을 연구하는 인류학이라는 학문 자체였다. 사실 사람도 동물이기 때문에 생물학에서 다룰 수 있는 대상이고, 실제로 생물학이나 의학에서 심도 있게 사람을 연구하는 것도 사실이다. 하지만 다른 동물과 달리 사람만이 가진 결코 무시할 수 없는 특징이 있으니 그것은 바로 문화이다. 우리도 여타 동물처럼 끼니를 챙겨 먹어야 하고 잠도 자야 한다. 그러나 사람에게 음식이라는 것은 단순히 배를 부르게 하기 위한 것만은 아니다. '식사 한번 같이 하자'는 말 속에 담겨 있는 의미를 우리는 알고 있지 않은가. 이렇게 다른 동물과 같으면서도 다른 존재가 사람이기에 인류학이라는 학문이 존재한다. 무엇이 사람을 특별하게 하며, 무엇이 사람을 여전히 동물이게 하는가? 이 두 요소가 어떻게 얽혀서 사람만이 가진 독특한 특징을 만들어내는지를 연구하는 것이 바로 인류학이다.

'사람'이라는 연구 대상은 여러 각도에서 접근할 수 있다. 그중에서 루이스 리키가 가장 관심을 보인 것은 사람을 사람이게 하는 중요한 특징을 연구하는 것이었다. 사람만이 가진 많은 특징 중에서도 루이스 리키는 특히 도구의 사용과 그와 관련된 신체 구조의 변화라는 주제에 관심이 많았다. 지구상에 사람이라는 존재가 생겨난 이후 현재 인류의 모습에 이르기까지 수 차례에 걸쳐 신체적인 변화가 나타났다. 그 결정적 계기 중의 하나가 바로 약 2백만 년 전부터 시작된 도구의 사용이다. 도구를 만들기 위해서는 그에 적합한 재질의 돌을 선택해야 하며, 선택한 돌을 어떤 식으로 다듬어야 유용하게 사용할 수 있는지에 대해서도 미리 생각해야 한다. 따라서 두뇌 용량의 증가와 같은 신체적인 변화가 수반되지 않는다면 인류가 도구를 사용한다는 것 자체가 불가능하다. 우리가 아무리 간절히 원한다고 해도 한 살짜리 아기에게 덧셈, 뺄셈을 가르치는 것이 불가능한 것처럼 말이다. 그렇다면 도대체 그 무렵에 어떤 일이 있었기에 그때부터 사람들은 돌로 만든 도끼나 망치 같은 연장을 사용하게 된 것일까? 환경의 변화로 사람들이 도구를 만들어 사용할 수밖에 없었던 것인가? 왜 하필이면 다른 동물에게서는 볼 수 없는 두뇌 용량의 증가가 사람에게만 두드러지게 나타난 것일까? 이렇게 사람이라는 존재를 이해하고자, 사람만이 가진 특징에 대해 끊임없이 질문을 던지고 그 해답을 찾는 데 평생을 바친 사람이 루이스 리키이다.

루이스 리키가 사람만이 가진 고유한 특징에 관심을 보인 데 비해 제인 구달은 사람과 다른 동물이 공통적으로 가진 특징에 초점을 맞추었다. 루이스 리키는 사람을 연구하기 위해서는 사람과 비슷한 특징을 갖는 동물을 연구하는 것이 중요하다는 것을 일찍이 깨달았던 학자이기도 하다. 수많은 동물 중에 인간과 가장 가까운 관계에 있는 침팬지를 연구함으로써 인간이라는 존재를 제대로 이해할 수 있다고 생각했기 때문이다. 우리나라의 역사를 제대로 이해하기 위해 우리나라와 가장 가까이 있는 일본과 중국의 역사를 연구하는 것과 같은 이치라고 할 수 있다.

사람과 가장 가까운 동물이 무엇일까? 사람은 동물계에서 침팬지, 고릴라, 오랑우탄 그리고 여러 원숭이들과 함께 영장류라는 집단으로 분류된다. 그 중에서 섬뜩할 만큼 똑똑하고 기가 막히게 영리한 동물인 침팬지는 사람과 98퍼센트의 유전자를 똑같이 가지고 있다. 지구상에 존재하는 수많은 동물 중에서 사람과 가장 가까운 영장류를 연구하는 것이 사람을 이해하는 또 하나의 좋은 방법이라고 생각한 루이스 리키는 제인 구달을 야생 침팬지의 서식지인 곰비로 보낸다. 그곳에서 제인은 침팬지도 사람처럼 복잡한 사회 구조를 가지고 있으며, 무리의 우두머리가 되기 위해 수컷들이 얼마나 저설한 두생을 밀이는지를 알게 되었다. 흔히 사람만이 가진 특성으로 여기는 모성애가 침팬지에게도 엄연히 존재한다는 사실도 밝혀냈다. 이외에도 침팬지와 사람이 공유하는 수많은 특징을 발견했다. 이렇게 사람만이 가진 특징인 줄 알았던 것들이 침팬지에게서 발견되는 경우도 많았다.

사람과 침팬지, 나아가 사람과 영장류가 가진 공통점은 무엇이며 어떤 차이점을 지니고 있는지를 포괄적으로 연구하여 궁극적으로 인간을 깊이 이해할 수 있도록 해주는 학문인 영장류학은 넓은 의미에서 인류학에 포함시킬 수 있다. 제인은 단순히 침팬지를 관찰하는 것을 넘어 자신이 관찰한 자료를 바탕으로 가설을 세우고 이론을 정립하여 영장류학이 제대로 된 학문으로 자리매김하는 데 선구자적인 역할을 했다.

사람을 연구한다는 것은 그리 간단한 것이 아니다. 한 사람 한 사람만 놓고 보아도 이 세상에 얼마나 다양한 사람들이 존재하는지 알 수 있다. 분명 우리와 매우 닮았으나 또한 매우 다른 침팬지의 모습은 또한 얼마나 신기한가? 사람을 침팬지와 다르게 해주는 것은 무엇이고 사람을 여전히 침팬지와 같은 영장류로 묶어주는 것은 무엇인가? 나이지리아의 한 마을에서 연구된 사람의 모습, 아프리카의 땡볕에서 찾아낸 수백만 년 전 화석으로 보는 사람의 모습. 이러한 모습들을 하나하나 엮어가면, 비로소 우리는 '사람'을 제대로 이해할 수 있게 될 것이다. 이러한 사람 냄새가 가득한 학문인 인류학. 그것이야말로 루이스 리키와 제인 구달을 비롯한 수많은 사람을 사로잡은 인류학의 매력이 아닐까?

오늘날에도 인류학자들은 사람을 사람이게 하는 여러 가지 요소들을 연구하기 위해 노력하고 있다. 샤워 시설은커녕 깨끗한 물조차 마시기 힘든 곳에서 몇 달 혹은 몇 년씩 지내며 화석을 찾아 헤매는 이들이 있기에, 습한 밀림 속의 고독함을 이겨내며 야생 침팬지를 관찰해온 이들이 있기에, 오늘날 우리는 우리의 조상에 대해 그리고 사람을 사람이게 하는 특징에 대해 많은 것들을 알게 되었다. 세상의 부나 안락함과는 거리가 먼 삶을 살았던 그들은 과연 누구인가? 도대체 그들은 무엇 때문에 이러한 열악한 환경을 견뎌내면서 자신들의 젊음을 아프리카에 바친 것일까? 지금부터 인류학자를 대표한다고 말할 수 있는 루이스 리키와 제인 구달의 삶 속으로 들어가 보자. 단순히 한 개인의 일대기가 아닌 인류학과 고고학의 역사가 함께 녹아있는 루이스 리키와 제인 구달의 도전과 뜨거운 삶 속으로 여러분을 초대한다.

Chapter 2

Jane Goodall

ⓘ 만남

M E E T I N G

Louis Leakey

루이스 리키,
어린 시절부터 올두바이까지

케냐의 들판에서
케임브리지까지
—

루이스 리키는 1903년에 당시 영국 식민지였던 케냐의 키쿠유Kikuyu라는 마을에서 선교사의 아들로 태어났다. 어렸을 때부터 그는 키쿠유 부족의 소년들과 어울려 사냥을 하고 그들만의 제례 의식에도 참가하면서 당시 보통 영국인과는 매우 다른 성장기를 보냈다. 루이스가 열세 살 때 그는 『역사 이전의 시대』라는 제목의 책을 선물로 받았다. 문자로 기록된 역사 시대 이전의 사람들, 즉 선사시대 사람들이 어떻게 살았을까를 다룬 고고학 책이었다. 그 책에 흠뻑 빠져버린 루이스는 키쿠유 마을을 누비며 책에 나와 있는 돌로 만든 도구를 찾아 온 동네를 뒤지기 시작했다. 운이 좋게도 그는 옛날 사람들이 흑요석黑曜石, obsidian이라는 돌을 이용해 만든 도구를 많이 발견했다. 그 석기를 아주 오래전 사람들이 정말 사용했다는 사실은 루이스를 흥분에 들뜨게 만들었다. 그는 그것들

을 모두 모아 하나씩 번호를 붙여가
며 정리하고 기록한 뒤에 자신의 박
물관에 보관, 전시했다. 아직 어린
나이의 루이스였지만 그는 진정으로
자신이 좋아하는 일이 무엇인지 깨
달았던 것이다.

인류학과 고고학의 학문적 기초를
세운 루이스 리키

가족과 함께 영국으로 돌아간 루이
스는 그곳에서 고등학교에 입학했
다. 케냐의 들판을 마음껏 뛰어다니
며 어린 시절을 보낸 루이스는 아프리카 키쿠유 부족 아이들과
어울리는 법만 알았지 영국의 지식층처럼 행동하는 법은 전혀
모르고 있었다. 읽고 쓰기 수업을 제대로 받아본 적도 없고, 오
페라를 관람해 본 적도 없었으며, 격식을 갖추어야 하는 우아한
레스토랑에서 식사를 해본 적도 없었다. 그런 그가 영국의 고등
학교에서 또래들에게 어떤 취급을 받았을지는 짐작이 가고도 남
는다. 정규 교육을 받아본 적은 없었지만 그는 아버지의 뜻에 따
라 아버지가 졸업한 케임브리지에 진학할 뜻을 세웠다. 그의 뜻
을 들은 대부분의 선생님들은 가당치도 않은 소리라며 비웃었지
만 루이스의 잠재력을 일찌감치 알아본 한 선생님의 끊임없는
격려 덕분에 루이스의 성적은 일취월장하여 마침내 장학금까지
받고 케임브리지에 입학할 수 있었다.

케임브리지에 입학한 루이스는 어렸을 적부터 꿈꿔 온 인류학
과 고고학을 본격적으로 공부하기 시작한다. 막연하게 옛날 사
람들이 남겨놓은 흔적을 찾아가는 것이 인류학과 고고학이라고

만 생각했던 루이스가 학문적인 기초를 제대로 세워가기 시작한 곳이 바로 케임브리지였다. 그렇다면 우리도 여기서 본격적인 이야기에 앞서 인류학이 무엇인지 살펴보도록 하자.

인간을 연구한다 인류학
—

루이스 리키를 사로잡은 인류학은 어떤 학문인가? 대부분의 사람들은 인류학이라 하면 TV 다큐멘터리에서 종종 봤던 아프리카 어느 부족의 삶을 떠올릴 것이다. 그러나 인류학을 조금만 공부해보면 역시 '사람'을 공부한다는 것은 연구 분야를 어느 범위에만 한정시킬 수 없는 것임을 알 수 있다.

인류학이라고 하면 크게 두 가지를 떠올릴 수 있다. 같은 시대를 살아가는 사람들의 다양한 모습을 연구하는 방법과 수백만 년 전으로 거슬러 올라가 '어디서부터 사람인가'를 연구하는 방법이다. 아주 간단하게 말하면 전자는 문화 인류학에서, 후자는 생물 인류학에서 다루는 주제이다. 현재 국내 대부분의 대학에서는 문화 인류학에 역점을 두고 인류학 수업을 진행하기 때문에 인류학이라고 하면 많은 사람들이 오지에 사는 부족을 떠올린다.

우리에게 널리 알려진 영화 〈부시맨^{The Gods must be crazy}〉 (1980)에서 본 쿵산 부족('부시맨'의 본래 이름)의 문명과는 동떨어진 삶, 손님에게 아내를 '빌려' 준다는 어느 부족의 삶 등은 오늘날에도 여전히 많은 사람들에게 흥미를 자아내는 이야기들이다. 분명 우리와 비슷한 시대를 살아가는 사람들이 이렇게 다양한 모습으로 산다는 것은 참으로 놀라운 일이다. 그러나 단순히 놀랍다는 사실을 넘어 여러 사회에서 다양하게 나타나는 친족 관계, 종교 의식, 사회제도와 이러한 문화적·사회적 차이가 생겨나는 이유, 다양한 문화적 차이에도 불구하고 결국 비슷한 메커니즘을 수행하도록 되어 있는 사회제도 등에 대한 연구는 사람을 깊이 있게 이해하는 데 중요한 역할을 할 수 있다. 그렇기 때문에 문화 인류학에서는 이러한 것들을 다루고 있다. 따라서 문화 인류학 관련 수업을 듣게 되면 모계·부계·공계·방계 등과 같은 친족 내지는 혈통 관계를 나타내는 용어와 주술·마술에 관련된 종교 용어는 물론이고 여러 사회의 다른 모습을 표현하는 수많은 용어들을 배우게 된다. 이렇게 여러 사회를 연구하다 보니 문화 인류학자들에게는 직접 자신이 연구하는 지역에 가서 수개월 혹은 수년 동안 거주하는 현지 조사가 필수적인 방법론으로 자리잡았다.

그렇다면 생물 인류학은 무엇인가? 생물 인류학은 biological anthropology의 번역어로 말 그대로 '생물로서 인간'을 다루는 학문 분야이다. 오랜 기간 동안 형질 인류학 혹은 체질 인류학 physical anthropology 이라고 불린 이 학문은 요즘은 주로 생물 인류학이라고 하는데, 인간의 생물학적인 특징과 문화적인 특징을 아울러서 총체적인 인간의 모습을 제대로 이해하고자 생겨난 학문이다. 문화가 인간만의 중요한 특징이라는 사실은 아무도 부정할 수 없지만 그렇다고 인간이 생물이 아닌 것은 아니다. 아무리 우아하게 클래식 음악회를 즐기고 미술전을 관람한다고 하더라도 인간은 여전히 밥을 먹지 않으면 굶어 죽고 잠을 자지 않으면 쓰러져 버리는 어쩔 수 없는 동물이다. 그렇기 때문에 인간이 무엇인지 깊이 있게 알기 위해서는 사람이 지닌 생물학적 특징과 문화적인 특징을 함께 다루어야 한다. 바로 이러한 연구를 하는 사람들이 생물 인류학자들이다.

　　루이스 리키와 제인 구달을 이야기할 때 언급하는 인류학은 문화 인류학이 아닌 생물 인류학이기에 이 분야를 좀 더 깊게 살펴보도록 하자. 우리는 흔히 인간의 문화적인 특징들을 생물학적인 특징과 나누어 생각하는 경향이 있는데, 사실 이 둘은 떼어 놓고 생각하기 힘들 만큼 가까운 관계에 있다. 다음의 예를 통해

🌱 고인류학과 고고학

루이스는 고인류학자로도 고고학자로도 불리는데 이 둘은 어떤 공통점과 차이점이 있는 것일까? 고고학의 기본은 과거의 물질 자료이다. 고고학에서는 주로 땅속에 묻혀서 사람의 손길이 닿지 않는 곳에 오랜 세월 보존되었다가 고고학자들의 발굴로 세상의 빛을 보게 되는 과거의 유물을 토대로 과거의 삶을 복원해낸다. 특정 시대에 많이 출토되는 유물은 대개의 경우 그 시대의 생활 모습을 담은 채 멈춰버린 시계와도 같다. 따라서 고고학자의 연구는 역사 기록이 남아 있지 않은 시대일수록 그 시대를 복원해낼 수 있는 가장 중요한 도구다.

인류의 진화를 연구하는 고인류학에서는 유물보다는 그 유물을 남긴 존재에 초점을 맞춰 각종 유적에서 출토된 인간과 인간 조상의 뼈를 연구한다. 그 뼈들이 오늘날 인간의 뼈와는 어떻게 같고 또 어떻게 다른지, 이런 차이가 나타나는 이유가 전형적인 고인류학자들의 관심사이다. 하지만 고인류학자들이 어떤 도구를 사용했던 사람들을 제대로 이해하기 위해서는 그 도구 자체도 함께 분석해야 한다. 루이스 리키도 기본적인 관심사는 뼈에 있었던 고인류학자였지만 인류 역사에서 도구 사용과 그 발전에 대해서도 해박한 지식을 가지고 있었기 때문에 그 점에서 고고학자이기도 했다.

생각해보자.

우유만 마시면 배가 아파 우유를 마실 수 없다는 사람을 주변에서 심심치 않게 볼 수 있다. 그런데 이는 비단 우리나라 사람에게만 해당하는 이야기가 아니다. 아시아인의 경우 전체 인구의 80퍼센트가 넘는 사람들이 우유를 제대로 소화하지 못한다고 하며 미국에도 그런 인구가 50퍼센트에 이른다고 한다. 미국에서는 이렇게 우유를 소화하지 못하는 사람들을 위한 우유가 이미 널리 보급되어 있고, 우리나라에서도 이런 제품이 출시되기 시작했다. 그런데 이상하지 않은가? 갓 태어난 아기들은 같은 한국인임에도 몇 달 동안 모유나 우유만 먹으면서도 쑥쑥 잘 자란다. 만약 정말로 우유를 소화하지 못하는 사람이 많다면 왜 아기들은 문제가 없는 것일까?

소의 젖인 우유든 어머니의 젖인 모유든 젖을 소화하기 위해서는 락토오스lactose라는 소화 효소가 필요하다. 장에서 분비되는 락토오스는 젖에 들어 있는 당을 분해하여 소화가 잘 되게 하는 역할을 한다. 그런데 만약 어미의 젖을 먹고 자라는 포유동물이 그 젖을 소화하지 못하면 제대로 자랄 수가 없을 것이다. 이 때문에 젖을 떼기 전까지 새끼들의 몸속에서는 락토오스라는 소화 효소가 저절로 만들어진다. 하지만 젖을 뗀 뒤에는 이런 당을 분해할 필요가 없어지기 때문에 서서히 락토오스의 분비도 줄어들게 된다. 그런데 세상이 변하여 소의 젖인 우유가 널리 보급되면서 사람들은 젖을 뗀 뒤에도 계속 우유를 마시게 되었다. 하지만 몸속에는 더 이상 락토오스가 없는 것을 어떻게 하겠는가!

여기서 잠깐! 연구 결과에 의하면 낙농업이 발달한 덴마크인은 우유를 소화하지 못하는 사람이 불과 5퍼센트도 되지 않고, 유목이 성행하는 지역의 사람들은 대부분 우유를 문제 없이 소화한다고 한다. 왜 덴마크인은 우유를 마셔도 배가 아프지 않은데 한국인은 배가 아픈 것일까? 이에 대한 설명은 이렇다. 우유, 치즈, 요구르트를 일상적으로 섭취하는 사회에 살면서 "저는 배 아파서 못 먹어요"라고 한다면 아예 살아남지를 못하지 않겠는가. 그러다 보니 자연스레 우유를 소화시키는 락토오스가 평생 분비되도록 몸이 적응하게 되었고, 그 결과 오늘날에도 그들은 아무 문제 없이 우유를 소화하게 되었다는 것이다. 하지만 아시아처럼 비교적 최근에 우유가 보급되기 시작한 사회에서 우유는 여전히 생소한 식품이기에 우리의 몸은 그것을 소화시킬 수 있는 효소를 미처 준비하지 못했다는 것이다.

한 사회가 무슨 동물을 기르며 어떤 산업을 발전시킬 것인가는 그 사회의 자연 조건과 문화의 산물이다. 그런데 앞의 예에서 볼 수 있듯이 문화적 산물의 결과가 거꾸로 인간의 생물학적인 측면에 영향을 끼치면서 인간의 몸속에서 분비되는 효소의 양을 결정한다니 신기하고도 놀라운 일이 아닐 수 없다. 이렇게 인간의 생물학적인 측면과 문화적인 측면을 함께 연구하는 분야가 바로 생물 인류학이다. 인간의 생물학적 진화와 그 과정에서 나타나는 도구의 역사를 연구하는 고인류학은 생물 인류학의 하위 분야로 볼 수 있다.

미국의 경우 인류학은 문화 인류학, 생물 인류학, 고고학 그리고 언어 인류학, 이렇게 네 개의 하위 분야로 나뉜다. 이에 비해 유럽에서는 사회 인류학이나 생물 인류학 그리고 고고학을 서로 독립된 학문 분야로 간주한다. 칼로 자르듯이 정확하게 한 학문과 다른 학문의 경계선을 나누는 것은 힘든 일이기 때문에 어떤 식의 분류가 더 적합하다고 볼 수는 없다. 단지 미국과 유럽에서 인류학이 발달하게 된 배경이 다르기 때문에 이렇게 서로 다른 분류 체계가 생겨나게 된 것이다.

올두바이에 숨겨진 가능성을 찾아 ―

케임브리지에 입학한 루이스는 어느 날 운동을 하던 중 머리를 심하게 부딪치며 쓰러졌다. 그 뒤 루이스는 늘 심한 두통에 시달리게 되었다. 그때부터 그에게는 가벼운 간질 증상이 나타나기 시작했다. 무조건 휴식을 취하라는 의사의 권유에 따라 루이스는 영국 자연사 박물관에서 추진중이던 아프리카 공룡 화석 탐험에 참가하여 그의 고향인 아프리카로 떠난다. 비록 고고학 탐험은 아니었지만 루이스는 그 탐험을 통해 자신 안에 늘 잠재하고 있던 진짜 탐험가의 기질을 발견하게 되었다.

아프리카 탐험을 성공적으로 마치고 케임브리지로 돌아온 루이스는 많은 시간을 아더 케이스Sir Arthur Keith, 1866~1955 교수와 함께 보내게 된다. 케이스 교수는 그 당시에 영국에서 가장 실력 있는 인류학자요 해부학자이자 교수였다. 그는 특유의 열정과 해박한 지식으로 수많은 학생들을 사로잡는 진정한 스승이었고, 루이스 또한 케이스 경에게서 인류학과 해부학에 관한 많은 가르침을 받았다. 마침내 우수한 성적으로 케임브리지를 졸업한 루이스는 연구 기금까지 지원받으며 아프리카의 올두바이 세곡Olduvai Gorge

루이스 라키의 스승, 아더 케이스

으로 고고학 발굴을 떠나게 된다. 이때 그의 나이 스물셋이었다.

루이스 리키가 평생을 바쳐 발굴한 올두바이 계곡은 어떤 곳인가. 동아프리카 탄자니아에 위치한 올두바이 계곡은 화석을 찾고자 하는 사람들에게는 천국과도 같은 곳이다. 지금의 올두바이 계곡이 존재하지 않던 2백만 년 전, 그곳에는 커다란 강이 구불구불 흐르고 있었다. 강물이 흐르면서 이에 밀려온 흙과 모래 등이 쌓이기 시작했고, 때로는 근처 화산에서 날아온 화산재도 쌓였다. 그러던 어느 날 큰 지진이 일어나 땅이 갈라지면서 강은 말라버리고 오랜 세월에 걸쳐 형성된 지층이 겉으로 드러나게 되었다. 케이크에 비유를 한다면 좀 더 이해가 쉽다. 아직 자르지 않은 케이크 한 판을 겉에서 보면 그 속에 무엇이 들어있는지 알 수 없다. 하지만 케이크를 조각조각 잘라내면 비로소 그 단면이 보이는 것과 비슷한 이치이다.

지진으로 지층이 그대로 드러나면서 고고학자들이 다른 유적지에 비해 땅속에 무엇이 묻혀 있는지를 비교적 쉽게 볼 수 있는 곳이 바로 올두바이 계곡이었다. 1911년 독일의 곤충학자가 이곳에서 이미 멸종된, 발가락이 세 개인 말의 뼈를 찾아서(오늘날 말의 발가락은 하나이다) 독일로 가지고 갔는데 이런 말의 뼈가 아프리카에서 발견된 것은 최초였기 때문에 유럽 학계에서 올두바이라는 이름은 금방 유명해졌다. 이 사건을 계기로 올두바이라

올두바이 전경
루이스 리키는 이 곳에서
평생 화석 발굴에 힘썼다.

는 곳에서 화석을 찾을 가능성이 크다는 것을 감지한 루이스는
1931년 가능성 하나만을 믿고 오지의 땅 올두바이로 고인류학
탐험을 떠난다.

인류의 조상은
유럽인?
— 필트다운 인

루이스는 자신을 늘 케냐 사람이라고 생각
했다. 피부는 하얗지만 생각하는 방식과 살
아가는 방식은 케냐인에 훨씬 가까운 '하얀
케냐인', 그것이 진정한 루이스였다. 그랬기 때문에 루이스는 결
코 아프리카 흑인들이 백인들에 비해 지적으로 뒤떨어진다고 생
각하지 않았다. 하지만 20세기 초 대다수 유럽인들의 생각은 루
이스와 달랐다. 루이스의 지도 교수였던 케이스 경은 물론 내로
라 하는 인류학자들은 대부분 피부 색깔에 따라 사람의 수준을
가늠했다. 흑인종과 황인종은 진화가 덜 된 사람으로 간주했고,
진화의 최고봉에 있는 사람들이 백인이라고 생각했다. 오늘날
우리가 듣기에는 너무도 터무니없는 생각이지만 당시 유럽의 지

식층은 이러한 인종에 따른 편견에 갇혀 있었다. 상황이 이렇다 보니 가장 오래된 화석 인류, 다시 말해 오늘날 인류의 조상은 당연히 유럽에서 나와야 했다. 루이스가 아프리카로 떠난 이유는 가장 오래된 인류의 조상이 아프리카에서 발견될 것이라 믿었기 때문인데, 그런 그의 생각이 당시 학계에서 지지를 받았을 리 만무했다.

그렇다면 20세기 초 유럽인들은 무엇을 근거로 인류의 조상은 유럽에서 기원했노라고 주장했던 것일까? 아무리 그들이 인종적 편견에 갇혀 있었다고 할지라도 아무 근거 없이 '유럽인 최고!'를 외친 것은 아니었다. 1910년대에 영국의 필트다운[Piltdown]이라는 곳에서 오래된 사람의 화석이 발견되었다. 두개골과 아래턱, 그리고 앞니가 보존되어 있던 이 사람 화석은 이후 필트다운인[Piltdown man]이라는 이름으로 널리 알려지게 된다. 당시에 인류학자들은 '무엇이 인간을 인간이게 하는가'라는 질문에 대한 답으로 다른 동물에 비해 큰 두뇌 용량을 제시했고, 이것이 정설로 받아들여지고 있었다. 이 때문에 유럽인이 흑인이나 황인종에 비해 두뇌 용량이 크다는 것을 증명하기 위한 무수한 연구가 이루어지기도 했다(일제강점기 당시에 일본인들도 비슷한 맥락에서 계측 연구를 많이 했다. 한국인과 일본인의 여러 가지 신체적 특징을 비교해서 일본인이 더 우수하다는 것을 '과학적'으로 증명하기 위함이었다). 그리하여 인류학자들은 만약에 인류의 조상이 발견된다면 다른 부위는 원시적인 특징을 가지고 있다고 하더라도 두뇌만큼은 오늘날 인간처럼 클 것이라고 생각했다. 이러한 사고가 인류학계에 널리 퍼져 있던 때 바로 필트다운인이 발견되었다. 필트

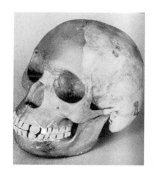

필트다운인의 화석
인류의 조상이 유럽인이라는 주장의 증거가 된 필트다운인
화석은 이후 조작되었음이 밝혀졌다.

다운인의 두뇌 용량은 당시 유럽인들과 별반 차이가 없었던 반면 그 아래턱과 치아는 영장류에 가까운 원시적인 형태였다. 유레카! 역시 인간을 인간이게 하는 가장 중요한 요소는 큰 두뇌 용량이며, 이를 입증하는 필트다운인이 유럽에서 발견되었으니 인류의 조상이 유럽에서 기원했다는 주장이 증명된 셈이었다. 당시 영국의 저명한 학자들은 필트다운인이 현생 인류의 조상임을 여러 가지 계측 연구로 증명해 보였고 필트다운인의 확고부동한 위치는 흔들릴 것 같지 않았다.

필트다운인과 엇갈리는 화석들

인류의 조상이 언제 어디서 기원했는지에 대한 연구는 19세기 말부터 본격적으로 시작되었다. 독일에서 발견된 네안데르탈인 Neanderthal man, 1856, 프랑스의 크로마뇽인 Cro-Magnon man, 1868과 인도네시아의 자바 원인 Java man, 1891은 인류학 연구를 더욱 활성화시켰고 과연 인류의 조상이 어떤 모습이었을지에 대한 많은 가설을 낳았다. 그 당시 유럽은 여전히 기독교의 세력이 강했지만, 진화론의 선구자인 찰스 다윈Charles Robert Darwin, 1809~1882이 죽은 뒤 교회 묘지에 안장되었을 정도로 기독교 내에서도 진화론을 어느 정도 인정하는 분위기였다. 이러한 학계의 분위기 덕분에 인류의 조상을 찾기 위한 연구는 활기를 띠었다. 그러면 여기서 몇 가지 중요한 인류 화석 발견을 살펴보자.

1924년 오스트레일리아인 레이먼드 다트Raymond Dart, 1893~1988는 남아프리카 공화국 요하네스버그의 위트워터스랜드 대학University of Witwatersrand 해부학과 교수로 재직중이었다. 석회암이 풍부한 남아프리카 공화국에서는 건축 자재로 사용하기 위해 석회암 채굴이 활발히 이루어지고 있었다. 그런데 석회암은 건축 재료로뿐만 아니라 화석을 연구하는 학자들에게 더할 나위 없이 좋은 광물이다. 뼈가 굳어져 돌이 되는 것을 화석이라고 하는데 이런 화석이 출토될 가능성이 가장 많은 광물 중의 하나가 바로 석회암이다. 이 때문에 석회암 광산의 일꾼들은 심심치 않게 석회암 속

🐾 화석 인류

이 책에서 계속해서 나오게 될 화석 인류(fossil hominid)라는 단어를 잠시 살펴보자. 우선 화석(fossil)은 동식물의 뼈 혹은 몸이 썩지 않고 돌처럼 굳어져 원래의 모습 그대로 보존된 채 남아 있는 것을 의미한다. 그렇다면 호미니드(hominid)란 무엇인가? 지금으로부터 약 6백만 년 전 인간과 침팬지의 공동 조상이 서로 다른 두 계통으로 갈라졌다. 그 후 침팬지 계통과 사람 계통의 생물체들은 각각 변화를 거듭하여 오늘날의 침팬지와 사람이 되었다. 그리고 침팬지와 사람이 갈라진 뒤 사람 계통에 나타난 모든 생물체를 통틀어 호미니드라고 한다. 그런데 안타깝게도 '사람 과(科) 동물'이라는 모호한 것 외에는 이에 대한 마땅한 번역어가 없는 실정이다. 이에 이 책에서는 화석 인류라는 용어를 사용하기로 하였다.

레이먼드 다트
오늘날 오스트랄로피테쿠스로
알려진 타웅 베이비를 최초로
발견했다.

에 박혀 있는 동물 화석을 발견했고, 그때마다 그것을 레이먼드 다트에게 연구용으로 가져다주었다.

여느 때처럼 일꾼들이 가지고 온 화석들을 뒤적이던 다트는 심상치 않은 화석을 발견했다. 원숭이와 매우 비슷한데 원숭이와는 또 다른 특징을 가진 아주 작은 두개골이었다. 문제는 석회암 속에 단단하게 박혀 있는 이 화석을 망가뜨리지 않고 꺼내는 것이었다. 다트는 그 뒤로 몇 해에 걸쳐 그 화석을 빼내기 위한 지루하고도 힘든 작업에 들어간다. 그의 지치지 않는 노력 덕분에 마침내 타웅 베이비Taung baby라는 화석이 빛을 보게 되었고, 다트는 1925년에 학술 잡지 《네이처》에 「오스트랄로피테쿠스 아프리카누스: 남아프리카에서 출토된 사람-영장류」라는 제목으로 논문을 발표했다. 오스트랄로피테쿠스Australopithecus라는 용어는 남쪽 지방의 원숭이라는 뜻으로, 레이먼드 다트가 처음 만든 말이다. 드디어 사람과 영장류의 중간 개체를 찾았다는 다트의 흥미로운 발표에 유럽의 학자들은 시큰둥한 반응을 보였다. 왜 그랬을까?

앞에서 이야기한 것처럼 당시 학자들은 커다란 두뇌 용량을 인간의 가장 중요한 특징으로 여겼다. 필트다운인의 경우 두뇌 용량은 현대인과 차이가 없는데 턱은 영장류에 가까웠다. 그런 데 타웅 베이비는 이와 사뭇 달랐다. 타웅 베이비는 대부분의 모습이 침팬지에 가까웠고 한 가지면에서만 침팬지와 중요한 차이를 보였다. 그것은 바로 대후두공 foramen magnum이라는 두개골의 한 부분이었다.

사람처럼 완전히 두 발로 걷는 동물과 침팬지나 고릴라처럼 네 발로 걷는 동물은 대후두공의 위치가 확연히 다르다. 두 발로 걷는 사람의 경우 목뼈와 등뼈가 거의 수직선상에 있기 때문에 그 연결 고리인 대후두공은 두개골의 밑부분 가운데에 위치한다. 하지만 침팬지처럼 네 발로 걷는 동물의 경우 등뼈가 머리와 같은 선상에 있지 않고 마치 꼬부랑 할머니처럼 대각선 아래쪽에 있기 때문에 대후두공이 머리통의 밑 부분에 있지 않고 뒤쪽에 있다. 그런데 타웅 베이비의 대후두공은 틀림없는 두 발 걷기 동물의 위치에 있었던 것이다. 같은 침팬지라 하더라도 대후두공의 위치가 조금씩 다르기는 하지만 타웅 베이비의 대후두공은 틀림없이 사람과 같은 위치에 있었다. 이를 근거로 다트는 타웅 베이비가 다른 모든 면에서는 영장류와 비슷하였으나 걷는 방식은 인간과 같았던, 인간과 영장류의 연결 고리라고 주장했다. 하지만 두뇌 용량에 집착하고

> ♥ 대후두공
>
> 척추동물의 척추는 목 부위에서 두개골과 연결되어 있다. 목 뒤쪽을 만져보면 척추뼈가 만져지다가 어느 순간 머리뼈로 연결되는데 이때 척추뼈 자체는 두개골 속으로 들어가지 않지만 척추뼈가 감싸고 있는 중요한 신경다발인 척수는 두개골 아래쪽에 있는 커다란 구멍으로 들어가 뇌로 이어지는데 된다. 이 구멍이 대후두공이다.

있던 당시의 유럽 학계에서 이러한 주장을 받아들일 리가 없었다. 게다가 유럽이 아닌 아프리카에서 인간의 조상이 발견되다니, 그것은 더더욱 인정할 수 없는 사실이었다. 그리하여 다트가 세심하게 화석을 분석했는데도 그의 주장은 학자들의 무관심 속에 묻혀버리는 듯했다.

타웅 베이비가 발견된 이후 몇 해 지나지 않아 중국 북경 근처에 위치한 주구점周口店이라는 곳의 석회암 동굴에서 여러 편의 인류 화석이 출토되었다. 주구점에는 많은 석회암 동굴이 있는데 그런 동굴이 위치한 산을 주민들은 용의 뼈가 나온다는 의미로 용골산龍骨山이라고 불렀다. 석회암 속에 박혀 있는 화석뼈를 용의 뼈라고 생각했던 주민들은 각종 질병 퇴치에 효과적이라는 속설 때문에 그곳에서 출토된 화석을 갈아서 약재로 사용하곤 했다. 이 소식을 들은 유럽의 학자들이 1920년대에 마침내 주구점의 석회암 동굴을 정식으로 발굴하기 시작했다. 그렇게 하여 출토된 여러 편의 화석 인류에 북경 원인Peking Man이라는 이름이 붙여졌다. 이 발견은 전 세계에 걸쳐 많은 인류학자들의 주목을 받았지만 유럽의 많은 인류학자들은 여전히 이를 인간과 비슷하나 멸종해버린 곁가지로 여겼다. 아시아에서 인류의 조상이 나올 수 없다고 생각하는 학자들에게는 당연한 일이었다. 참고로 오늘날 과학자들은 북경 원인을 대략 60만 년 전부터 20만 년 전에 걸쳐 북경 근처에 살았던 호모 에렉투스Homo erectus로 본다.

북경 원인이 아시아에서 발견된 최초의 인류 화석은 아니었다. 네덜란드 학자 유진 드보아Eugéne Dubois, 1858~1940는 동남아시아에 인류의 조상이 살았을 것이라고 믿었다. 동남아시아가 오랑우탄의 유일한 서식지인데 그 오랑우탄과 사람은 여러 면에서 매우 비슷하기 때문이었다. 자신의 믿음에 대한 근거를 찾고자 드보아는 인도네시아 자바 섬으로 떠났다. 1891년에 그는 자바 원인^{Java Man}으로 알려진 두개골 일부와 허벅지뼈, 아래턱, 그리고 치아 몇 개를 발견했다. 드보아가 네덜란드로 가져온 이 화석들은 그곳에서 뜨거운 논쟁을 불러일으켰다. 드보아는 자바 원인이야말로 인간과 영장류 사이에 위치했던 종^種이라고 주장하였으나 대부분의 학자들은 자바 원인은 오랑우탄이거나 뼈가 잘못 자라 이상하게 보이는 현대인이라고 생각했다. 참고로 오늘날 과학자들은 이를 대략 70만 년 전에 살았던 호모 에렉투스로 본다.

유럽의 인류학자들은 아시아나 아프리카에서 출토된 화석 인류를 인류의 조상으로 절대 인정하지 않았다. 그렇다면 독일의 네안데르탈인과 프랑스의 크로마뇽인의 경우는 어떠했을까?

1856년 독일 뒤셀도르프 근처 네안데르 계곡의 한 석회암 동굴에서 사람의 두개골과 비슷하게 생긴 두개골의 일부분이 발견되었다. 현생 인류와 비슷하면서도 도저히 현생 인류라고 볼 수 없을 만큼의 차이를 보이는 이 두개골이 학계에 알려지면서 뜨

◀◀아시아에서 발견된 호모 에렉투스 북경원인의 화석
◀현생 인류와 거의 흡사한 두개골을 가진 크로마뇽인의 화석

거운 논쟁이 벌어졌다. 네안데르탈인이 현생 인류와는 다른 멸종한 인류 집단이라는 가설부터 시작해서 몸이 아파서 뼈가 비정상적으로 자란 로마 군인이었을 것이라는 설명까지 가지각색의 이론이 등장했다. 하지만 네안데르탈인은 두개골의 일부만이 발견되었기 때문에 정확히 현생 인류와 어떤 관계가 있는지 결론을 내리기에는 그 정보가 턱없이 부족했다. 그뿐만 아니라 현생 인류의 두개골과 그 외형에서 차이를 보였기 때문에 더더욱 현생 인류의 조상이라고 받아들여지지 않았다. 그리하여 네안데르탈인도 인류의 조상 후보에서 탈락! 그 뒤에도 유럽에서는 처음 발견된 네안데르탈인과 여러 면에서 매우 유사한 인류 화석이 계속해서 등장했고 이런 유럽의 화석을 통틀어 네안데르탈인이라고 하게 되었다.

그렇다면 1868년에 프랑스 크로마뇽 석회암 지대에서 발견된 크로마뇽인은 어떻게 해석되었을까? 네안데르탈인과 달리 크로마뇽인은 보존 상태가 매우 좋았다. 두개골이 완전히 보존된 성인 네 명의 뼈와 어린아이의 뼈, 그리고 주변에서 많은 동물 뼈까지 출토되어서 비교적 정확하게 연대를 추정할 수 있었다. 3만 년 전의 것으로 추정되는 크로마뇽인의 뼈는 현생 인류의 두개골과 거의 흡사한 모습을 하고 있었다. 따라서 당시 학계에서도 크로마뇽인이 아주 오래 전에 살았던 현생 인류라는 것을 받아들였다. 하지만 이들이 찾고 있던 것은 원숭이와 비슷한 어떤 원시 생물체와 현생 인류 사이를 이어주는 연결 고리이지 현생 인류와 똑같은 오래된 현생 인류는 아니었다.

영원한 미스터리,
필트다운인 사기극
—

필트다운인은 무엇이 그렇게 특별했던 것일까? 필트다운인이 묻혀 있던 지층에서 함께 발견된 동물 뼈로 추정해볼 때 필트다운인이 지구상에 살았던 때는 지금으로부터 자그마치 37만 년 전이라는 것을 알 수 있었다. 그렇게 오래 전에 현생 인류와 두뇌 용량이 거의 같은 인류의 조상이 살았다는 것은 놀라운 사실이었다. 게다가 필트다운인의 턱은 현생 인류와 완전히 달랐기 때문에 필트다운인이야말로 진정한 인류의 조상이라고 할 수 있었다. 더군다나 필트다운인이 프랑스도 독일도 아닌 영국에서 출토되었다는 이유로 당시 영국인들의 이에 대한 자부심은 이만저만한 것이 아니었다.

그런데 문제가 생기기 시작했다. 필트다운인이 발견된 이후 전세계에 걸쳐 더 많은 화석 인류가 발견되기 시작했는데, 이 모든 화석들은 필트다운인과는 전혀 다른 특징을 지니고 있었다. 필트다운인의 경우에는 '두개골은 현생인, 턱뼈는 원시적'이었는데, 다른 모든 화석들은 '두개골도 원시적, 턱뼈도 원시적'이었다. 다른 화석들의 경우 유인원과는 확연히 구별이 되었지만 그렇다고 필트다운인처럼 현생 인류에 가깝지는 않았다. 상황이 이렇다 보니 오히려 필트다운인을 제외하고 나면 다른 화석 인류와 현생 인류의 관계가 훨씬 명확히 설명되었다. 누가 봐도 필트다운인에는 석연치 않은 구석이 한두 가지가 아니었다.

마침내 40여 년이 지난 1953년에 불소 연대 측정법이라는 새로운 방법으로 필트다운인이 누군가가 조작한 사기극이었음이 밝혀졌다. 필트다운인의 두개골은 불과 6백 년 정도밖에 되지 않는 현생 인류의 것이었고, 아래턱뼈는 사람이 아닌 오랑우탄의 것이었다! 게다가 턱뼈를 오래된 화석처럼 보이게 하기 위해 누군가 일부러 샌드페이퍼 같은 것을 이용해 치아를 갈았던 흔적까지 발견되었다. 그뿐만 아니라 수십만 년 전의 화석인 것처럼 위장하기 위하여 일부러 오래 전에 살았던 동물의 뼈를 두개골 옆에 함께 묻어두었던 것으로 밝혀졌다. 영국 최고의 해부학자로 알려졌던 학자들이 오랑우탄의 턱뼈와 사람의 턱뼈를 구별하지 못했다는 것은 참으로 믿기 어려운 사실이다.

다른 나라가 아닌 영국에서 가장 오래된 인류의 조상을 찾아내고야 말겠다는 커다란 야심이 훌륭한 학자들의 눈을 완전히

🦌 네안데르탈인은 누구인가?

호모 네안데르탈렌시스(Homo neanderthalensis)라는 학명(學名)이 붙은 네안데르탈인은 지금으로부터 15만 년 전 즈음해서 유럽과 서아시아 지방에 출현하여 약 3만 년 전까지 그곳을 누비며 살았던 현생 인류의 친척뻘 되는 종이다. 네안데르탈인의 경우 시간을 몇백만 년까지 거슬러 올라가지 않기 때문에 그 구체적인 모습부터 각각의 뼈대가 가진 특징 등이 가장 잘 알려진 화석 인류이다. 현생인류인 호모 사피엔스와 비교했을 때 네안데르탈인은 일단 골격 자체가 훨씬 두껍고 눈썹 있는 곳의 뼈가 툭 튀어 나와 있으며 손이나 발은 지금의 인간 보나 거의 30퍼센트 이상 크다. 이런 뼈대의 모습으로 볼 때 네안데르탈인들은 키는 작지만 상당히 건장한 체격의 소유자였던 것을 알 수 있다. 추운 지방에 사는 사람일수록 그에 적응하기 위해 더운 지방의 사람들보다 몸이 작지만 건장하다는 것은 이미 잘 알려진 사실인데, 네안데르탈인의 골격도 추운 유럽의 기후에 적응한 결과라고 볼 수 있다. 이들은 제법 정교한 도구를 만들어 사용할 줄 알았고 의도적으로 죽은 이를 매장하는 풍습도 있었던 것으로 보인다.

필트다운인 사기극을 만들어낸 유력한 후보로는 찰스 도슨과 코난 도일 등이
있다.

멀게 한 것이다. 그렇다면 도대체 누가 이런 사기극을 벌였던 것
일까? 지금까지 필트다운인 사기극과 관련해 유력한 후보로 지
명된 사람은 이를 처음 발견한 찰스 도슨[Charles Dawson]과 필트다운
에서 골프를 치곤 했던 『셜록 홈즈[Sherlock Holmes]』의 작가, 코난 도
일[Arthur Conan Doyle]에 이르기까지 자그마치 25명에 이른다. 사기극
임이 밝혀졌을 당시에는 찰스 도슨이 유력한 범인으로 지목되었
으나 오늘날 여러 가지 정황 증거로 볼 때 그는 범인이라기보다
는 희생자로 여겨진다. 미국 오 제이 심슨[O. J. Simpson]의 가족 살인
사건과 콜럼바인 고등학교의 총기 난사 사건과 함께《타임[Time]》
지가 선정한 20세기를 대표하는 25개의 범죄에 당당히 한자리를
차지하고 있는 필트다운인 사기극! 그와 관련된 사람들 모두가
이제는 이 세상 사람이 아니기 때문에 누가 왜 이런 범죄를 저질
렀는지는 영원한 미스터리로 남게 되었다.

아프리카 기원설 vs. 다지역 기원설

필트다운인의 사기극이 드러난 후 인류 조상의 기원에 대한 가설은 크게 두 가지로 나뉘었다. 그중 인류학·고고학·유전학적으로 뒷받침 되는 증거를 갖고 있는 가설이 아프리카 기원설이다. 이 가설에 따르면 네안데르탈인이 성공적으로 유럽과 서아시아에 걸쳐 그들의 삶을 살아가고 있을 때 그들의 경쟁 상대가 출현하게 되는데 이들이 바로 진정한 우리의 조상인 초기 호모 사피엔스이다.

네안데르탈인이 출현한 때와 거의 비슷한 시기인 약 13만 년 전에 현생 인류의 조상인 호모 사피엔스Homo spiens가 처음으로 아프리카에 나타났다. 이들의 두뇌 용량은 1300cc가 넘었고 골격의 대부분이 오늘날 우리들과 거의 비슷했다. 호모 사피엔스는 10만 년 전부터 아프리카 대륙 밖으로도 이동하기 시작하면서 이미 유럽과 아시아 대륙에 살고 있던 화석 인류와 마주치게 된다. 아프리카에서 유럽과 서아시아로 이동한 호모 사피엔스는 그곳에서 네안데르탈인을 만났고, 서아시아를 넘어 동아시아까지 진출한 호모 사피엔스는 그곳에 살고 있던 호모 에렉투스를 만나게 되었다. 이들은 사지를 가진 동물 중에 유일하게 두 발로 걷는 동물들로, 많은 면에서 비슷하게 생겼지만 전혀 다른 종種에 속하는 생물체였다. 이들이 만나자 어떤 일이 벌어졌을까?

이미 어떤 사람이 설렁탕 장사를 하고 있었는데 그 바로 옆집에 또 설렁탕 가게가 문을 열게 되는 상황을 가정해보자. 그 지역에 설렁탕을 먹으러 오는 사람이 어떤 이유로 갑자기 늘어나지 않는 한, 두 가게 모두에게 이 상황은 썩 좋지 못하다. 원래 그곳에 있었던 설렁탕 집 주인은 '원조'라는 이름을 걸고 손님을 빼앗기지 않으려 할 것이고, 새로운 가게 주인은 '아주 새로운 맛'이라는 작전과 함께 가격을 낮춤으로써 손님을 유치하려 할 것이다. 이때 누가 이길지는 붙어봐야 아는 일이다. 호모 사피엔스는 이처럼 기존에 그곳에 살던 호모 네안데르탈렌시스와 호모 에렉투스에게 새롭게 등장한 경쟁자였던 것이다. 그들이 이용할 수 있는 자연 자원은 제한되어 있는 상황에서 똑같이 물을 마시고 같은 채소와 고기를 먹는 생물체가 등장했으니 삶이 어려워지는 것은 당연지사였다. 이들은 한정된 자원을 두고 계속하여 생존경쟁을 펼쳤을 것이다. 이 게임의 승자는 우리의 조상인 호모 사피엔스였다. 이들이 경쟁에서 이길 수 있었던 데에는 여러 가지 이유가 있었겠지만 그중에서 가장 중요한 것은 바로 호모 사피엔스의 뛰어난 도구 제작 능력과 그를 바탕으로 한 급격한 문화의 성장이었을 것이다. 호모 사피엔스가 한 차원 높은 문화로 무장해 그 지방에 살고 있던 네안데르탈인과 북경 원인을 멸종시켰다는 이론. 이것이 호모 사피엔스의 '아프리카 기원설Out of Africa'이다.

하지만 이와는 정반대의 이론인 '다지역 기원설Multiregional Hypothesis'도 여전히 학계에서 거론되고 있는 이론이니 이에 대해서도 짚고 넘어가도록 하자. 호모 사피엔스가 아프리카에서 출현해 기존의 다른 호모 속屬을 멸종시키고 살아남았다는 것이 아프리카 기원설인데 반해 다지역 기원설에서는 각 지방에 원래 살고 있던 호모 속이 각각 따로 진화해 호모 사피엔스가 되었다고 주장한다. 북경 원인의 경우 북경 지역에 살았던 호모 에렉투스인데 그들이 계속 그 지방에 살면서 오늘날의 중국인이 되었고 이와 같은 맥락에서 현대 유럽인의 조상은 네안데르탈인이라는 것이다. 이 가설을 가장 강력하게 주장하는 사람은 미시간 대학의 인류학자 밀포드 월포프^{Milford Wolpoff}를 비롯한 많은 동아시아의 인류학자들이다. 실제로 동아시아의 화석 및 고고학 자료는 이런 다지역 기원설의 일부를 뒷받침하는 것으로 보인다. 유럽의 경우 호모 사피엔스의 출현으로 네안데르탈인이 급속도로 사라진 것이 명확하게 드러나는데 비해 아시아의 경우는 그렇지 않다. 오늘날 우리의 직접적인 조상이 호모 사피엔스인 것은 누구도 부인하지 않는다. 하지만 과연 아시아에서도 아프리카에서 출현한 호모 사피엔스가 기존의 호모 에렉투스를 완전히 멸종시키고 자리를 잡게 되었는지 아니면 그 두 종간의 유전적 교류가 있었는지는 아직까지 분명하지 않다. 미국 및 유럽 학계의 주류

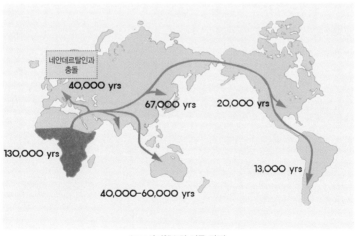

〈호모사피엔스의 이동 경로〉

에서는 이미 네안데르탈인이 살고 있던 때에 아프리카에서 살았던 호모 사피엔스가 계속해서 발견된다는 사실과 여러 가지의 고대 DNA 연구 결과 등으로 인해 '호모 사피엔스의 아프리카 기원설'이 더 설득력을 얻고 있다. 그러나 이 세상일에 변하지 않는 정설이란 없는 법. 훗날 어떤 새로운 연구 방법 혹은 화석이 발견되어 '다지역 기원설'이 옳았음이 증명할는지는 알 수 없는 일이다.

제인 구달,
어린 시절부터 곰비까지

**벌레까지도
사랑했던 아이**
—

제인 구달은 1934년에 런던의 한 병원에서 태어났다. 제인의 아버지는 신혼여행도 경주용 자동차를 타고 갈 만큼 자동차광인 카레이서였고, 어머니는 비서학교를 졸업한 아리따운 여인이었다. 당시 대부분의 영국인들은 부모가 자식을 키울 때 적당한 체벌을 가해야 한다고 믿었지만 제인의 어머니 밴 구달 Vanne Goodall 은 그런 교육 방침에 동의하지 않았다. 물론 말을 잘 듣는 착한 제인을 별로 혼낼 일도 없었다고 하지만 설령 잘못을 했다 하더라도 밴은 사랑으로 감싸고 논리적으로 설명하며 딸을 가르쳤다.

제인의 아버지는 제인의 첫 생일 선물로 당시 런던 동물원에서 태어난 쥬빌레라는 침팬지를 기념하기 위해 만든 침팬지 인형을 선물했다. 털이 숭숭한 흉측한 동물 인형을 딸에게 선물했다는 사실에 주면 사람들은 놀라움을 금치 못했다. 하지만 웬일

영장류학을 하나의 학문으로 확립한
제인 구달

인지 제인은 그 인형을 가장 좋아해서 어디든 그것을 가지고 다녔다. 이것이 평생 동안 이어질 제인과 침팬지의 오랜 인연의 첫걸음이었다. 훗날 제인의 아버지는 장난감 가게에 들어갔다가 우연히 그 침팬지가 보여 구입한 것일 뿐 다른 특별한 뜻은 없었다고 회고했다. 하지만 어쩌면 이런 것이야말로 운명이 아니었을까?

제인이 다섯 살이던 1939년, 영국이 독일에 선전포고를 하면서 제2차 세계대전이 시작되었다. 이로 인해 영국 사회 전체가 뒤숭숭하던 어느 날 제인이 없어졌다. 바깥에서 뛰어 놀다가도 간식을 먹을 때가 되면 집으로 돌아오던 제인이었다. 제인은 오후 5시가 넘도록 돌아오지 않았다. 부모와 동네 사람들은 경찰을 동원해 제인을 찾기 시작했지만 저녁 7시가 넘어 온 동네에 어둠이 깔릴 때까지도 제인은 나타나지 않았다. 부모의 마음이 점점 타들어가던 그때, 제인이 집 뒷마당의 닭장 속에서 걸어 나왔다. 동네방네 뒤지며 제인을 찾던 사람들은 당황했다. 제인의 어머니는 여느 때처럼 침착하게 제인에게 물었다. "그동안 어디 있었니?" 다섯 살짜리 꼬마 제인이 답했다. "닭이랑 있었어요." 어머니가 다시 물었다. "다섯 시간 동안이나 네가 보이지 않았는데, 그렇게 긴 시간 동안 닭이랑 무얼 했니?" 제인은 또랑또랑한 눈망울로 대답했다. "닭이 알을 어떻게 낳는지 알고 싶었어요.

그래서 닭장에 들어갔는데 내가 들어가는 순간 닭이 밖으로 나가버리는 거예요. 그래서 닭이 돌아올 때까지 계속 기다렸어요. 결국 닭이 돌아와서 알을 낳았어요. 내 눈 앞에서! 닭이 알을 어떻게 낳는지 이제는 알아요." 제인은 좁은 닭장 속에서 혹시나 닭이 자신을 보고 놀라 도망칠까 봐 꼬박 다섯 시간을 움직이지도 않고 앉아 있었던 것이다. 어른들을 놀라게 한 제인의 이런 끈기는 이후 침팬지 연구를 성공적으로 이끄는 데 결정적인 역할을 하게 된다.

전쟁이 발발하고 제인의 아버지가 입대하면서 제인의 어머니는 아이들을 데리고 제인의 외할머니가 살고 있던 보른머스 Bournemouth로 이사를 갔다. 그곳에서 제인은 외할머니를 비롯한 이모 두 명과 대가족을 이루고 함께 살게 된다. 제인의 외할머니와 어머니 그리고 이모들은 모두 대장부 기질을 지닌 여성들이었다. 그렇게 여성들로만 가득 찬 집안에서 자란 덕분에 제인은 '여자니까 할 수 없어' 혹은 '여자여서 안 돼'라는 생각은 해본 적도 없었다. 게다가 외할머니와 이모들은 모두 유쾌하고 명랑한 사람들이었기에 집에는 늘 웃음이 넘쳤다. 제인의 행복했던 어린 시절을 간직한 보른머스의 외할머니 집은 그 뒤 70년이 지나도록 여전히 제인에게 안식처가 되고 있다.

제인의 삶이 무조건 행복하기만 한 것은 아니었다. 전쟁에 참가하기 위해 집을 떠난 제인의 아버지는 10년이 넘는 세월 동안 외국을 떠돌며 집에 돌아오지 않았다. 결국 제인이 열여섯 살이던 1950년에 제인의 아버지는 어머니에게 이혼을 요구했다. 그리하여 제인은 더더욱 여성들로만 가득한 가정 환경에서 자라게 되었다. 전쟁이 제인에게 특별한 상처를 남기지는 않았지만 히틀러의 유대인 학살은 제인이 인간의 폭력성과 잔인함을 깨닫는 계기가 되었다. 그뿐만 아니라 전쟁 내내 물자 부족을 몸으로 겪으면서 평생 근검 절약하는 생활이 몸에 익히게 되었다.

제인 구달은 어렸을 때부터 동물을 매우 좋아했다. 아니 좋아했다기보다 친했다고 표현하는 것이 더 나을 만큼 동물과 가까웠다. 강아지와 고양이는 물론이고 각종 벌레까지도 예쁘다면서 집 안으로 데리고 들어와 이름을 지어주면서 함께 지냈다. 아침에 일어나자마자 정원으로 나아가 거미줄은 잘 있는지, 딱정벌레들은 잘 있는지 등 가능한 한 모든 것을 한 번씩 점검하는 버릇도 있었다.

제인뿐만 아니라 네 살 어린 여동생 쥬디도 동물을 무척 사랑했고 구달 자매와 가장 친하게 지냈던 동네 친구들도 동물을 좋아했다. 그중에서 가장 맏이였던 제인은 동물은 물론이고 식물까지도 관찰하고 보호하는 모임을 만들자면서 '엘리게이터 클럽 Alligator club'을 만들었다. 모임의 구성원은 구달 자매와 제인의 친구 둘, 이렇게 넷이었다. 제인은 그 모임의 회장을 자청해서 각종 규칙을 만들고 정기 모임을 주선했으며 정기적으로 퀴즈 문제가 실린 소식지도 발행했다. 엘리게이터 클럽에 가입하려면 제인이 만든 기준에 맞는 일정한 자격을 갖추어야 했는데 그 자격 요건 중에는 제인이 정한 열 가지 동물과 식물을 구별하는 것도 포함되어 있었다.

소설가가 되고 싶어 했던 어머니의 재능을 물려받아서인지 제인은 어렸을 때부터 책 읽기와 글쓰기를 매우 좋아했다. 뿐만 아니라 아주 어렸을 때부터 꼬박꼬박 일기를 썼고 편지 쓰는 것을 좋아했으며 시도 많이 지은 그야말로 문학 소녀였다. 정원에 가득했던 여러 종류의 나무 아래 앉아서 책 읽는 것으로 하루를 보내기도 했다. 제인이 가장 좋아했던 책이 두 권 있었는데 그것은 『유인원과 함께 산 타잔Tarzan of the Apes』과 『닥터 두리틀Doctor Dolittle』이었다. 동물 이야기와 동물과 함께 한 의사 두리틀의 모험을 다룬 이 소설이야말로 동물을 사람만큼이나 사랑했던 제인이 가장 좋아할 만한 책이었다. 이 책들을 읽으면서 제인은 언젠가는 아프리카에 가고 싶다는 꿈을 키우기 시작했다.

아프리카의 꿈이 현실로 이루어지다

어렸을 때부터 정원에서 동물과 함께 뛰놀고 식물을 관찰하는 것이 취미였던 제인은 정규 교육받는 것을 매우 따분하게 여겼다. 수학, 화학, 역사 등 대부분의 과목을 좋아하지 않았고 학교 갈 생각만 하면 우울해하던 제인이었지만 그래도 학교 성적은 늘 좋은 편이었다. 따분했던 여러 과목들 중에서 그래도 제인이 가장 좋아했던 과목은 영문학이었고 자작시와 글들을 써 내려가면서 장차 문학가가 되기를 꿈꾸었다. 당시만 하더라도 여학생이 대학을 가는 일이 드물었을 뿐더러 대학 학비를 대줄 만큼 집이 넉넉하지도 않았기 때문에 제인은 대학에 진학할 생각을 하지 않았다. 비서학교를 졸업했던 제인의 어머니는 비서야말로 안정된 직업이고 어디서나 쉽게 직장을 구할 수 있다는 이유로 비서학교를 권했다. 제인은 어머니의 권유대로 비서학교에 입학했지만 학교에서 배우는 타자 치기와 서류 정리하는 법 등은 따분하기 짝이 없는 일이었다. 하루 빨리 졸업해서 타자 치기라는 지루한 일을 그만둘 수 있기를 바라면서 어린 시절부터 꿈꿔 온 아프리카로 가는 여행을 동경했다.

마침내 지루했던 2년간의 비서학교 과정을 마치고 제인은 옥스퍼드 대학에 비서로 취직을 한다. 런던에서 독립해 사는 것을 즐기기도 했지만 하루 종일 서류를 정리하고 타이핑하는 일에 슬슬 싫증을 내기 시작했다. 그때까지만 해도 제인은 자신이 정확히 무엇을 원하는지는 알지 못했으나 항상 과연 자기에게 적합한 일은 무엇일까 고민했다. 그렇게 또다시 무언가에 대한 채워지지 않는 갈증을 안고 살던 제인은 다른 직업을 구하는 동시에 당시 케냐에 살고 있던 옛 친구 클로에게 편지를 보냈다. 부모를 따라 영국 식민지였던 케냐로 이주한 클로는 제인이 비서학교에 다니고 있을 때, 케냐로 놀러 오라는 편지를 보낸 적이 있었다. 초대를 받았을 당시에는 학교 때문에 엄두를 내지 못했던 제인은 인생에서 새로운 것을 찾기 시작하면서 클로에게 답장을 보냈다. 클로는 언제든지 환영한다는 답을 보냈고, 이와 동시에 제인은 케냐로 가는 데 드는 비용을 모으기 위해 아르바이트를 시작했다. 넉 달 동안 하루 종일 호텔 식당에서 종업원으로 일해 모은 돈을 가지고 스물두 살의 제인은 아프리카 케냐행 배에 오른다.

여기서 주목할 만한 것은 제인의 가족들이 보인 반응이다. 여자들은 대학을 안 가는 것을 당연시 하던 시절에 제인은 무작정 직장도 그만두고 단지 어렸을 때 꿈이었다는 이유로 아프리카에 가기로 결정했다. 가족들은 그런 제인의 결정에 반대는커녕 오히려 힘을 합해 지지해주었다. 무엇이든지 네가 하고 싶은 일을 하고 살라는 것이었다. 제인의 어머니는 늘 제인에게 강조했다. "네가 진정 하고 싶은 것이 있고 그것을 위해 정말 열심히 일하면서 그 기회를 얻기 위해 노력한다면, 그리고 무엇보다 네가 그 꿈을 포기하지 않는다면 분명히 길이 있단다." 그런 가족의 따뜻한 격려와 지지 속에서 제인은 자신의 운명을 바꾸어줄 스승인 루이스 리키와 운명적인 만남이 기다리고 있는 아프리카로 떠날 수 있었다.

아프리카에서 보낸 나날들
——

딱히 정해진 목적도 없이 무작정 떠난 아프리카 여행이었고 제인에게 경비를 보태줄 만큼 가족들이 부유했던 것도 아니었기에 케냐에 도착한 제인은 여기저기서 아르바이트를 해야만 했다. 당시 영국의 식민지였던 케냐에는 유럽인들이 많이 머물고 있었고 그 덕분에 제인은 어렵지 않게 케냐의 삶에 적응할 수 있었다. 여전히 동물을 좋아했던 제인이 '동물의 왕국'이라 불리는 케냐에 가 있었으니 동물 없이 지낼 리가 없었다. 강아지와 고양이, 물고기, 원숭이, 망구스, 고슴도치, 생쥐, 거미, 뱀 그리고 심지어는 여우까지 한 집에서 키웠다. 이 모든 동물들이 집에서 각자 섭생대로 뛰노는 바람에 제인은 가는 곳마다 집주인한테 쫓겨나곤 했으나, 어린 시절부터 벌레까지도 사랑했던 제인은 집을 옮기면 옮겼지 동물을 포기하는 일은 없었다.

제인은 여전히 자신에게 가장 적합한 일이 무엇일지를 고민하고 있었다. 무작정 아프리카가 좋아서 오기는 했지만 그렇다고 아르바이트만 하면서 살 수는 없는 노릇이었다. 그런 제인의 고민을 들은 친구 클로는 제인에게 케냐 자연사 박물관에 근무하고 있는 루이스 리키라는 학자에게 연락을 해보라고 권했다. 루이스는 화석 뼈와 석기를 연구하는 학자였지만 누구든지 아프리카에 관심 있는 사람이라면 반갑게 맞이해주는 친절한 사람으로 알려져 있었다. 그는 심지어 어린아이가 보낸 "활은 어떻게 만드나요?"와 같은 편지에도 친필로 일일이 성의 있는 답장을 해주는 학자였다. 그런 사람이라면 제인에게도 일자리를 찾아줄 수 있지 않을까 하는 생각에서였다. 망설이던 제인은 결국 박물관으로 전화했다.

"루이스 리키 선생님과 면담 시간을 잡고 싶어서 전화 드렸습니다."

"제가 리키 박사인데 무슨 일로 그러시나요?"

이렇게 루이스 리키와 제인 구달의 첫만남이 케냐의 자연사 박물관에서 이루어졌다. 1957년의 일이었다. 이 만남이 인간과 침팬지에 대한 연구 역사의 전환점이 될 줄은 루이스도 제인도 몰랐으리라.

영장류 행동 관찰 프로젝트
—

루이스는 평생에 걸쳐 현생 인류인 호모 사피엔스의 오랜 조상은 어떤 모습으로 살았을까에 대한 해답을 찾기 위해 다방면에서 연구 활동을 펼쳤다.

그들이 어떤 음식을 먹고 살았으며 어떻게 움직였는지는 발굴된 화석 인류의 치아와 뼈의 형태와 크기로 추측할 수 있다. 문제는 사회구조와 행동양식 같은 것은 화석으로 남지 않는다는 것이었다. 그렇다면 어떻게 해야 그들이 어떤 활동을 하며 하루를 보냈고 그들의 사회구조는 어떠했는지를 알아낼 수 있을까? 인간과 가장 비슷한 동물인 영장류와 오늘날 인간이 공통적으로 가지고 있는 특징이 있다면, 그것이야말로 영장류와 인간의 공동 조상으로부터 내려온 특징이라고 할 수 있지 않을까? 물론 반드시 그렇다고 할 수는 없지만 그 당시 루이스는 그렇게 생각하고 있었다. 이러한 이유에서 루이스는 영장류의 행동을 연구하는 것이 매우 중요하다고 생각하게 되었고, 그중에서도 침팬지와 고릴라의 행동 연구에 큰 관심을 보였다.

그런데 과연 그런 연구가 현실적으로 가능한지가 문제였다. 우선 아프리카의 밀림 속에서만 생활하는 침팬지와 고릴라를 연구하기 위해 그런 오지에 가려고 하는 사람을 찾는 것부터가 쉬운 일이 아니었다. 설령 지원자를 찾는다고 하더라도 그 곳에서 몇 달 혹은 몇 해 동안 머물러야 침팬지와 고릴라의 행동 습성을 제대로 이해할 수 있을 텐데, 그렇게 오랜 시간 오지에서 끈기를 가지고 살 사람은 찾는다는 것은 더더욱 불가능해 보였다. 하지만 루이스는 늘 그랬듯이 특유의 낙천성을 버리지 않았고 언젠가는 이런 일에 딱 맞는 사람을 찾을 수 있을 것이라고 확신하고 있었다. 이러한 상황에서 그가 케냐의 박물관에서 처음 만나게 된 여성이 바로 제인 구달이었다.

평생에 걸쳐 젊은 여성에게 큰 호감을 보였던 루이스가 눈부시게 아름다운 제인의 방문을 반긴 것은 어찌 보면 당연한 일이 었었다. 하지만 제인에게 어떤 능력이 있는지는 모르는 일이었다. 이에 루이스는 제인의 동물에 대한 관심과 거친 환경에서 살아남을 수 있는 능력을 알아보기 위해 몇 가지 간단한 문제를 냈다.

"말 탈 줄 아나요? 우리 집이 비었을 때 우리 집에 와서 우리가 키우는 동물들(개, 고양이, 원숭이, 뱀, 쥐)을 돌봐줄 수 있나요?"

단순히 좋아하는 것을 넘어 동물과 자연에 대한 애착이 남달랐던 제인은 루이스가 낸 문제에 쉽게 답을 내놓았다. 루이스도 제인의 답에 만족했지만 끝까지 자신이 계획하고 있던 침팬지 연구에 대한 이야기는 꺼내지 않았고, 오히려 올두바이 계곡 발굴에 함께 참여하지 않겠냐고 제안했다. 루이스에게도 제인이

🐾 사람과 유인원과 원숭이는 어떻게 다를까?

인간을 포함해 침팬지는 물론이고 원숭이라고 하는 모든 동물은 영장류 (primate)에 속한다. 영장류 중에서도 사람과 가장 가까운 동물인 침팬지, 고릴라, 오랑우탄, 그리고 기번 원숭이를 묶어서 말하는 용어가 유인원(ape)이다. 유인원과 원숭이의 가장 큰 차이점은 유인원의 경우 길다란 꼬리가 없다는 것이다. 영장류에서 사람과 유인원을 제외한 다른 모든 동물을 원숭이라고 보면 된다. 아프리카의 비비 원숭이와 콜러버스 원숭이, 일본 원숭이, 여우 원숭이, 안경 원숭이 등. 이들은 유인원에 비해 우리 인간과 생물학적으로 더 멀리 떨어져 있지만 다른 동물과 비교해볼 때 여전히 사람과 가까운 편에 속한다. 사람과 긴밀한 관계 때문에 다른 동물에 견주어 더 많은 관심의 대상이 되는 유인원과 원숭이를 연구하는 학문을 영장류학 (primatology)이라고 한다.

어떤 여성인지 시험해볼 시간이 필요했던 것이다. 어렸을 때부터 바깥에서 뛰노는 것을 좋아했던 제인이 이 기회를 마다할 이유가 전혀 없었다. 이렇게 제인은 1957년의 여름을 올두바이에서 보내게 된다. 제인은 올두바이 계곡의 아름다운 자연을 좋아했고 루이스와 메리 부부의 애완견 달마시안 개들을 산책시키며 계곡 곳곳을 누비는 일도 사랑했다. 물론 가끔 사자와 하이에나를 가까이서 마주치는 바람에 혼쭐이 나는 일도 있기는 했지만 그것마저도 제인에게는 신나는 경험이었다.

하지만 올두바이에서의 생활이 제인에게 마냥 편하기만 했던 것은 아니었다. 아버지 없이 자란 제인은 루이스의 넘치는 에너지와 기발한 아이디어를 진심으로 존경하며 그를 아버지처럼 따랐다. 그런데 한동안 제인을 이성으로서 좋아한 루이스로 인해 발굴 캠프 전체에 불편한 기운이 감돌았다. 하지만 제인은 끝까지 자신의 입장을 분명히 했고 그 뒤로 딸이 없던 루이스는 제인을 딸처럼 아껴주게 된다. 심지어는 제인이 루이스의 숨겨둔 딸이 아니냐는 억측까지 생겨나기도 했지만 루이스와 제인의 부녀지간 같은 사제지간의 인연은 루이스가 세상을 떠날 때까지 이어진다.

제인 구달, 곰비로 떠나다

그해 발굴이 끝나갈 무렵의 어느 날 밤 그날도 올두바이 계곡의 밤하늘은 별들로 가득 차 있었다. 루이스는 제인에게 처음으로 그가 야심차게 계획하고 있는 아프리카 영장류 행동 관찰 프로젝트를 이야기를 꺼냈다. 딩가니기 Tanganyika 호숫가에 있는 곰비라는 곳에 침팬지의 야생 서식지가 있는데 그곳에서 야생 침팬지 행동을 연구하면 인류학적으로 매우 가치 있는 일이 될 것이라는 이야기였다. 처음 침팬지 프로젝트 이야기를 들었을 때 제인은 이런 생각을 했다. '아니 그런 엄청난 연구는 도대체 어떤 과학자가 하게 될까?'

올두바이 발굴을 마치고 나이로비로 돌아온 이후에도 루이스는 몇 차례에 걸쳐 제인에게 침팬지 프로젝트에 관해 이야기했다. 급기야 제인은 루이스에게 이렇게 말했다. "선생님, 이제 그 이야기는 저에게 그만해주셨으면 좋겠어요. 왜냐하면 그런 일이야말로 제가 하고 싶은 일이거든요." 그러자 루이스는 웃으면서 답했다. "제인, 나는 네가 먼저 그렇게 말해주기를 기다렸단다. 네게 시킬 일이 아니라고 생각했다면 내가 무엇 때문에 너에게 침팬지 프로젝트 이야기를 꺼냈겠니?" 제인은 대학 졸업장도 없고 동물 행동학과 관련한 어떤 정규 교육도 받지 않은 자신에게 루이스가 그런 일을 제안하리라고는 꿈에도 생각하지 못했다.

루이스의 열린 마음과 전폭적인 지지가 없었다면 제인 구달이 오늘날처럼 세계적으로 유명한 학자가 되지는 못했을 것이다. 당시 제인은 스물세 살이었고 정규 교육이라고는 고등학교에서 비서 업무를 배운 것이 전부였으며 딱히 하고 싶은 일도 없이 무작정 아프리카가 좋다는 이유 하나만으로 돈을 모아 케냐로 여행을 와 있는 상태였다. 게다가 제인은 여자였다. 요즘이야 여자라고 남자보다 못하다거나 여자이기 때문에 안 된다는 식의 사고방식이 많이 없어졌지만 1950년대만 하더라도 여자는 사회생활보다는 집안일을 해야 한다는 것이 일반적인 사람들의 인식었다. 제인의 가냘프고 아름다운 미모 역시 문제가 되었다. 저렇게 약한 사람이 과연 그런 험한 오지에서 버텨낼 수 있을까? 하지만 루이스의 생각은 달랐다. 무슨 일이든 편견이 별로 없었던 루이스는 여성이 남성보다 동물행동학 연구에는 더 적합하다고 생각하고 있었다. 왜냐하면 일반적으로 여자가 남자보다 참을성이 더 많을 뿐더러 남자는 같은 수컷으로서 수컷 동물을 자극해서 연구에 지장을 초래할 수 있지만 여자는 그렇지 않다는 것이었다.

제인이 침팬지 연구를 마다할 리 없었고 이에 루이스는 제인의 연구를 지원해줄 만한 곳을 찾아 사방팔방에 연구비를 신청했다. 하지만 안타깝게도 1년이 지나도록 연구비를 주겠다는 단체를 찾을 수가 없었다. 객관적인 잣대로만 본다면 대학 문턱에도 가본 적 없는 스물셋의 제인에게 도대체 어떤 단체가 연구비를 지원하겠는가! 그러나 루이스는 침팬지 연구의 중요성을 굳게 믿었고 계속되는 실패에도 끊임없이 연구비를 찾아 나섰다. 사실 제인은 정식 연구원도 아니었고 대학생 혹은 대학원생도 아니었기 때문에 침팬지 프로젝트를 시작하기 위해 직접 할 수 있는 일이라고는 몇 권 안 되는 관련서적을 읽어두는 것이 전부였다. 언제나 낙천적이었던 제인은 언젠가는 연구비를 받을 수 있을 것이라는 희망을 버리지 않고 그동안 케냐에서 이런저런 소일을 하면서 돈도 모으고 친구도 사귀면서 즐거운 시간을 보내고 있었다. 영국에서 케냐까지 왕복할 수 있는 뱃삯이 모이자 제인은 어머니에게 왕복 배표를 선물했다. 그렇게 밴 구달은 케냐에 오게 되었고 딸과 함께 올두바이 등을 여행하며 단란한 한때를 보냈다. 그때 밴은 루이스를 처음 만나게 되었는데, 이 만남을 계기로 루이스와 밴의 오랜 우정이 시작되었다. 루이스가 영국에 가야 할 일이 있을 때마다 밴은 자기의 집에 있는 방 한 칸을 내주었고, 그 둘은 공동 저자로 인류학에 관한 책도 함께 썼으며 결국 루이스의 임종을 지킨 것도 밴이었으니, 이 정도면 진정한 우정이라 할 수 있지 않을까.

루이스가 밴에게 올두바이 관광을 시켜주던 어느 날이었다. 그는 밴에게 자신이 계획중인 침팬지 프로젝트를 이야기하며 그

제인이 야생 침팬지를 연구하기 시작한 곰비의 위치와 전경

곳에 제인을 보낼 수만 있다면 제인에게 정말 좋은 기회가 될 수 있다고 말을 꺼냈다. '보낼 수만 있다면'이라니 무슨 문제라도 있다는 말인가! 사실 연구비를 따내는 문제보다도 더 시급한 문제가 있었다. 곰비 지역을 관할하고 있던 키고마^{Kigoma} 관청이 유럽 여성 혼자서 곰비와 같은 오지에 들어가 지내는 것은 허락할 수 없다는 통보를 해왔다. 하지만 다른 동행자가 있다면 허가해 줄 수 있다고 덧붙였다. 그런데 누가 제인을 따라 그곳까지 가서 생활하느냐가 문제였다. 이에 선뜻 제인의 어머니 밴이 제인과 함께 가겠노라고 나섰다.

제인의 어머니가 제인과 동행하기로 한 덕분에 그 문제는 해결이 되었고 마침내 루이스는 후원자도 찾았다. 윌키 재단^{Wilkie} ^{Foundation}에서 연구비를 지원하기로 한 것이다. 이미 루이스에게 몇 번에 걸쳐 연구비를 지원한 바 있는 윌키 재단은 1951년에 미국인 윌키 형제가 실립한 비영리 재단이다. 1930년대에 금속 자르는 도구를 개발해서 많은 수익을 올린 윌키 형제는 학자는 아니었지만 루이스가 주축이 되어 만든 범 아프리카 학술 회의^Pan-African congress에 참가할 정도로 인간의 도구 사용 역사에 깊은 관심을 보였고 그곳에서 루이스와 인연을 맺었다. 윌키 재단은 도구에 관심이 많은 아마추어들이 세운 재단이었기 때문에 다른 학술 재단들과는 달리 연구비 지원 신청 절차가 까다롭지도 않았고 어떤 분야든지 흥미 있는 인류학 연구라면 지원할 준비가 되어 있었다. 루이스는 먼저 이른바 정통 학술 재단이라고 일컬어지는 곳에 연구비 신청을 했으나 계속하여 거절당하자 다음으로 윌키 재단에 신청을 한 것이었다. 덕분에 제인은 2년여의 기다림 끝에 드디어 침팬지 프로젝트를 시작할 수 있게 되었다. 1960년의 어느 여름날 어머니와 딸은 마침내 아프리카의 외딴 곳 곰비 땅을 처음으로 밟게 된다.

루이스 리키의
지치지 않는 열정

**학자로서
자질을 의심받다**
—

채 서른도 되지 않았을 때부터 시작된 루이스의 동아프리카 발굴은 처음 몇 해 동안은 성공적이었다. 비록 세상의 주목을 받을 만한 화석 인류를 발견한 것은 아니었지만 수많은 동물 화석을 발견하여 언젠가는 그곳에서 화석 인류도 나올 것이라는 가능성을 보여주었기 때문이다. 그러던 중 드디어 빅토리아^{Victoria} 호수 근처의 카남^{Kanam}과 칸제라^{Kanjera}라는 두 지역에서 그가 찾던 화석 인류의 아래턱과 두개골 조각이 발견되었다. 이 발견은 서른 살의 젊은 루이스를 스타 학자로 만들어놓을 수도 있는 것이었다. 하지만 안타깝게도 루이스는 이 발견 때문에 이후 15년간을 학계에서 외면당한 채 살아야 했다. 다른 학자들의 질투 때문도 아니었고 루이스가 해괴한 가설을 내놓은 것도 아니었는데 과연 어떻게 된 일이었을까?

무슨 일에든지 꼼꼼하기보다는 열정적으로 덤비며 덤벙거렸던 루이스는 카남과 칸제라에서의 발견에 지나치게 흥분한 나머지 그 화석들을 덥석 집어서 베이스캠프로 들고 돌아갔다. 그리고 화석이 발견된 자리에는 짧은 철근 몇 개를 땅속에 박아두어 나중에 이 화석들이 어디서 출토되었는지를 알 수 있도록 해놓았다. 또한 자신이 가지고 있던 사진기로 그 현장 사진을 몇 장 찍어두었고, 함께 현장에 있던 관광객도 뭔가 중요한 발견인가 보다 싶어서 함께 사진을 찍었다. 이후 루이스는 의기양양하여 자신이 진짜 인류의 조상을 발견했다며 카남과 칸제라의 화석을 세상에 내놓았다. 이때부터 다른 학자들의 질문이 쏟아졌는데 그 주된 내용은 그 화석들이 어느 지층에서 출토되었는지였다. 화석 자체로는 그 화석이 얼마나 오래되었는지 알 수가 없으니 어느 지층에서 어떤 동물 뼈들과 함께 발견되었는지를 알아야 그것이 진정한 인류의 조상이라고 할 수 있는지를 알 수 있을 것 아니겠는가. 그런데 이에 대한 루이스의 대답이 석연치 않았다. "다음에 카남과 칸제라 지역에 직접 가보시면 아실 수 있습니다." 아니 아무리 인류학이 제대로 된 과학이라기보다는 화석 사냥에 가까웠던 1930년대였지만 이런 대답을 가지고 학계에 새로운 화석을 발표한다는 것은 받아들여지기 힘든 일이었다. 하지만 루이스가 저렇게까지 강력하게 자신의 발견이 중요함을 주장하자 학자들은 일단 그의 의견을 존중하여 직접 카남과 칸제라로 가서 확인해보기로 했다.

여전히 자신만만하게 다른 학자들을 카남과 칸제라로 초대한 루이스는 그들을 데리고 자신이 철근으로 못 박아두었던 곳으로

갔다. 그런데 이것이 어찌 된 일인가. 카남에도 칸제라에도 철근은 온데간데 없었다. 당시 그 근처 빅토리아 호수에서 고기잡이를 하던 현지인들에게 철근은 유용한 도구였는데, 그들이 주인 없는 철근을 발견해서 낚시에 사용했던 것이다. 아뿔싸! 사진이 있으니 화석이 어디서 발견되었는지 그것을 보면 된다면서 루이스는 학자들을 안심시켰다. 하지만 불행은 한꺼번에 온다더니 하필이면 필름에 빛이 새어 들어가는 바람에 사진을 한 장도 건질 수가 없었다. 함께 있던 관광객에게 부랴부랴 연락을 취해 사진을 받았으나 모래 더미와 나무 몇 그루만 보이는 그 사진을 가지고 아프리카 벌판에서 정확한 지점을 찾아낼 수는 없었다. 함께 있던 학자들은 루이스에게 고고학자라면 반드시 남겼어야 하는 발굴 기록은 어디 있는지 물었다. 하지만 화석 발견에 지나치게 흥분했던 루이스는 가장 기본이 되어야 하는 발굴 기록마저도 아예 남기지 않았던 것이었다. 루이스의 이런 어처구니없는 실수는 학자로서 그의 자질을 의심할 만한 충분한 원인을 제공했다. 이 사건 이후 루이스는 평생 발굴 현장에 사진기 두 대를 가지고 다녔다고 한다. 젊은 나이에 이미 인류학자로 주목을 받은 루이스를 질투하던 많은 학자들은 이를 빌미로 루이스를 학계의 외톨이로 만들어버렸다. 그의 신중하지 못한 성격을 그대로 보여주는 이 사건은 루이스에게 치명타가 되었고 그는 이대로 학계에서 사라져 버리는 듯했다.

학자와
탐험가의 조건
———

땅에서 발견된 유물을 정확하게 기록하지 않은 루이스 리키의 행동은 고고학자로서의 발견과 탐험가로서 화석 사냥이 어떤 점에서 달라야 하는지를 보여준 좋은 예라고 할 수 있다. 영화배우 해리슨 포드[Harrison Ford]가 사파리 모자를 푹 눌러 쓴 채 카키색 바지에 하얀 티셔츠를 입고 오지에서 발굴하는 고고학자로 나왔던 영화 〈인디아나 존스〉. 이 영화 덕에 고고학이라는 학문 분야가 많은 사람들에게 알려지게 되었다. 고고학을 한다고 하면 가장 많이 듣는 질문 가운데 하나가 바로 "인디아나 존스와 같은 일을 하시는군요?"이다. 그런데 역설적으로도 실제 고고학이라 했을 때 많은 사람들이 이 영화를 떠올리는 것을 고고학자들은 그다지 달가워하지 않는다. 이유인즉 영화 속에서는 인디아나 존스를 참된 고고학자가 아닌 보물찾기를 하는 탐험가로 그리고 있는데, 이를 실제 고고학자들이 하는 일로 오해하는 경우가 흔하기 때문이다. 그렇다면 학문으로서 고고학과 성경 속에 나오는 성궤를 찾아 오지로 탐험을 떠나는 인디아나 존스와는 어떤 차이점이 있는 것일까? 왜 루이스 리키는 학자로서 지녀야 할 자질을 의심받고 탐험가 내지는 화석 사냥꾼으로 비하되었던 것일까?

고고학은 발굴이라는 방법을 기본으로, 이를 통해 얻어낸 유물을 조사 · 관찰하여 과거의 특정 시대를 복원해내고자 하는 학문이다. 예를 들어 우리나라에서 가장 널리 알려진 신석기 시대 유적지 중의 하나인 암사동 선사 주거지를 생각해보자. 1920년대 한강 변에 큰 홍수가 나면서 암사동 일대에서 수많은 빗살무

늬토기 조각이 발견되었다. 이렇게 특정 지역에서 많은 유물이 발견되면 이 지역을 대상으로 개략적인 발굴 조사(시굴)를 하게 된다. 시굴 결과 역사적 가치가 있는 곳으로 판단되면 박물관이나 문화재관리위원회 등이 주체가 되어서 본격적인 발굴에 들어가게 되고, 이후 발굴의 진행 속도와 성격은 그 유적지에서 출토되는 유물의 가치에 따라 결정된다. 암사동 선사 유적지의 경우 1960년대부터 본격적으로 발굴한 결과, 신석기 시대의 집단 주거지로 확인이 되었고 그곳에 있던 움집 등이 복원되어 오늘날까지 일반인에게 공개되고 있다. 이러한 주거지 유적이 발견되면 고고학자들은 그 속에서 출토되는 각종 토기 조각, 불을 때던 화덕 자리, 움집의 기둥이 박혀 있던 자리, 집을 짓기 위해 파 내려간 땅의 깊이, 집의 크기 등과 같은 정보를 종합적으로 수집한다. 이러한 작업은 때로는 매우 지루하게 느껴질 정도로 아주 꼼꼼하게 이루어진다. 발굴이 끝난 뒤 발간되는 발굴 보고서를 보면 그 유적에서 발견된 거의 모든 유물과 유적지의 모습이 그림으로 그려져 있는데, 이것은 때로는 센티미터 단위까지 땅의 굴곡을 세밀하게 표현해주어야 하기 때문이다. 이렇게 모은 암사동 신석기 시대의 정보에 우리나라의 다른 지역에서 발견된 신석기 시대 유적의 모습을 하나씩 더해가면서 종합해보면 지금으로부터 수천 년 전 한반도의 신석기 시대는 어떤 모습을 하고 있었는지에 대한 개략적인 그림이 그려진다.

　이런 맥락에서 볼 때 만약에 누군가가 암사동 선사 유적지에서 발견된 토기나 석기를 기록 조차 남기지 않은 채 골동품이라는 이유만으로 덥석 집어가버린다면 그는 학자가 아닌 보물을 찾는 사람이나 돈을 노린 도굴꾼인 것이다. 유물을 찾아내는 능력이 귀신같이 뛰어나다는 도굴꾼들에게는 유물의 출토 맥락이 중요하지 않다. 도굴꾼이 중시하는 것은 한 시대에 대한 총체적인 복원이 아닌 유물의 금전적 가치이다. 이러한 이유에서 루이스 리키가 기록을 남기지 않고 현장에서 화석 인류의 뼈를 가져와버린 것은 학자로서 올바른 태도가 아니었다. 비록 그가 그 뼈를 팔아서 돈을 벌기 위한 목적으로 행한 일은 아니었음이 분명할지라도 학자로서 발굴을 할 때 지켜야 할 기본 원칙을 지키지 않았기에 학계에서 따돌림을 받게 된 것이다.

올로게사일리 발견과 재기의 몸짓
—

하지만 그대로 주저앉았다면 그것은 루이스 리키가 아니었다. 카남과 칸제라에서 저지른 실수와 훗날 아내가 된 메리 니콜과의 불륜으로 아직 보수적이었던 1930년대의 영국 사회에서 루이스는 교수 자리는커녕 강사 자리도 구할 수 없었다. 상황이 이렇다 보니 아무리 그가 아프리카로 돌아가 발굴을 하고 싶다고 해도 연구비를 지원해줄 곳을 찾는 것이 쉽지 않았다. 이런 그의 상황을 안타깝게 여긴 몇몇 교수의 도움으로 루이스는 케냐의 키쿠유 부족을 연구한다는 명목으로 연구비를 지원받아 메리와 함께 아프리카로 돌아갈 수 있었다. 물론 루이스는 인류학 발굴을 하고 싶어 했지만 그 분야에서는 아무도 그를 지원하려 하지 않았기 때문에 방향을 틀어 일단 어린 시절을 함께 보낸 키쿠유 부족을 연구하기로 한 것이다.

이 세상의 모든 것에 관심을 가졌다고 알려질 정도로 해박했던 루이스는 키쿠유 부족의 역사와 신화 등을 기록하는 일에 금세 취미를 붙이고 몰두해 자그마치 1천 장이 넘는 첫 번째 논문을 발표했다. 루이스가 이 일에 몰두하고 있을 때 루이스의 아내 메리 리키는 발굴할 곳을 찾아 이곳저곳을 돌아다니다 마침내 유물이 출토될 가능성이 있어 보이는 곳에서 작은 첫 번째 발굴을 시작했다. 첫 발굴은 매우 성공적이었다. 수많은 석기와 동물 뼈들이 출토된 것이다. 지금 들으면 황당한 이야기이지만 1930년대만 하더라도 유럽인들은 아프리카에는 문명이 존재하지 않았으리라고 생각했다. 석기같이 오래된 것들이 아프리카 같은 미개한 곳에 있을 리가 없다는 것이었다. 그렇다면 메리가 발굴해낸 유물들은 도대체 무엇이란 말인가? 루이스 못지않게 고고학에 대한 열정을 가지고 있던 메리는 하루 종일 발굴 현장에서 시간을 보내는 것도 모자라 집에 돌아와서도 밤늦은 시간까지 그날 발견한 유물들을 정리했다. 그리고 그 출토된 유물들을 동네 사람들에게 공개함으로써 메리의 작은 유적은 금방 유명해졌고 이로 인해 케냐의 각지에서 자신들의 역사를 궁금해하는 케냐인들이 유적을 구경하기 위해 몰려들었다. 루이스도 메리의 발굴에 아낌없는 지지를 보냈고 그렇게 하여 루이스는 그나마 고고학의 끈을 놓지 않을 수 있었다.

1939년 초 루이스의 키쿠유 부족 연구비도 바닥을 드러냈고 메리는 처음부터 연구비가 없었기 때문에 이 부부는 그야말로 땡전 한 푼 없는 상황에 직면했다. 그 당시 루이스의 일기를 보면 고고학 발굴은커녕 어떻게 생계를 유지해야 하는지에 대한

루이스 리키와 메리에게 재기의 발판이 된 올로게사일리 화석과 야외 박물관

고민이 담겨 있다. 여전히 영국 학계는 그에게 등을 돌리고 있는 상황이었기 때문에 영국에서 직업을 구한다는 것은 불가능했다. 이런 사면초가의 상황에서 그를 일단 벗어나게 해준 것은 케냐의 영국 식민지 정부와 제2차 세계대전이었다. 키쿠유 부족의 언어에 능통할 뿐더러 케냐의 사회와 문화에 대한 이해가 깊었던 루이스를 영국 정부가 정보원으로 고용했던 것이다. 그렇게 소소한 돈벌이를 하게 된 루이스는 전쟁 내내 아프리카 곳곳을 누비며 메리와 함께 여러 곳에서 발굴을 계속했다. 1940년에 그들의 첫아들 조나단^{Jonathan}이 태어났지만 아이로 인해 자신의 연구가 방해받는 것을 달가워하지 않았던 메리는 조나단을 업고 다니거나 유모에게 맡긴 채 발굴 작업을 계속했다.

1943년 어느 날 루이스와 메리는 오늘날까지 최고의 구석기 고고학 유적 중 하나로 꼽히는 올로게사일리^{Olorgesailie}를 발견하게 된다. 케냐에 위치한 올로게사일리 부근에서 1920년대에 누군가가 석기를 찾은 적이 있었다는 정보를 입수한 루이스는 혹시나 더 많은 석기를 찾을 수 있지 않을까 하는 바람에 메리와 함께 그곳으로 떠났다. 처음에는 석기 하나 발굴하지 못하고 지지부진하던 작업이 얼마 후 한곳에 집중되어 있는 엄청난 양의 석기가 발견되면서 활기를 띠기 시작했다. 그곳에서 쏟아져 나온 동물 뼈의 양 또한 엄청났다. 이것이야말로 보존할 가치가 있다고 생각한 루이스와 메리는 서기들이 출토된 상태 그대로 야외 박물관을 만들어 대중에게 공개했다. 올로게사일리가 가치 있는 유적임은 분명했지만 루이스와 메리의 관심은 올두바이 계곡에 가 있었다. 비록 당장은 올두바이에서 발굴을 진행할 정도의 자금이 없었지만 일단 올로게사일리에 대한 연구와 분석은 젊은 학자에게 넘기기로 하고 그들은 또 다른 유적을 찾아 떠났다.

학계로의 화려한 부활
—

1945년에 전쟁이 끝나자 루이스와 메리는 또다시 생계를 이어갈 걱정을 하는 처지에 놓이게 되었다. 한 해 전에 둘째 아들인 리차드Richard가 태어나 아이가 둘이나 있는 상황에서 마흔둘의 루이스는 여전히 직업이 없었다. 갖은 노력 끝에 마침내 그는 케냐의 코린돈 박물관에 학예사로 취직을 하게 된다. 그곳에서 루이스가 처음으로 한 일은 박물관을 모든 인종에게 개방한 것이었다. 자신을 케냐인이라 여겼던 루이스에게 인종 차별이야말로 있을 수 없는 일이었다. 하지만 여전히 인종 차별이 심하던 식민지에서 이는 획기적인 정책이었다.

이때쯤 루이스는 아프리카에 선사 문화가 없다고 믿었던 유럽인들의 생각이 서서히 바뀌고 있음을 감지했다. 이때야말로 아프리카라는 대륙을 제대로 알릴 수 있는 기회라고 생각한 그는 범아프리카 학술 회의를 개최할 계획을 세우게 된다.

카남과 칸제라에서 저지른 실수도 이미 15년이나 지난 일이었고, 그동안 루이스와 메리가 아프리카에서 지속적으로 발굴을 해서 발견한 것들도 꽤 많았기 때문에, 이를 토대로 루이스는 서서히 다시 학계로 돌아갈 꿈을 키우고 있었다. 고고학, 인류학, 지질학, 고생물학 등 분야를 막론하고 아프리카 선사 문화 전문가를 모두 한자리에 모을 수만 있다면 얼마나 멋진 학술 회의가 될 것인가! 만약 이 학회가 성공한다면 루이스 역시 학자로서의 재기에 성공할 확률이 높기 때문에 그는 이 학술 회의 준비에 열과 성을 다했다.

결과는 기대 이상으로 성공적이었다. 1947년에 열린 제1회 범아프리카 학술 회의에는 총 26개 나라에서 60명의 과학자가 참가했고 루이스는 이들에게 올두바이와 올로게사일리를 비롯해 메리와 함께 지난 15년간 아프리카에서 발굴했던 여러 곳의 유적을 소개했다. 아무리 루이스가 학자로서 자질을 의심받을 만한 실수를 저질렀다고 한들 그 뒤 그와 메리가 함께 이루어놓은 수많은 발굴 성과를 무시할 만큼 무식하게 용감한 학자는 없었다. 이렇게 루이스는 학계로 복귀했고 메리 역시 루이스의 아내가 아닌 고고학자로 사람들에게 알려지게 되었다. 15년이라는 세월 동안 외톨이가 되어도 좌절하지 않고 끝까지 열정을 품고 고고학에 매달렸던 루이스. 직업도 없는 남편을 곁에서 끊임없이 격려해주고 그의 능력과 열정을 믿으며 물심양면으로 후원해주면서 함께 발굴에 참가한 메리. 훗날 이들이 올두바이에서의 발굴로 세계적으로 유명한 학자가 될 수 있었던 것은 이러한 인내심과 학문에 대한 진정한 사랑 덕분이 아니었을까?

범 아프리카 학술 회의를 통해 학계에 돌아온 루이스에게 가장 시급한 일은 발굴 비용을 확보하는 것이었다. 그는 이미 영국 왕립 과학원에 발굴비 지원을 요청해놓은 상황이었는데 이때 그에게 좋기도 하고 나쁘기도 한 소식이 들려왔다. 미국 캘리포니아 대학 팀이 루이스가 발굴하고 있는 지역으로 화석 인류를 찾기 위해 탐사단을 보낸다는 것이었다. 자신이 직접 화석 인류를 발굴하겠다고 벼르고 있던 루이스에게 경쟁자의 출현은 달가운 소식이 아니었다. 하지만 영국과 미국 사이의 경쟁 심리를 이용해 그는 단숨에 영국 왕립 과학원에서 연구비를 따낼 수 있었으니, 좋은 소식이기도 한 셈이었다. 이렇게 하여 루이스와 메리는 처음으로 생계를 걱정하지 않고 발굴에 전념할 수 있게 되었다.

세상을 놀라게 한 화석, 프로콘술
─

그들은 올두바이 계곡으로 가는 길에 빅토리아 호수 부근에 있는 루싱가Rusinga 섬에서 잠시 발굴을 하기로 했다. 루싱가 섬은 2천만 년에서 6백만 년 전에 이르는 중신세中新世, Miocene Epoch 지층이 잘 보존되어 있는 곳으로, 잠깐 섬을 훑어보기만 해도 화석 뼈를 많이 발견할 수 있을 뿐만 아니라 화석의 보존 상태도 매우 좋은 곳이었다. 만약 이러한 곳에서 화석 인류를 찾을 수만 있다면 인류의 역사가 생각보다 훨씬 오래되었을 것이라는 루이스의 가설을 증명할 수 있는 강력한 증거가 될 것이 아니겠는가. 하지만 뼈보다는 석기에 관심이 많았던 메리는 루싱가 섬에서의 발굴에

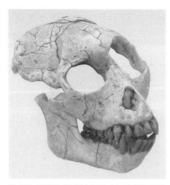
중신세 영장류 중에서 가장 잘 알려진 멸종
동물 프로콘술

시큰둥해 하며 하루빨리 석기가 많이 있는 올두바이로 떠나고 싶어 했다. 그런데 정작 루싱가 섬에서 커다란 발견을 한 사람은 루이스가 아닌 메리였으니, 참 세상 이치는 알다가도 모를 일이다.

1948년의 어느 날 여느 때와 다름없이 루이스와 메리는 혹시나 화석처럼 보이는 것이 있는지 살피면서 하염없이 땅을 보며 걷고 있었다. 이때 땅속에 절반쯤 묻혀 있는 화석이 메리의 눈에 들어왔다. 가까이 다가가 조심스레 주변의 흙을 파내기 시작했다. 그렇게 그녀는 인류 최초로 화석 유인원의 두개골을 본 사람이 되었다. 메리가 발견한 것은 프로콘술^{Proconsul}이라는 유인원의 조상 격으로 지금으로부터 약 2천만 년에서 1천만 년 전에 살았던 동물이다. 그 뒤로도 화석이 많이 발견된 프로콘술의 경우 중신세 영장류 중에 가장 잘 알려진 멸종 동물이다. 하지만 메리가 루싱가 섬에서 이를 발견하기 전까지는 프로콘술의 치아만 발견되었을 뿐 그 두개골에 대한 정보는 전혀 없었던 상황이었기 때문에 메리는 이 발견으로 자신의 이름을 전 세계에 알리게 되었다. 게다가 메리는 루이스와 함께 루싱가 섬에서 수십 개에 달하는 화석화된 식물의 씨앗도 발견했다. 이를 통해 프로콘술이 살던 때에는 어떤 식물들이 있었는지 나아가 어떤 환경이었는지까지 밝혀지게 되었다.

올두바이에서
발견된
화석 인류
—

루싱가 섬에서 성공적으로 발굴을 마치면서 화려하게 학계에 부활한 루이스는 메리 그리고 세 아들 조나단, 리차드, 필립^{Philippe}

과 함께 올두바이로 떠났다. 앞으로 7년간 연구비를 대주겠다는 한 독지가 덕분에 리키 가족은 또다시 당분간 생계 걱정에서 벗어날 수 있었다. 하지만 생활비와 약간의 연구비를 지원받는다고 해서 풍족하게 돈 걱정 없이 살 수 있는 것은 아니었다. 올두바이가 워낙 오지이다 보니 나이로비와 같은 큰 도시에서 각종 물자를 공급받아야 하는데 그도 쉬운 일이 아니었고 함께 발굴에 참가할 현지인들을 고용하는 데도 경비가 많이 필요했다. 결혼한 지 15년이 지나도록 여전히 안정된 수입원이 없었다는 것이 루이스와 메리의 학문에 대한 열정을 막을 수는 없었지만 그들에게 돈 문제는 평생에 걸쳐 끊임없는 고민거리였다.

1951년부터 본격적으로 재개된 올두바이에서의 발굴은 흥미로웠다. 예상대로 수많은 동물 뼈와 석기들이 발견되었다. 하지만 그 석기들을 직접 사용했던 사람은 도대체 어디서 언제 발견될 것인가? 그때까지 열 손가락 안에 꼽을 정도밖에 발견된 바 없는 화석 인류는 모두 남아프리카와 아시아 그리고 유럽에서 출토된 것으로, 루이스가 그토록 애정을 가지고있던 동아프리카에서는 아무것도 발견되지 않았다. 동아프리카에서 옛날 사람들이 사용했던 도구가 발견되는데 도대체 왜 화석 인류는 발견되지 않을까? 동아프리카의 경우 오래전에 땅이 양쪽으로 갈라지는 현상이 일어나면서 그 속에 묻혀 있던 많은 것들이 자연스럽게 바깥으로 노출되었다. 따라서 석회암 동굴 속을 뒤지며 화석을 찾아내는 것보다 동아프리카에서 화석이 발견될 확률이 더 높아 보였지만 이상하게 화석 인류는 도무지 그 모습을 드러내지 않았다. 1년이 지나고 2년이 지나고 3년이 지나도록 기다리고 기다리던 화석 인류는 나오지 않았다. 보통 사람 같으면 지칠 법도 하겠지만, 루이스와 메리는 끈질기게 버텼다. 이들의 인생은 여전히 단조로웠다. 해 뜨기 전에 일어나 간단히 아침 식사를 하고 점심시간이 될 때까지 올두바이 계곡을 누비며 화석을 찾

20세기 중반까지 발견된 주요 화석 인류				
화석 별칭	화석 학명	발견된 해	발견된 장소	의미/중요성
네안데르탈인	*Homo neanderthalensis*	1856	독일 네안데르 계곡	최초로 발견된 화석 인류
크로마뇽인	*Homo sapiens*	1868	프랑스 크로마뇽 동굴	최초로 발견된 현생 인류의 화석
자바인	*Homo erectus*	1891	인도네시아 자바 섬	아시아에서 발견된 첫 화석 인류
필트다운인	*Eoanthropus dawsonii*	1911	영국 필트다운 지역	진정한 인류의 조상으로 잘못 알려짐. 1953년에 사기극으로 밝혀짐
타웅 베이비	*Australopithecus africanus*	1924	남아프리카 공화국 타웅	두 발 걷기 증거가 보이는 첫 번째 발견
북경 원인	*Homo erectus*	1929	북경 근교 주구점 동굴	아시아에서 발견된 두 번째 화석 인류
별칭 없음	*Paranthropus robustus*	1938	남아프리카 공화국	기존의 화석 인류에 비해 훨씬 강한 턱과 치아를 가진 새로운 종의 화석 인류 첫 발견

은 다음 캠프로 돌아와 점심을 먹고 태양이 너무 뜨거운 시간을 피해서 약간의 휴식을 취했다. 아프리카의 강한 햇빛을 받으면 땅 위의 수많은 돌멩이와 화석이 모두 반짝반짝 빛나기 때문에 화석과 그냥 돌을 구별하기 힘들었다. 따라서 발굴팀은 가장 뜨거운 시간을 피해 화석을 찾았다. 오후 2시경부터 다시 화석 찾기와 발굴에 돌입하여 해가 질 무렵에 캠프로 다시 돌아와 씻고 저녁을 먹은 후에 캠프에 위치한 연구실의 불을 밝혀놓고 그날 출토된 뼈와 석기들을 정리·분류·분석했다. 아주 가끔 바람도 쐬고 물건도 사올 겸 나이로비로 가기도 했지만 이는 드문 일이었다. 그렇게 올두바이에만 진득하게 머물면서 발굴하기를 8년째, 1959년의 어느 날 드디어 루이스와 메리의 지극 정성 화석 찾기가 첫 결실을 맺게 된다.

이날 루이스는 평소와 달리 몸이 아파 캠프에서 쉬기로 했고 메리 혼자 애완견인 달마시안을 데리고 올두바이 계곡으로 향했다. 점심때가 다 되어갈 무렵 메리는 땅속에서 바깥으로 삐죽 솟아올라 있는 무언가를 발견하게 된다. 혹시나 하는 기대와 또다시 실망하고 싶지 않은 마음이 교차했다. 메리는 조심스레 그 화석을 캐내기 시작했다. "설마……." 메리는 자신의 눈을 의심했지만 이것은 틀림없는 화석 인류였다. 부랴부랴 랜드로버를 몰고 캠프로 돌아가 누워 있는 루이스에게 소리쳤다. "찾았어요. 찾았다고요!" 루이스는 침대를 박차고 일어났고 그들은 함께 화석을 발견한 장소로 향했다. 정말 틀림없는 화석 인류였다. 이렇게 하여 175만 년 전에 올두바이를 누비던 인류의 먼 조상뻘 되는 화석 두개골이 세상의 빛을 보게 되었다. 이것은 동아프리카에서 발견된 최초의 화석 인류였고 이를 계기로 그동안 남아프리카를 중심으로 하던 인류학 발굴이 동아프리카로 옮겨가게 되었다. 그리고 이때를 기점으로 수십 년간 침묵하고 있던 동아프리카에서 수많은 화석 인류들이 쏟아져 나오기 시작했다.

많은 사람 앞에 나서는 것을 좋아하지 않던 메리는 자신이 화석을 발견했는데도 그것을 들고 학자들과 대중 앞에 서고 싶어 하지 않았다. 그대신 사람들 앞에 서는 것을 즐기던 루이스가 이 화석을 들고 영국으로 돌아갔다. 루이스에게도 메리에게도 이 발견이 커다란 의미를 지니는 것은 사실이었지만 그들이 아직 깨닫지 못한 것이 있었다. 이 화석으로 인해 그들이 세계적인 스타 학자로 발돋움하게 되는 것은 물론 앞으로의 생활비와 연구비까지 해결되리라는 사실이었다.

루이스는 영국과 미국을 오가며 동아프리카 최초의 화석 인류를 소개했다. 불과 한 달 만에 미국 전역에 있는 17개 대학가를 돌며 66번의 강연회를 가졌으니 그가 얼마나 이 화석을 사랑했는지, 또 얼마나 많은 사람들이 이 화석에 관심을 보였는지를 알 수 있다. 이 화석의 경우 두뇌 용량은 침팬지와 비슷한 500cc 정도에 불과했지만 두개골의 많은 부분이 인류의 조상 격임을 확실히 보여주고 있었다. 게다가 이 종種은 남아프리카에서 발견된 화석 인류의 한 종種과 비슷하게 아주 커다란 치아를 가지고 있었다. 오늘날 우리의 어금니보다 자그마치 4배나 더 큰 어금니를 가지고 있었던 것이다! 이런 차이점으로 인해 루이스는 이것이 그동안 발견되지 않은 새로운 종種을 뛰어넘어 새로운 속屬에 속하는 화석 인류였다고 주장을 하면서 이 화석에 '진잔트로푸스 보이지아이$^{Zinjanthropus\ boisei}$'라는 이름을 붙여준다. 루이스와 메리의 화석이 중요한 발견이었음은 분명하지만 그 화석이 정말로 기존의 것들과는 완전히 다른 것이었을까? 이에 대한 학계의 반응은 어떠했을까?

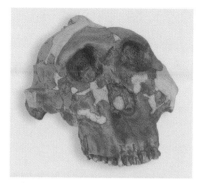

루이스 리키가 발견한 진잔트로푸스 보이지아이 화석

새로운 화석과 학명 사냥

인류 조상의 화석 찾기가 본격적으로 시작된 지 채 50년도 되지 않았던 1950년대. 이때까지 발견되었던 화석 인류는 총 29개의 서로 다른 속$^{genus, 屬}$에 해당하는 것으로 알려졌다. 오스트랄로피테쿠스, 파란트로푸스^{Paranthropus}, 플레지안트로푸스^{Plesianthropus}, 시난트로푸스^{Sinanthropus}, 피테칸트로푸스^{Pithecanthropus} 등. 그런데 이러한 이름 짓기는 과연 과학적으로 타당한 것이었을까?

어느 정도 차이가 있는 동물이어야 서로 다른 종^{種} 혹은 속^{屬}으로 분류할 것인지에 대한 질문은 다분히 철학적인 요소를 담고 있다. 다시 말해 과학적으로 명확한 경계선이 없다는 이야기이다. 예를 들어 얼룩말과 말은 얼마나 다르고 얼마나 같다고 할 수 있을까? 당나귀와 얼룩말은 둘 다 말이기 때문에 비슷하다고 해야 할까? 아니면 그 생김새가 확연히 다르다고 해야 할까? 이러한 질문에 대해 아무도 딱 부러지는 해답을 내놓을 수는 없지만 생물학계 내에서 어느 정도 합의된 기준이 있는 것이 사실이다. 따라서 오늘날 얼룩말과 말 그리고 당나귀는 모두 에쿠스Equus라는 하나의 속屬으로 묶이고, 그 속屬 내에서 서로 다른 종種으로 분류된다. 얼룩말은 에쿠스 버르첼리Equus burchellii, 말은 에쿠스 카발루스Equus caballus, 그리고 당나귀는 에쿠스 애시누스Equus asinus인 것이다.

그렇다면 발견된 화석 인류의 총 개수가 1백여 개밖에 되지 않던 1950년대에 29개의 서로 다른 속屬이 존재했다는 것은 무언가 잘못된 것이 아닐까? 단순히 1백 개의 그것도 대부분이 조각난 채로 발견되는 화석의 파편들이 도대체 얼마나 다르기에 29개의 종種도 아닌 29개의 속屬이 존재할 수 있었던 것일까? 상황이 이렇게 된 가장 큰 이유는 인류학이 아직까지 제대로 된 하나의 과학적 학문으로 자리 잡지 못했기 때문이었다. 화석 인류를 찾아서 그것을 통해 인류의 과거사를 복원하려는 것보다는 최고로 오래된 화석을 찾아서 이름을 드날려 보자는 식의 화석 사냥이 주를 이루고 있었던 것이 당시의 현실이었다. 새로운 화석을 찾으면 대부분의 인류학자들이 "나의 화석으로 말할 것 같으면 기존의 화석과 이러이러한 점에서 크게 다르기 때문에 이것은 새로운 종種일뿐만 아니라 새로운 속屬에 속한다"고 주장했다. 자신의 발견이 특별한 것이기를 원하는 것은 인간의 본성이라고도 할 수 있겠지만 이것이 오히려 인류학이라는 학문의 발전에 기여는커녕 방해가 되는 결과를 낳았던 것이다.

이러한 상황을 날카롭게 비판하고 나선 이가 어른스트 마이어Ernst Mayr, 1904~2005였다. 마이어는 미국으로 이민 간 독일인으로 미국 자연사 박물관을 거쳐 하버드 대학 생물학과에 오래 몸을 담은 저명한 진화 생물학자이다. 그는 6백 개의 서로 다른 종種으로 분류되는 초파리의 경우도 모두 한 속屬에 속한다는 예를 통해 인류학자들의 잘못을 지적했다. 생물학에서 동식물에게 종種·속屬·과科·목目·강綱·문門·계系에 따라 적합한 이름을 주는 것은 그러한 이름 자체를 통해 동식물의 진화 역사와 다른 동식물과 맺는 관계를 알 수 있게 해주기 때문이다. 따라서 한 화석 인류와 다른 화석 인류의 관계가 제대로 규명되지 않은 상태에서 마구 새로운 이름을 붙여주는 것은 인류의 역사를 복원하는 데 아무런 도움이 되지 않는다는 것이 그의 주장이었다. 이런 마이어의 주장은 특히 젊은 인류학자들로부터 전폭적인 지지를 얻었고, 그때까지 있었던 29개의 속屬에 속하는 화석 인류들은 단 두 개의 속屬으로 정리되었다. 오스트랄로피테쿠스와 호모.

이러한 상황에서 루이스는 1959년에 메리가 발견한 올두바이의 화석 인류에게 진잔트로푸스라는 새로운 종種도 아닌 새로운 속屬의 이름을 지어주었으니 그것이 얼마나 큰 비판에 휩쓸렸을지는 짐작이 가고도 남는다. 루이스와 메리는 그들의 새로운 화석을 세상에 발표하기 전에 남아프리카 공화국 위트워터스랜드 대학을 방문해 동아프리카에서 출토된 이 화석이 남아프리카에서 출토된 화석 인류들과 어떻게 같고 다른지를 살펴보았다. 이 과정에서 학자들은 비록 올두바이 화석이 남아프리카의 화석과 비교해 다른 면이 있기는 하지만 새로운 속屬으로 분류할 만큼 다르지 않다는 데 의견을 모았다. 루이스 단 한 사람만 이에 동의하지 않았다. 결국 루이스는 많은 사람이 반대하는데도 학회를 통해 그의 새로운 화석 인류 진잔트로푸스를 세상에 내놓는다. 이를 시작으로 루이스는 평생에 걸쳐 새로운 화석에 새로운 학명을 붙이는 습관을 버리지 못했고, 이는 학자로서 그가 지닌 명성을 끊임없이 따라다니는 흠집과도 같은 것이 되어버렸다. 진잔트로푸스의 앞 글자를 따 진지^{Zinj}라는 애칭으로 불리는 이 화석은 루이스의 소망과는 달리 오늘날 오스트랄로피테쿠스 보이지아이라는 종^種으로 분류된다.

대중을 사로잡은 고고학과 인류학, 그리고 리키

화석 인류의 학명^{學名}이 진잔트로푸스든 호모든 오스트랄로피테쿠스든 일반인에게는 그다지 중요한 것이 아니었다. 그들은 올두바이에서 30년 가까운 세월 동안 아무런 화석 인류도 발견하지 못했는데도 그에 굴하지 않고 오지에서 고고학에 젊음을 바친 루이스에게 열광했다. 더구나 그의 탐험 정신은 미국인이 중요시하는 개척 정신과 맞아떨어져 미국의 대중들을 순식간에 사로잡았다. 이런 대중의 사랑을 간파하고 그에게 접근한 단체가 있었으니 바로 내셔널 지오그래픽^{National Geographic}이었다. 고고학과 인류학이 대중들에게 널리 알려지기를 간절히 바라온 루이스와, 일반 독자들을 사로잡을 만한 흥미 있는 기삿거리를 찾고 있던 내셔널 지오그래픽의 이해관계가 맞아떨어졌던 것이다. 이때부터 내셔널 지오그래픽 사는 루이스를 비롯한 리키 가족에게 연구비를 지원해주기 시작했으며 리키 가족은 그에 대한 대가로 멋진 화석들을 끊임없이 찾아주었다. 그럴 때마다 《내셔널 지오그래픽》은 특집 기사와 특집 방송을 내보냈고 언론의 힘을 얻은 루이스와 리키 가족은 그만큼 더 유명해졌다.

루이스 리키는 진정한 카리스마란 무엇인지를 몸소 보여준 인물이었다. 그는 네 살짜리 어린아이부터 여든 살의 할머니까지도 모두 5분 내에 자신의 이야기에 매료시킬 수 있는 능력을 가지고 있었다. 루이스는 누구와 어떤 주제를 놓고도 이야기할 수 있을 만큼 다양한 분야에 걸쳐 풍부한 지식을 가지고 있었을 뿐만 아니라 언변도 뛰어났다. 그는 아프리카 초원을 누비는 얼룩말에 관한 이야기부터 시작해서 빵은 어떻게 구워야 맛있는지 자동차 수리는 어떻게 하는지도 술술 이야기를 풀어낼 줄 아는, 그야말로 전혀 상관없어 보이는 주제들을 줄줄 엮어 하나의 멋진 이야기보따리로 묶어내는 그런 사람이었다.

특히 미국 캘리포니아의 대학가를 중심으로 '루이스 숭배' 라는 말이 생겨날 정도로 루이스의 인기는 절정에 달했다. 루이스는 자신의 이름을 딴 리키 재단의 기금을 마련하기 위해 해마다 두 차례에 걸쳐 미국 대륙을 횡단하며 강연을 했다. 워싱턴, 시카고, 솔트 레이크 시티, 샌프란시스코 그리고 로스앤젤레스 등 미국의 주요 도시에서 열린 루이스 강연회의 표는 인기 가수 콘서트의 표 팔리듯 순식간에 매진되었다. 특히 1960년부터 리키 가족에게 금전적인 지원을 시작한 내셔널 지오그래픽 사가 잡지와 텔레비전으로 루이스의 올두바이 발굴을 대중에 알리기 시작하면서 루이스는 단숨에 유명 인사가 되었다. 이미 예순을 넘긴 나이에 여러 차례의 관절 수술로 잘 걷지도 못했던 루이스는 일단 연단에만 오르면 난숨에 청중을 사로잡았고 심지어는 그들

중 상당수를 감동에 벅차 눈물까지 흘리게 만들었다. 말년에 가족들과 그다지 사이가 좋지 않았던 루이스는 대중의 사랑을 더욱 즐겼고 건강상태가 점점 악화되고 있음에도 불구하고 혼신의 힘을 다해 대중에게 다가갔다. 그는 특히 대학생과 같은 젊은이들을 사로잡는 능력이 뛰어났다. 루이스는 강연이 끝난 뒤 그에게 몰려드는 많은 청중들을 귀찮아하지 않고 오히려 한 사람 한 사람과 눈을 맞추고 대화를 나눴다. 이러한 루이스의 카리스마에 이끌려 고고학이나 인류학 혹은 아프리카와 관련된 전공을 선택하는 이가 많이 생길 정도였으니 그의 인기는 가히 헐리우드 스타 못지 않았다.

인류학의 거대한 별이 지다
—

루이스는 대학교에 입학했을 때부터 간질 증상을 보였고 수시로 만성 두통을 호소하는 등 건강이 좋지 않았다. 게다가 쉰을 넘기면서부터는 종종 혈관이 막혀 쓰러지기도 했고 강연을 위해 이동하던 중에 쓰러지는 바람에 응급실로 실려가는 일도 있었다. 상황이 이렇다 보니 의사들은 물론이고 그의 가족들도 그에게 빡빡한 일정을 취소하고 휴식을 취할 것을 권했지만 그 무엇도 루이스를 멈추게 할 수는 없었다. 여전히 집필중인 책이 여러 권 있었고 강연으로 연구비를 마련해야 했으므로 그는 도저히 쉴 시간이 없다고 생각했다. 뇌혈관 수술과 같은 큰 수술을 몇 차례 받으면서도 기력을 어느 정도 회복하면 바로 병원에서 뛰쳐나와 비행기에 올랐고 유럽과 미국 그리고 아프리카를 오가는 일정을 소화해냈다. 하지만 인류학에 대한 그의 열정도 이미 악화될 대로 악화되어버린 건강을 되돌릴 수는 없었다. 1972년의 어느 날 런던의 한 병원에서 예순아홉의 나이로 세상을 떠난 루이스는 자신의 고향 케냐 키쿠유 마을의 유칼립투스 나무 밑에 묻혔다. 그의 죽음을 알리는 부고가《네이처》지에 실렸다. 그 마지막 부분은 다음과 같다.

우리는 그의 열정과 추진력, 부지런함과 끊임없이 성공적으로 화석 인류와 석기를 찾아낸 것에 아낌없는 존경을 표합니다. 그는 세상에 새로운 지식을 전하기 위해 용기를 가지고 열심히 노력한 위대한 인물입니다. 그는 고생물학, 선사시대 역사학 그리고 인류의 진화라는 분야에 자신의 몸을 아끼지 않고 바친 사람으로 기억될 것입니다.

만남 4

제인 구달과 침팬지,
세계적인 스타가 되다

곰비에서 얻어낸
놀라운 발견들
—

제인이 침팬지 연구를 위해 도착한 곰비는
지상의 낙원이라고 할 만큼 아름다운 곳이
었다. 커다란 탕가니카 호수에서 흘러온 맑고 차가운 물이 넘치
도록 공급되었고 그 물로 밀림이 우거지고 그 안에 수많은 동식
물이 살고 있는 곳, 그곳이 바로 곰비였다. 천혜의 자연환경이
펼쳐진 곰비의 숲 속에 서식하는 동물 중 하나가 총 160마리 정
도의 침팬지였다. 지평선이 보일 만큼 넓고 평평한 땅이 펼쳐진
올두바이와는 달리 곰비의 지형은 수많은 산으로 울퉁불퉁했다.
따라서 산에 한 번 오르내리는 것 자체가 상당한 체력을 요구하
는 일이기도 했지만 오히려 그 덕분에 침팬지 관찰에 유리한 점
도 많았다. 일단 산봉우리에 오르기만 하면 그 일대가 훤히 내려
다 보였고 이 사실을 일찍 깨달은 제인은 아예 침낭과 필기도구
그리고 간단한 먹을거리를 들고 산봉우리로 올라가 그곳에서 밤

을 지새곤 했다.

제인의 침팬지 연구에서 일반인들이 종종 간과하는 부분이 있는데 그것은 바로 제인이 얼마나 부지런히 그리고 열정적으로 연구를 했냐는 것이다. 호리호리하고 가냘픈 외모와는 달리 실제로 제인은 신체적으로도 정신적으로도 매우 강한 여성이었다. 제인은 날마다 아침 5시가 되기도 전에 일어나 따뜻한 차 한 잔과 빵 한 조각으로 간단히 아침을 때운 뒤 바로 침팬지를 관찰하기 위해 산으로 올라갔다. 당시 키고마 관청은 스물여섯밖에 되지 않은 제인이 혼자서 숲 속을 누비는 것은 위험하다고 판단해 그녀에게 어디를 가든지 경호원과 함께 다녀야 한다는 명령을 내렸다. 항상 독립적으로 생활하던 제인은 이를 못마땅하게 여겼으나 경호원을 거부할 경우 곰비에서 연구 자체가 어려워질 수도 있는 상황이었기 때문에 항상 경호원 두 사람을 대동했다. 그런데 문제는 신체 건장한 젊은 남자 두 사람이 오히려 제인의 체력을 이기지 못했다는 것이다. 그렇게 이른 시간에 일어나 하루 종일 산을 오르락내리락하다 보면 어느새 두 남자는 녹초가 되어 숙소로 돌아갔다. 이런 강행군을 이겨낸 사람은 제인 한 사람뿐이었고 이후로 제인은 혼자서 침팬지 행동을 관찰하러 다닐 수 있게 되었다.

곰비의 울창한 숲 속을 누비며 침팬지를 관찰하는 일은 생각보다 훨씬 어려웠다. 일단 나무가 너무 많아 그 사이로는 침팬지가 잘 보이지 않았다. 침팬지가 움직이는 검은 점 정도로밖에 보이지 않는 상황에서 연구가 쉬울 리 없었다. 하지만 제인은 끈기 있게 망원경을 들고 이리저리 자리를 옮겨 다니면서 침팬지를

곰비에서 침팬치와 함께 생활하는 제인 구달

관찰했고, 그렇게 몇 달이 지나자 마침내 침팬지 몇 마리를 구별해낼 수 있었다. 제인은 이때부터 마치 애완동물에게 이름을 지어주듯 침팬지들에게 소피, 애니, 데이비드, 조나단과 같은 이름을 붙여주기 시작했다. 어찌 보면 지극히 자연스러운 행동처럼 보이는 '동물에게 이름 붙여주기'가 나중에 제인의 연구에 대한 비판이 되어 돌아올 줄을 제인은 꿈에도 생각하지 못했다.

곰비에서 침팬지 연구를 시작하기는 했으나 제인 자신은 물론이고 스승이었던 루이스 리키도 이 연구가 과연 얼마나 지속될 수 있을지 장담할 수 없는 상황이었다. 야생 침팬지의 행동이나 습성을 이해하기 위해서는 긴 시간이 필요한 것은 분명해 보였다. 수명이 40년에서 길게는 60년까지 되는 침팬지의 발달 과정 중 한 가지만 이해하려 해도 적어도 10년이 넘는 시간이 걸리기 때문이었다. 무엇보다 이렇게 몇 년이 걸릴지도 모를 장기적인 연구에 연구비를 후원해줄 단체를 찾을 수 있을는지는 알 수 없었다. 상황이 이렇다 보니 제인은 연구를 시작한 첫해에 획기적인 것들을 발견해내야 한다는 압박에 시달렸다. 하지만 기회는 예상외로 일찍 찾아왔다. 제인은 곰비의 침팬지들한테서 그동안 알려지지 않았던 중요한 습성을 여러 가지 발견할 수 있었다. 그 누구보다 침팬지라는 동물을 사랑했던 제인의 마음에 대한 침팬지들의 고마움의 표시였을까? 연구 초반에 중요한 발견을 한 덕분에 제인은 그 뒤로 내셔널 지오그래픽 사에서 연구를 계속할 수 있는 기금을 받을 수 있었다. 제인이 곰비에서 연구를 시작한 첫 1년 동안 제인을 통해 세상에 처음으로 알려진 침팬지의 재미난 습성을 몇 가지 살펴보자.

20세기 중반만 하더라도 침팬지는 초식동물로 알려져 있었다. 곰비에서 관찰을 시작했을 때 제인 역시 침팬지들이 주로 잘 익은 과일이나 새싹을 먹는 것만을 목격했다. 그러던 어느 날 여느 때처럼 새벽부터 곰비의 산을 누비며 침팬지를 관찰하던 제인은 저 멀리 보이는 나무 위에서 침팬지들이 정신없이 돌아다니며 큰 소리로 우는 것을 발견했다. 침팬지들이 싸움을 하거나 놀면서 그런 커다란 소리를 내기도 하기 때문에 제인은 이번에도 그런 것이겠거니 생각을 하며 관찰하기 시작했다. 그런데 자세히 보니 침팬지 한 마리가 손에 붉은색의 덩어리 같은 것을 들고 나뭇가지 사이로 뛰어다니고 있었으며 흥분한 다른 침팬지들이 그 뒤를 좇고 있었다. 제인은 평소에 본 적이 없는 붉은색 덩어리의 정체가 궁금해서 더 자세히 관찰을 했는데 놀랍게도 그것은 새끼 멧돼지였다! 어떤 과정을 거쳐 침팬지들이 새끼 멧돼지를 '사냥'했는지는 알 수 없었지만 분명 침팬지들은 그 고기를 맛있게 뜯어먹고 있었다. 제 손에 새끼 멧돼지를 들고 있던 침팬지는 의기양양해 있었고 다른 침팬지들은 어떻게 해서든지 한 점이라도 얻어먹어볼까 하는 생각으로 그 침팬지 뒤를 졸졸 따라다니는 중이었던 것이다. 침팬지가 고기를 먹는다는 것만으로도 놀라운 발견인데 그 맛을 그리도 좋아한다는 것을 알게 된 제인은 놀라움을 금치 못했다. '고기를 먹을 수도 있지, 그게 무슨 큰일 인가' 하는 생각이 들지도 모르나 어느 날 사슴 여러 마리가 모 여 닭을 잡아먹고 있는 것을 발견한다면 얼마나 황당한 노릇이 겠는가? 침팬지의 주식은 여전히 과일이나 새싹 혹은 견과류인 데 어쩌다 고기를 먹을 수 있는 기회가 생기면 너도나도 모여들 어 한 점이라도 먹어보려고 치열하게 경쟁하는 것을 보면 그들 도 고기 맛을 알고 있는 것이 아닌가 생각하게 된다. 제인의 발 견으로 침팬지가 고기를 먹는 것을 넘어 고기 맛을 좋아한다는 것이 세상에 널리 알려지게 되었다. 수컷이 암컷을 유혹할 때 고 기를 선물로 주곤 한다는 것만 보아도 침팬지들이 고기를 얼마 나 귀하고 맛있는 것으로 여기는지 짐작이 되지 않는가.

그 뒤에도 제인은 침팬지가 고기를 먹는 것을 여러 번 목격했 는데 침팬지들은 단순히 멧돼지 고기만 먹는 것이 아니라는 것 도 밝혀졌다. 침팬지 수컷의 경우 또래 집단끼리 주로 무리를 지 어 다니는데 그 와중에 근처에 사는 원숭이를 만나면 싸움이 붙 곤 한다. 이때 싸움이 격렬해지면 침팬지들이 원숭이 새끼를 잡 아 살아 있는 채로 뜯어먹는 것이 여러 번 목격되었다. 더 기가 막힌 경우는 침팬지끼리 침팬지를 잡아먹는 경우였다. 이 역시 주로 수컷들이 보여주는 행동인데, 어느 날 암컷이 새끼를 데리 고 지나가는 것을 본 수컷들이 바로 덤벼 새끼를 빼앗은 뒤에 그 자리에서 서로 돌려가며 한 점씩 먹는 것이 아닌가. 뿐만 아니라 침팬지 어미가 딸을 데리고 다니며 다른 암컷한테서 새끼를 빼 앗아 둘이 그 자리에서 먹어 치우는 것도 여러 번 목격되었다. 그리 일반적인 것은 아니지만 사람 눈으로 볼 때 더할 나위 없이 섬뜩한 이러한 행동이 침팬지에게 분명 꾸준히 여러 번에 걸쳐 관찰되었다. 무슨 이유로 침팬지들이 이러한 행동을 하는지는 아지까지도 의문으로 남아 있다.

침팬지가 고기를 먹는다는 것 하나만으로도 커다란 발견일 터인데 침팬지가 도구를 만들어 사용한다는 더 놀라운 발견이 이어졌다. 실험실에서 기르던 침팬지들을 대상으로 한 각종 실험에서 침팬지들이 제법 똑똑하며 도구를 쥐어주면 그것을 사용할 줄 안다는 것은 20세기 초반에 이미 알려진 사실이었다. 하지만 야생 침팬지가 스스로 도구를 만들어 사용한다는 것은 제인에 의해 최초로 세상에 알려졌다. 그날도 역시 제인은 곰비 구석구석을 누비며 침팬지들을 따라다니고 있었다. 그러던 중 침팬지 한 마리가 한자리에 꼼짝 않고 앉아서 무언가를 하는 장면을 목격하게 되었다. 침팬지의 행동을 방해하지 않고 근처에서 조용히 관찰하는 것에 이미 익숙해진 제인은 이날도 가만 앉아서 그 침팬지를 관찰하기 시작했다. 침팬지는 마치 무언가에 적합한 나뭇가지를 찾는 것처럼 주변의 여러 나뭇가지를 들었다 놓았다 하더니 마침내 적당한 길이의 나뭇가지를 하나 골랐다. 그리고는 그 나뭇가지를 흰개미집의 입구에 나 있는 구멍을 통해 집어넣고는 잠시 기다렸다. 얼마간의 시간이 흐른 뒤에 침팬지가 빼낸 나뭇가지에는 흰개미가 잔뜩 붙어 있었는데 침팬지가 그 개미들을 쭉 핥아먹어버리는 것이 아닌가. 흰개미들이 자신의 서식지를 침범한 나뭇가지를 공격하기 위해 나뭇가지를 꽉 문다는 사실을 이용해 침팬지는 최소한의 노력으로 한꺼번에 여러 마리의 개미를 먹을 수 있는 것이있다. 이 일마나 똑똑한 행동인가!

이때까지만 해도 도구의 사용이라는 것은 인간만이 가진 특징으로 여겨졌기에 제인은 이 놀라운 발견을 바로 루이스에게 알렸다. 도구의 사용에 누구보다 관심이 많았던 루이스는 제인에게 다음과 같은 답장을 보냈다. "도구라는 단어와 사람이라는 단어의 정의를 바꾸든가 침팬지를 사람으로 받아들여야겠군요."

침팬지가 나뭇가지를 사용해 흰개미를 먹는다는 사실이 루이스에게만 충격적이었던 것은 아니었다. 곰비에서 연구를 시작한지 얼마 되지 않았던 1962년에 제인은 영국의 유명한 해부학자였던 존 네이피어John Napier의 초대를 받아 처음으로 학술 회의에 참가하게 되었다. 고등학교만 마친 무명의 학자였던 제인의 침팬지 관찰 결과는 박사 학위를 가진 사람들이 주축이 된 학회에서도 크게 주목을 받았다. 이미 서서히 알려지기 시작했던 곰비에서의 연구는 제인이 침팬지가 도구를 사용해 먹이를 먹는다는 사실을 발표함으로써 더더욱 학자들의 관심을 끌게 되었다. 사실 존 네이피어가 대학 근처에도 가본 적 없는 제인을 초대한 것은 루이스 리키와 맺은 친분 때문이었다. 그는 이미 루이스에게서 제인이 훌륭한 연구를 하고 있다는 사실을 듣기는 했지만 그다지 큰 기대를 하지는 않았다. 그런 네이피어 박사는 제인의 발표를 들은 이후 옆에 있던 동료에게 이렇게 말했다.

지금 제인이 한 발표는 그저 새롭거나 놀라운 발견이 아니에요. 제인은 지금 사람의 특성, 그러니까 사람답다는 것이 무엇인지에 대해 새로운 정의를 내린 셈입니다. 여기 모인 사람 아무도 잘 알지 못했던 여성이 얼마나 대단한 연구 결과를 내놓았는지 정말 놀라울 뿐입니다.

학회 상소에 처음 도착했을 때만 해도 무명에 가까웠던 제인
을 학계에 화려하게 데뷔시켜 준 것은 바로 침팬지의 도구 사용
에 대한 발견이었다.

여기서 주목해야 할 또 한 가지 흥미로운 사실은 이러한 침팬
지의 도구 사용이 단순히 본능에서 나오는 행동이 아니라는 사
실이다. 특이하게도 제인이 관찰한 나뭇가지를 이용한 흰개미
사냥은 탄자니아 곰비에 사는 침팬지들에게서만 나타나는 행동
이었다. 아프리카 서부 해안 밀림에 사는 침팬지들은 흰개미를
사냥하지는 않았지만 다른 방식으로 도구를 사용한다는 것이 밝
혀졌다. 그들의 주식 중 하나는 골프공 크기의 호두 같은 열매인
데, 그 껍데기가 워낙 딱딱해서 깨기가 쉽지 않았다. 이 문제를
해결하기 위해 이 지역의 침팬지들은 커다란 돌을 이용했다. 열
매를 바닥에 내려놓고 커다란 돌로 내리쳐 껍데기를 까는 것이
었다. 돌로 열매를 내리칠 때 너무 세게 치면 그 속의 씨앗까지
다 깨져 버리는 반면 너무 약하게 치면 아예 껍데기가 깨지지 않
기 때문에 알맞은 힘을 주어 내리치는 것이 중요했다. 어미가 이
렇게 열매 껍데기를 깰 때 그 옆에 같이 앉아서 이를 관찰하던
새끼 침팬지들은 오랜 기간 동안 연습을 반복해 마침내 돌도구
의 사용법을 배우게 된다. 학습이라는 과정을 거쳐 도구 사용하
는 법을 배운다는 것이다! 따라서 어미를 일찍 잃고 마땅히 돌봐
줄 형제가 없는 침팬지는 생활에 꼭 필요한 이런 기술들을 익히
기 힘들게 되기 때문에 그만큼 다른 침팬시보다 생존에 어려움

을 겪게 된다. 최근 발견에 따르면 아프리카 서부 해안에 사는 침팬지들이 돌도구를 사용해 열매를 까먹는 행동은 하루 이틀 사이에 갑자기 생겨난 것이 아니라 여러 세대를 거쳐 내려온 그들만의 독특한 '문화'라고 한다. 곰비 침팬지의 흰개미 사냥이 곰비만의 '문화'인 것처럼 말이다. 흔히 문화를 정의할 때 지식이나 전통이 축적되어 다음 세대로 전승되는 것이라고 하는데 그런 의미에서 본다면 더 이상 문화를 사람의 전유물이라고 하기는 힘들 것 같다. 과연 인간을 인간이게 하는 것은 무엇이며, 침팬지를 침팬지이게 하는 것은 무엇일까?

아마추어에서 진정한 과학자로 거듭나다
——

제인이 침팬지 연구를 처음 시작할 때 그녀는 동물 행동 연구에 관한 정규 교육을 받은 적도 없을 뿐만 아니라 동물행동학이라는 학문이 있다는 것 자체도 알지 못했다. 단지 침팬지를 사랑하는 열정 하나만으로 곰비로 떠났다. 그곳에서 말라리아에 걸려 고열로 몇 날 며칠 동안 앓아누웠던 적도 수 차례 있었지만 곰비를 떠날 생각을 하지 않았던 것도 침팬지에 대한 열정이 있었기 때문이었다. 그런데 침팬지를 어떤 방법으로 연구하는 것이 진정한 침팬지 연구인 것일까? 과연 침팬지에 대한 과학적 연구라는 것이 그 동물에 대한 사랑과 열정만으로 가능한 것일까?

제인의 침팬지 연구의 시작은 보고 들을 수 있는 모든 것을 기록하는 것이었다. 침팬지가 어떻게 생겼는지를 자세히 기술하고, 그들이 어떤 소리를 내는지, 어떠한 상황에서 그러한 소리를 내는지, 얼마만큼의 시간을, 어떤 나무에서 무엇을 하며 지내는지, 잠은 어디서 자는지 등 가능한 모든 것을 이야기 식으로 적어나갔다. 제인이 침팬지 연구를 시작한 지 1년 정도에 접어들 무렵 루이스는 제인에게 케임브리지 대학 박사 과정에 입학해 정식 학위를 받으라고 권했다. 비록 루이스가 정규 학위를 중요시하는 사람은 아니었지만, 정식 학위를 받으면 더 이상 아무도 제인을 '정열만으로 일하는 아마추어'로 취급하지 않고 진정한 과학자로 인정하리라고 생각했기 때문이다. 제인이 침팬지 연구를 계속하기 위해서는 반드시 체계적인 교육을 받은 과학자로 인정받을 필요가 있었다. 그래야만 사람들이 제인의 연구 결과를 믿어줄 것이고 그런 믿음이 뒷받침되어야 지속적으로 연구 기금을 확보할 수 있었기 때문이다. 강아지를 사랑하는 옆집 순이가 강아지 행동을 관찰했다는 것보다는 아랫집 김 박사님이 과학적인 방법으로 강아지를 연구해 결과를 보고했다는 것이 더 믿음직스럽지 않겠는가?

하지만 대학의 문턱에도 가본 적 없는 제인이 어떻게 대학원에 진학할 수 있었을까? 여기서 또 한 번 루이스의 든든한 후원이 빛을 발했다. 루이스는 제인이 비록 대학 교육을 받지는 않았지만 제인이 곰비에서 보낸 1년 동안의 눈부신 성과가 충분히 대학 교육을 대체할 수 있을 것이라고 케임브리지 대학 측을 설득했고, 케임브리지 대학 역시 이를 열린 자세로 수용해주었다. 이렇게 제인은 1961년에 케임브리지 대학 동물학과 박사 과정에 입학하게 된다.

제인의 첫 학기는 결코 만만하지 않았다. 곰비에서 침팬지를 관찰하며 하루를 보내는 데 익숙해져 있던 제인에게 거의 날마다 이어지는 세미나와 토론 수업은 결코 쉬운 것이 아니었다. 곰비에서 말라리아와 습한 기후로 생긴 무좀으로 고생하던 제인은 영국에서는 과학자가 되는 훈련을 받으며 힘겨운 나날을 보냈다. 이 기간 동안 제인을 지도해준 로버트 하인드^{Robert Hinde} 교수는 옥스포드와 케임브리지에서 교육받은 동물행동학자였다. 훌륭한 학자요 스승이었던 로버트 하인드는 제인의 연구와 글쓰는 방식을 끊임없이 혹독하게 비판했다. 이 때문에 초반에 제인이 매우 힘들어한 것은 사실이지만 제인을 진정한 학자로 키워준 사람이 바로 로버트 하인드였다. 그는 곰비에서의 침팬지 연구를 단순히 몇 년간의 단기간 프로젝트가 아닌 장기적인 연구로 보았다. 따라서 기존에 제인이 해왔던 이야기식의 행동 관찰 보다 더욱 체계적이면서 통일된 자료 수집 방법이 필요하다는 사실을 강조했다. 물론 제인이 그동안 해왔던 것처럼 침팬지들의 행동을 대화식으로 적어 나가는 것이 잘못되었다는 것은 아니다. 하지만 연구가 장기화될 경우 그런 식의 자료 수집에는 한계가 있는 것이 사실이었다. 일기식으로 기록된 관찰 내용은 체계적으로 정리하기 힘들 뿐만 아니라 통계와 같은 과학적인 분석을 하기에 적합하지 않기 때문이다.

이 문제를 조금 더 생각해보자. 다음과 같은 자료수집 기록을 가정해보도록 하자.

데이비드라는 침팬지가 아침 7시 34분에 무화과 나무에 올라갔다. 거기서 그는 친구인 플로를 만나 약 3분간 서로의 털에서 이를 잡아주었다. 그리고는 무화과 4개를 따먹고 우우우 소리를 1분에 걸처 3번씩 낸 뒤에 나무에서 내려와 수풀로 사라졌다.

　이런 식으로 몇 날 며칠에 걸쳐 수십 마리 침팬지의 행동을 기록한다면 그것을 읽어 나가면서 침팬지의 행동을 제대로 이해하기란 쉬운 일이 아닐 것이다. 뿐만 아니라 침팬지 여러 마리가 한꺼번에 움직일 때 그것을 제대로 기록한다는 것 자체가 거의 불가능할 것이다. 이러한 문제를 극복하기 위해 오늘날 동물행동학자들은 더욱 체계적인 방법을 이용한다. 즉 각각의 행동에 대한 정의를 내리고 그것들을 약자로 보기 쉽게 표기하는 것이다. 예를 들어 '먹는다'와 '마신다'와 같은 행동에 표시하는 약자를 정하고 침팬지들이 이런 행동을 할 때마다 약자를 이용해 기록하는 것이다. 털 골라주는 쪽과 털 골라주는 것을 받는 쪽을 구별하는 약자도 정한다. 그런 약자를 자료 수집 종이에 기록한 뒤에 각각의 행위가 발생한 시간과 행위의 주체를 적어준다. 이렇게 하면 누가 보더라도 한 번에 이해하기 쉬우며 서로 다른 관찰자도 같은 형식을 이용하기 때문에 혼돈을 줄일 수 있게 된다.

관찰과 기록에 의한 연구
—

　로버트 하인드의 이러한 가르침은 제인의 곰비 연구를 한 차원 끌어올리는 데 결정적인 기여를 했다. 이에 그치지 않고 그는 세 차례에 걸쳐 직접 곰비를 방문하고 많은 학생들을 곰비로 보내 곰비를 진정한 침팬지 연구의 중심지로 만드는 데 중요한 역할을 했다. 하지만 제인이 그의 모든 가르침을 그대로 받아들였던 것은 아니다. 스승과 제자 간의 가장 큰 의견 불일치는 바로 침팬지에게 이름을 붙여 주는 것에 대한 견해 차이에서 비롯되었다. 제인은 침팬지마다 고유한 성격을 지니고 있다고 믿었고, 앞에서 이야기한 것처럼 그 특징에 따라 침팬지 한 마리 한 마리에게 이름을 붙여주었다. 그런데 이것은 당시 동물행동학에서 받아들이기 힘든 비과학적인 행동이었다. 1960년대에 동물학자들이 중점을 둔 것은 침팬지 한 마리 한 마리의 고유한 특징이 아니라 침팬지라는 종種에서만 나타나는 특유의 공통점을 발견하는 것이었다. 이 때문에 각각의 동물에게는 이름이 아닌 고유 번호를 붙여 주었다. 얼핏 생각하면 그다지 중요한 문제 같이 보이지 않지만, 이 문제로 제인의 연구가 과학적이지 못하다는 비판을 받게 된 만큼 결코 사소한 문제만은 아니었다. 하지만 제인은 이러한 비판에 수긍하지 않았다. 어렸을 때부터 많은 동물을 키우며 동물들과 많은 시간을 함께 보냈던 제인은 똑같은 강아지라고 하더라도 강아지 한 마리 한 마리가 다르다는 것을 잘 알고 있었기 때문이다. 물론 어떠한 종種의 보편적 특징을 연구하는 것이 결코 딜 중요하다고 할 수는 없다. 하지만 같은 종種에 속하는 여러 개체들의 고유성을 인정한다고 해서 그 종種의 보편성을 연구하는 데 방해가 되는 것은 아니지 않은가? 결국 제인의 연구 방법은 오늘날 과학의 일부로 받아들여지게 되었다.

동물에게 이름을 붙여준 것 이외에도 제인의 연구가 비과학적이라는 비판을 받게 했던 또 하나의 이유가 있었다. 바로 제인의 연구가 과학적인 실험이 아니라는 것이었다. 1960년대 동물학자들이 말하던 실험이라는 것은 말 그대로 가설을 세우고 그것이 옳은지 그른지를 증명할 수 있는 상황을 설정하는 것이었다. 예를 들어 침팬지가 맹수와 마주쳤을 때 어떤 행동을 취하는지 보고자 한다면 가짜 표범 인형을 침팬지 무리 가까이에 놓아두고 그 반응을 살피는 식이었다. 하지만 제인의 연구는 어떠했는가. 제인은 아침 일찍부터 곰비의 이곳저곳을 누비며 침팬지의 활동을 그대로 관찰해서 기록으로 남겼을 뿐 인위적인 상황을 설정하는 방식을 채택하지는 않았다. 과학이라는 것의 정의를 가설을 설립하고 그것을 증명해 나가는 것으로만 한정해서 생각한다면 제인의 연구 방식은 과학적이라고 말할 수 없을지도 모른다. 하지만 실험실에서 비커와 스포이트를 가지고 하는 과학과 야생에서 생명을 가진 동물을 대상으로 하는 과학의 방식이 어찌 같으랴.

사람이 내일 자신에게 닥칠 일을 예상할 수 없듯이 침팬지가 그날그날 어떤 행동을 보이게 될지 제인은 알 수 없었다. 그렇기 때문에 제인의 방식대로 연구를 하기 위해서는 오랜 시간이 필요했다. 예를 들어 맹수가 나타났을 때 침팬지들이 그에 대처하는 법을 보고자 할 때 가짜 맹수를 투입하여 그 반응을 살피면 금방 그 결과를 얻어낼 수 있다. 하지만 제인의 연구 방식에서는 맹수가 언제 나타날지, 아니 맹수가 나타나기는 할지조차 예측할 수 없기 때문에 훨씬 시간이 오래 걸렸다. 침팬지를 단순한 실험 대상이 아닌 사람과 동등한 생명과 감정을 가진 개체로 인식했던 제인이었기에 인위적인 상황을 연출하여 실험을 한다는 것은 상상조차 할 수 없었다. 제인은 비록 처음에 침팬지들이 자신에게 익숙해지기까지 시간이 걸린다고 할지라도 일단 자신을 경계하지 않게 되면 그 뒤부터는 실험으로 얻게 되는 지식과는 비교할 수 없을 만큼 더 많은 것을 관찰하게 될 수 있다고 믿었다. 궁극적으로 이러한 믿음이 옳았음이 오랜 세월에 걸친 침팬지 연구 결과 분명해졌고 이제 이러한 접근 방식은 동물행동학에서도 더 이상 낯선 것이 아니다.

1960년대만 하더라도 아직 영장류학 자체가 생소한 학문이었기 때문에 그 학계에 몸담고 있는 사람을 한 장소에 모두 모을 수 있을 만큼의 학자밖에는 없는 상황이었다. 그러나 이때부터 제인 구달을 비롯해 셔우드 워시번Sherwood Washburn과 그의 제자들 그리고 일본의 연구 팀까지 가세하면서 영장류학은 서서히 하나의 독립된 학문으로 자리 잡게 된다.

휴고 반 라윅과의 만남과 이별

제인의 연구를 더 널리 알리기 위해서 필수적인 것은 침팬지의 행동과 습성을 직접 담은 사진이었다. 열 번 듣는 것보다 한 번 보는 것이 낫다 하지 않았던가. 그런데 곰비는 나무가 울창한 어둡고 습한 지역이어서 전문가가 아닌 제인의 실력으로는 도저히 어디에 내놓을 만한 사진을 찍을 수가 없었다. 이에 제인에게 연구비를 지원하던《내셔널 지오그래픽》에서는 곰비로 전문 사진 작가를 파견하려 했다. 처음에 제인은 이 의견에 강력한 반대 의사를 표명했다. 각고의 노력 끝에 이제 겨우 침팬지와 친해져 침팬지들이 제인을 보고도 피하지 않는 상황이 되었는데, 갑자기 낯선 외부인이 들어와서 함께 다닐 경우 침팬지들이 다시 제인한테서 멀어질지도 모른다는 걱정이 앞섰기 때문이었다. 뿐만 아니라 자신이 외로움과 싸워가며 이루어 나가기 시작한 성과를 다른 사람이 와서 쉽게 사진으로 찍어가 버릴지도 모른다는 두려움도 있었다. 하지만 결국 제인은 《내셔널 지오그래픽》의 의견을 받아들일 수밖에 없었다. 그렇게 해서 1962년 어느 날 전문 사진 작가가 수많은 사진 관련 상자를 짊어지고 곰비에 나타났다. 그가 바로 휴고 반 라윅Hugo van Lawick이었다.

네덜란드인 휴고는 곰비로 떠나기 전에 이미 아프리카에서 몇 해째 체류하고 있었다. 아프리카 야생동물을 사진으로 찍어 각종 언론사에 판매하는 것이 그의 직업이었기 때문이다. 제인과 캠프 관리인 몇 명만 살고 있던 곰비에 낯선 남자가 들어가 함께 산다는 소식을 들은 제인의 어머니는 또다시 영국에서 곰비까지 찾아와 제인 그리고 휴고와 함께 한동안 곰비에 머물렀다. 처음에 휴고를 경계하던 제인도 이내 유쾌한 그의 성격에 반하게 되었다. 휴고의 사진 실력은 매우 뛰어났고 제인의 우려와는 달리 침팬지들은 휴고의 출현을 그다지 경계하지 않았다. 이로 인해 제인이 침팬지와 함께 있는 장면을 담은 멋진 사진들이 나오게 되고 그 사진들은 1963년 《내셔널 지오그래픽》잡지를 통해 전 세계에 퍼졌다. 이 잡지 한 권으로 제인의 조용했던 삶은 완전히 바뀌었고, 그 뒤 제인은 오늘날까지도 사생활을 거의 즐길 수 없을 만큼 유명 인사가 되어버렸다.

호리호리한 체격에 어딘지 가냘프게 보이면서도 아름다운 자태가 흐르는 제인. 영국의 귀족풍 파티에 더 어울릴 법한 제인이 험한 오지에서 동물을 연구한다는 것 자체가 대중의 시선을 사로잡았다. 게다가 사람과 매우 가까운 침팬지를 연구하다니 더욱 흥미있는 일이 아닐 수 없었다. 이렇게 제인을 세상에 널리 알리는 데 결정적인 공을 세운 휴고는 세상과 동떨어진 곰비에서 제인과 많은 시간을 함께 보냈다. 이들은 서로에게 점점 빠져들었고 결국 1964년 봄날에 영국에서 결혼식을 올렸다. 침팬지를 연구하는 여인과 사진 작가가 아프리카의 정글에서 사랑에 빠져 결혼을 하게 되었다니, 이 얼마나 영화 같은 사랑 이야기인가! 제인과 휴고가 결혼한 지 3년 만인 1967년에 아들 그럽^{Grub}이 태어났다. 임신 기간 내내 아프리카에 있었던 제인은 가족과 친구들을 깜짝 놀라게 해주겠다면서 임신 7개월이 될 때까지 남편이었던 휴고를 제외하고는 아무에게도 그 사실을 알리지 않았다.

침팬지 어미가 새끼를 돌보는 방법은 사람과 마찬가지로 어미에 따라 가지각색이다. 어떤 어미는 새끼를 거의 돌보지 않아 새끼가 제대로 자라지도 못하는 경우도 있고, 어떤 어미는 새끼를 잘 교육시켜 나중에 침팬지 무리의 우두머리에 오르도록 하기도 한다. 그럽이 태어나기 전부터 이미 어떤 침팬지 어미가 성공적으로 새끼를 키우는지를 꿰뚫고 있었던 제인은 자신의 아들 그럽을 그렇게 키우기로 한다. 제인은 아이의 어머니가 되었다는 사실에 매우 행복해했으며 무럭무럭 자라가는 아들의 행동을 관찰하느라 하루 종일 정신이 없었다. 하지만 그 와중에서도 침팬지 관찰을 게을리 하지는 않았고 오히려 그럽이 어느 정도 자라면서부터는 그럽까지도 침팬지와 어울려 노는 법을 터득했다. 아이를 침팬지 사이에서 키우는 것에 비판적 시선을 보내는 이들도 있었지만 어렸을 적부터 자연 속에서 동물과 함께 크는 것이 어찌하여 비판받을 일일까? 물론 제인과 휴고는 침팬지와 하이에나 흉내는 낼 줄 알면서 오리나 소가 어떻게 우는지는 전혀 모르는 진정한 곰비 소년, 그럽을 가끔 영국으로 데리고 가 그곳에 몇 달을 머물게 하며 문명 생활도 체험하게 했다.

휴고는 차차 곰비에서 하는 일 이외에 자신만의 일을 찾아 나서기 시작했다. 아프리카의 야생동물 사진을 찍는 것이 본래 직업이었던 그는 하이에나와 야생 개의 사진을 담은 책을 내기로 했다. 제인은 휴고와 떨어져 지내는 것을 원치 않았기에 틈틈이 그럽과 함께 곰비를 떠나 휴고의 일을 도왔다. 하지만 제인은 써야 할 원고가 많았고 남편 휴고의 책도 함께 쓰기로 했으므로 쉴 틈이 없었다. 그리하여 생각해낸 방법이 작은 폭스바겐 버스를 한 대 사서 그 안에서 생활하는 것이었다. 제인과 휴고는 그 안에 책상과 타자기, 먹을 것과 입을 것까지 모두 넣어두고 어린 그럽과 함께 세렝게티^{Serengeti} 초원을 누볐다. 차 속에서 세 식구가 먹고 자는 것은 물론 일까지 했던 것이다. 그런데 안타깝게도 제인의 책과 비슷한 시기에 출판된 휴고의 책은 제인의 책에 비해 훨씬 인기가 없었다. 제인의 연구 덕분에 맺어진 휴고와 제인의 인연은 역설적으로도 제인이 유명세를 타기 시작하면서 멀어지기 시작했고, 결국 이들은 결혼 10년 만에 각자의 길을 가기로 하고 이혼했다. 이후 제인은 탄자니아 국립공원 책임자였던 유럽계 데렉 브라이슨^{Derek Bryceson}과 재혼했지만 데렉은 제인과 결혼한 지 5년도 채 안 되어서 암으로 사망했다. 이러한 일련의 일들을 겪으며 심식으로 많이 괴로워했던 제인은 그럼

때마다 곰비를 찾아가 그곳에서 침팬지들을 관찰하며 몸과 마음을 달랬다.

침팬지를 부르는 바나나 작전
—

결혼 후 제인과 휴고가 정착한 곳 역시 곰비였다. 그곳에서 그들은 계속해서 침팬지를 연구했는데 이때부터 본격적으로 시작한 것이 바로 침팬지에게 바나나를 먹이로 제공하는 것이었다. 제인이 바나나를 이용해 침팬지를 더 가까이 오게 하는 데 성공했던 것은 휴고가 처음 도착했을 무렵의 일이었다. 산봉우리에 앉아 망원경으로만 침팬지를 관찰하는 것으로 얻을 수 있는 정보에는 한계가 있었다. 그러던 어느 날 침팬지 한 마리가 제인의 숙소 부근에 나타나 탁자 위에 있던 바나나를 쓱 집어가버렸다. 이 사건에서 실마리를 얻은 제인은 일부러 바나나를 자신의 캠프 부근에 몇 개씩 놓아두고 텐트 속에서 침팬지들을 기다리기 시작했다. 먹이 앞에서 초연할 수 있는 동물이 몇이나 있을까? 이 방법은 효과를 보기 시작했고 차츰차츰 더 많은 침팬지들이 몰려들었다. 처음에는 단순히 침팬지를 더 가까이서 관찰하기 위한 목적으로 시작된 바나나 작전은 기대 이상의 결과를 가져다주었다. 바나나 때문에 몰려든 침팬지들은 바나나만 집어서 돌아가지 않고 제인의 캠프 주변에서 한참을 놀다가 갔다. 그 과정에서 제인은 어떤 침팬지끼리 사이가 좋고 어떤 침팬지끼리는 자주 싸우는지를 관찰할 수 있었고, 이를 통해 침팬지의 사회구조와 세력 다툼에 대해 더 많은 것을 알 수 있게 되었다.

하지만 문제가 생기기 시작했다. 동물 중에서는 어린아이와 같은 정도의 뛰어난 지능을 가지고 있는 침팬지들이 제인이 바나나를 준다는 것을 알면서부터 서로 머리를 써서 더 빨리 더 많이 바나나를 먹으려고 덤비기 시작했다. 이 과정에서 종종 침팬지들끼리 싸움이 일어났고, 심지어 어떤 침팬지들은 대담하게 제인을 비롯한 캠프 관리자들의 텐트까지 들어가 바나나를 꺼내가기도 했다. 이러한 상황에서 몸이 좋지 않았던 아버지 루이스를 대신해 리차드 리키가 곰비를 방문했다. 그는 제인의 바나나 연구 방법을 신랄하게 비판했고 이를 전해들은 루이스 역시 제인에게 바나나로 침팬지를 유인하는 것을 당장 그만두라고 수차례에 걸쳐 조언했다. 가까이서 침팬지를 관찰한다는 명목으로 계속해서 바나나를 줄 경우 침팬지가 야생의 습성을 잃어버리고 인간에게 길들여져 버릴지도 모른다는 우려에서였다. 또한 침팬지들이 캠프뿐만 아니라 부근 주민들의 집에까지도 서슴지 않고 들어가서 먹을 것을 찾게 된다면 이는 제인의 연구 자체를 중단시킬 수도 있는 위험성도 있었다. 이러한 루이스 리키의 우려는 일리가 있는 것이었고 제인의 바나나 제공은 그 뒤로도 오랫동안 많은 학자들에게 적합하지 않은 방법론이라는 비판을 받게 된다. 하지만 제인이 침팬지에게 바나나를 제공한 것이 과연 그렇게 비난받을 만한 일이었을까?

제인과 휴고가 처음에 시작한 바나나 공급 방법에 문제가 있었던 것은 사실이다. 문제라기보다는 미리 계획된 것이 아니었기 때문에 그것이 어떤 결과를 가져올지 그들도 예상하지 못했다는 것이 더 적합한 표현일 것이다. 무엇보다도 그들은 바나나

제인이 연구했던 곰비의 침팬지들

가 침팬지에게 그렇게까지 유혹적인 것인지 예상하지 못했으며 또한 침팬지들이 바나나를 얻기 위해 그토록 영리하게 머리를 쓸 줄 아는 동물인 줄도 미처 알지 못했다. 게다가 동물행동학이라는 분야 자체가 아직 제대로 정립되지 않았던 상황이었기 때문에 참고할 만한 자료도 없었던 것이 사실이었다. 그런데 만약 제인이 이 모든 상황을 미리 알고 있었다고 가정해본다면, 그래도 바나나로 침팬지를 유인한 것은 잘못된 방법이었을까? 이에 대해서 옳다 그르다는 딱 부러진 결론을 내릴 수는 없겠지만 이 문제를 조금 더 생각해보도록 하자.

제인과 휴고가 바나나를 바구니째 캠프 근처에 여기저기 내놓자 실제로 침팬지들 사이에는 쓸데없는 싸움이 잦아졌고 마침내 침팬지들이 사람의 집 안까지 침범하게 되었다. 이는 그다지 바람직하지 않은 상황임이 분명했다. 하지만 제인과 휴고도 이 문제를 금방 인식했고, 더욱 과학적인 방법으로 침팬지의 본래 습성에 영향을 주지 않으며 연구를 지속할 방법을 모색했다. 그리하여 휴고가 찾아낸 방법은 바나나를 새롭게 고안한 통 안에 넣어두는 것이었다. 이 통은 관찰자가 멀리서도 뚜껑을 자유자재로 열고 닫을 수 있게 설계되어 있었다. 따라서 침팬지들이 바나나를 먹지 못하도록 하려면 그냥 통의 뚜껑을 닫아두면 되었다. 물론 나름대로 뚜껑이 잘 열리지 않도록 설계가 되어 있었으나 영리한 침팬지들은 어떻게 뚜껑을 열어야 하는지를 금세 터득했고 이때부터 제인과 휴고는 머리를 맞대고 침팬지가 열지 못할 더 정교한 모양의 통을 고안해내야 했다. 침팬지들이 절대 열지 못하도록 새롭게 설계한 통에서도 얼마 가지 않아 침팬지들은 이를 열고 원할 때 바나나를 꺼내 갔다.

이 녀석들이 얼마나 똑똑한지를 잘 보여주는 일화가 하나 있다. 제인과 휴고는 바나나통 뚜껑을 원격 조정하는 장치 끝 부분에 고리 같은 것을 달아두고 그것을 빼내지 않으면 뚜껑이 열리지 않게 만들어두었다. 이 고리는 열기가 쉽지 않게 되어 있기 때문에 며칠이 지나도록 침팬지들이 바나나통의 뚜껑을 열지 못했다. 이제는 되었구나 생각했는데 침팬지 무리 내에서 유달리 영리했던 젊은 침팬지 세 마리가 계속해서 그곳에 앉아 원격 조정 장치를 이리저리 살펴보며 관찰하더니 결국 그 장치를 여는 방법을 알아냈고 멀리 떨어져 있던 뚜껑이 열리면서 그 밑으로 바나나가 드러났다. 그 다음날도 또 그 다음날도 그 세 마리는 원격 조정 장치의 고리를 풀고 바나나를 가져갔다. 그런데 이를 지켜보던 다른 침팬지들의 반응이 참으로 놀라웠다. 비록 자기들은 그 원격 조정 장지의 고리를 풀 줄 몰라 직접 뚜껑을 열 수는 없지만 그 세 마리는 할 수 있다는 것을 알게 되자 그 세 마리가 원격 조정 장치 앞에 앉기만 하면 우르르 뚜껑 앞에 먼저 모여들어 뚜껑이 열리기만을 기다리는 것이었다! 똑똑한 세 마리 입장에서 보면 얼마나 억울한 일인가! 뚜껑을 여는 것은 자신들인데 바나나를 먼저 가져가는 것은 다른 침팬지들이니 말이다. 그러자 영리한 이 세 마리는 또 머리를 쓰기 시작했다. 자신들이 원격 조정 장치 앞에 다가갔을 때 다른 침팬지들이 뚜껑 앞으로 모여들면 마치 뚜껑을 열 생각이 전혀 없다는 것처럼 딴청을 피우기 시작했다. 그렇게 시간을 끌면 뚜껑 앞의 침팬지들은 다시 흩어졌는데 그때 재빨리 원격 조정 장치를 풀고 달려가 바나나를 차지했다! 뛰는 놈 위에 나는 놈 있다더니 이는 비단 인간 세계에만 적용되는 것이 아니었다.

꿀벌의 춤을 읽어냄으로써 인간으로서는 최초로 꿀벌의 언어를 이해할 수 있게 되었고 이러한 공을 인정받아 1973년에 노벨 생리학상을 수상한 카를 폰 프리슈^{Karl von Frisch, 1886~1982}. 그는 꿀벌의 춤을 제대로 보기 위해 벌집을 열어 반대쪽에 유리를 대었다. 이것은 분명 자연 그대로 꿀벌의 모습을 볼 수 있는 방법은 아닐지라도 꿀벌의 춤을 깊이 관찰하기 위한 불가피한 선택이었다. 카를 폰 프리슈와 함께 동물행동학이라는 학문의 기초를 세운 공을 인정받아 노벨상을 공동으로 수상한 학자가 두 명이 더 있었는데, 그중 한 사람이 거위의 각인 현상^{imprinting}을 발견한 콘라드 로렌츠^{Konrad Zacharias Lorenz, 1903~1989} 이다. 새끼 거위가 알에서 깨어날 때 처음으로 보이는 것을 자신의 어미라고 여기고 쫓아다니는 것을 각인 현상이라고 한다. 로렌츠는 이것을 확실히 증명하기 위해 거위가 알을 뚫고 나올 때 자신이 직접 그 앞에 서 있었고 이후 새끼 거위들은 로렌츠를 어미인 줄 알고 졸졸 좇아다녔다. 로렌츠를 어미로 인식하는 거위들은 분명 야생 그대로는 아니지만 그렇다고 해서 로렌츠 연구 방법이 비과학적이라고 하는 이는 없었다.

제인의 바나나 제공도 마찬가지 맥락에서 이해할 수 있다. 멀리 숲 속에 있을 때에는 제대로 관찰할 수 없던 침팬지였지만 바나나를 이용해 좀 더 가까이에서 심도 있게 관찰할 수 있게 된 것이다. 특히 바나나를 공급하는 시점을 제인을 비롯한 관찰자들이 마음대로 조절할 수 있게 되면서부터는 침팬지 연구의 질이 훨씬 향상되었다. 바나나 통 주변에 몰려든 침팬지들이 바나나만 가지고 다시 숲 속으로 돌아가는 것이 아니라 그곳에서 바나나 통이 열릴 때까지 한참을 야생 그대로의 모습으로 지내기 때문이었다. 그 덕분에 연구자들은 침팬지들의 위계 관계나 사회 조직 등을 훨씬 자세히 관찰할 수 있었다. 지금까지 아무도 제인만큼 야생 침팬지를 깊이 연구한 사람이 없는 상황에서 바나나 먹이 작전을 비과학적이라고 이야기하는 것은 비난을 위한 비난이 아닐까?

놀랍도록 비슷한 침팬지와 사람
—

앞서 다룬 내용에서 드러나듯이 제인 구달은 동물행동학이라는 학문에서 연구 대상인 동물에게 어떤 식으로 접근을 해야 하는지, 다시 말해 방법론적인 측면에 크게 공헌했다. 하지만 그에 못지않게 높이 평가받은 그녀의 연구 업적은 바로 침팬지라는 동물 자체의 습성과 행동을 밝혀낸 것이다. 제인이 곰비에 들어가기 전까지만 해도 침팬지라는 동물은 단순히 동물원에서 사람들에게 재주를 보여주는 똑똑한 동물 정도로만 알려져 있었다. 하지만 제인의 장기간에 걸친 침팬지 연구에서 우리는 여러 측면에서 놀랍도록 사람과 비슷한 침팬지의 특성을 알게 되었다. 우리와 다르면서도 비슷한 침팬지 세상으로 들어가보자.

침팬지의 가장 큰 특징 중 하나는 바로 사람처럼 무리를 지어 생활한다는 것이다. 흔히 사람을 보고 사회적인 동물이라 말하는데 이는 사람에게만 국한된 것이 아니다. 홀로 다니는 것을 즐기는 고양이와는 달리 침팬지는 늘 무리를 지어 그 속에서 생활한다. 물론 무리를 지어 사는 동물은 많다. 얼룩말도 늘 떼로 몰려다니고 홍학도 한꺼번에 수십 혹은 수백 마리씩 모여 있다. 하지만 사람 사회가 얼룩말이나 홍학과 비교할 수 없을 만큼 정교하듯이 침팬지의 사회구조 역시 다른 동물들의 무리와는 비교할 수 없을 만큼 복잡하다.

사람도 작게는 한 가정을 이루고 크게는 한 나라의 구성원이 되는 것처럼 침팬지 역시 항상 붙어 다니는 열 마리 안팎의 집단과 가끔 한꺼번에 모이는 수십 마리의 집단이 있다. 이렇게 '흩어졌다 모였다 하는 식의 사회구조 Fission-fusion society' 속에서 살아가는 침팬지는 새끼 때부터 그 무리 안에서 살아남는 법에 대한 무수한 배움의 과정을 거친다. 무리를 이루어 사는 동물들 사이에서 무엇보다 중요한 것은 집단 구성원간의 지속적인 관계 형성이다. 한 번 스치고 다시는 볼 일이 없는 사이라면 상대방에게 잘못한 일이 있더라도 그냥 모르는 척 넘어가면 그만이다. 하지만 평생 얼굴을 보고 지내야 할 같은 사회의 구성원들에게는 그럴 수 없다. 지하철에서 우연히 만난 사람과는 작은 일로도 언성을 높여 싸우고 뒤돌아 잊을 수 있지만, 같은 교실에 있는 친구와는 서로 조금 마음에 들지 않아도 계속 보아야 할 사람이니 참고 넘어가게 되는 것과 같은 이치이다. 반대로 누군가와 좋은 관계를 맺어 두면 나중에 곤란한 일이 생겼을 때 서로 도와줄 수 있으니 이 또한 좋지 않은가. 그런데 이런 지속적인 관계를 유지하기 위한 전제 조건은 바로 뛰어난 기억력이다. 누군가 나에게 잘해줬는데 혹은 해를 입혔는데 그 사실을 돌아서서 바로 잊어버린다면 그 구성원들 사이에서 장기적인 관계란 그다지 중요하지도 않을 뿐더러 그런 관계 자체가 아예 불가능해질 테니 말이다.

침팬지는 어린아이 정도의 지능을 가진 똑똑한 동물이다. 기억력도 뛰어나서 성장 과정에서 부딪히는 다른 침팬지들과 관계를 명확하게 기억한다. 다시 말해 누가 친구이고 누가 적인지를 분명히 안다는 것이다. 이러한 침팬지간의 관계 형성 과정의 핵심에 놓여 있는 것이 바로 얼굴 표정과 몸 동작으로 하는 의사소통이다. 표정과 몸짓으로 상대 침팬지의 생각을 읽고 자신의 사회적 위치에 따라 어떻게 반응할 것인지를 결정한다.

침팬지에게 친구란 없어서는 안 될 존재이다. 새끼 침팬지의 경우 처음에는 주로 어미와 형제자매를 비롯한 가족이 가장 친하게 붙어 있는 존재인데 독립할 나이가 되면서부터는 또래 집단간의 교류가 매우 중요해진다. 마치 어린이가 부모 품을 떠나

학교에 입학하면서부터 친구라는 전혀 새로운 인간관계가 중요해지는 것과 같다. 우리가 다 커도 부모에게는 여전히 어린 자식이고 원하든 원치 않든 가족 관계는 평생 유지되듯이 침팬지의 경우에도 가족이라는 울타리는 평생 중요한 보호막이다. 하지만 침팬지도 머리가 크면서부터는 가족의 품을 서서히 떠나게 된다. 이때 누구랑 친하게 지낼 것이며 누구를 멀리할 것인지를 결정하는 것이 끊임없는 숙제인데 그 과정에서 중요한 것 역시 의사소통이다.

침팬지 수컷들은 집단의 우두머리 지위를 차지하기 위해 필사적인 투쟁을 벌인다. 대개 한창 나이의 몸 좋고 힘 좋으며 영리한 침팬지가 우두머리가 되게 마련인데, 영원한 것이란 존재하지 않듯이 영원한 우두머리는 있을 수 없다. 우두머리 수컷은 자신의 자리를 노리며 호시탐탐 기회를 엿보는 젊은 수컷들 앞에서 공격적인 표정을 지으며 털을 빳빳하게 세우고 자신의 권력을 과시한다. 이때 아직 힘이 부족한 젊은 수컷은 침팬지 특유의 복종하는 표정을 짓고 복종을 의미하는 자세를 유지한다. 이런 반응에 우두머리가 만족하면 이 두 마리간의 긴장 관계는 해소된다. 그리고 대개 더 낮은 위치에 있는 침팬지가 높은 지위의 침팬지에게 복종의 의미로 털을 골라준다. 하지만 우두머리 침팬지의 권력이 쇠해지는 상황이 되면 젊은 침팬지는 두 눈을 똑바로 뜨고 우두머리를 바라보며 함께 위협을 한다. "어디 눈을 똑바로 뜨고 대들어!" 하는 상황이 되는 것이다. 이때 둘 다 물러나지 않고 표정과 몸짓으로 팽팽한 신경전을 계속해서 벌이다 결국에는 치고받는 싸움이 일어난다. 이 과정에서 기존의 우두머리가 이기면 권력을 계속 유지할 수 있는 반면 저항했던 침팬지는 곤란한 상황에 빠지게 된다. 그는 한참 동안 그 집단의 주변 지역에서 우두머리의 눈치를 보면서 재기를 꿈꾸어야 한다. 하지만 저항했던 젊은 침팬지가 이기면 우두머리는 쫓겨나고 대개의 경우 남은 생을 주변부를 어슬렁거리며 외롭게 지내다가 죽는다. 재미난 것은 새로 우두머리가 된 수컷의 경우 그 수컷과 친했던 침팬지들까지도 함께 지위가 상승한다는 사실이다. 대통령이 새로 당선되면 그가 대통령의 자리에 오를 때까지 도움을 주었던 참모들이 한 자리씩 차지하는 것과 비슷하지 않은가.

사람으로 말하면 사춘기에 접어든 수컷 침팬지들은 또래 집단을 형성해 몰려다니기를 좋아한다. 이때 옆 동네 침팬지 무리를 만나면 서로 으르렁거리며 싸움을 벌인다. 그러다가 어떤 집단끼리는 동맹 관계가 되어서 함께 다니며 또 다른 집단과 싸움을 하기도 한다. 그리고 한바탕 싸움이 끝나면 같은 무리 안의 침팬지들은 안정을 찾기 위해 서로 털을 골라주며 집단 내의 유대감을 공고히 한다. 침팬지끼리만 싸움을 하는 것은 아니다. 근처에 사는 비비 원숭이를 비롯한 다른 원숭이 무리들과 만나게 되면 그냥 평화롭게 지나치기도 하지만 별다른 이유 없이 몸싸움이 붙기도 한다. 꽥꽥 소리를 지르며 주변의 나뭇가지를 격렬하게 흔들고 서로 쫓고 쫓기며 다시 따라붙고 마구 때리며 뒤로 빠지는 이들의 싸움 현장을 보면 정말이지 정신이 하나도 없다. 중·고등학교 시절에 우리 학교 학생들과 옆 학교 학생들이 패싸움이 붙는 경우가 있었는데, 침팬지의 경우에도 밀리지면 헐

기왕성한 젊은 침팬지의 침팬지판 동네 패싸움이 벌어지는 셈이다.

사춘기에 접어든 수컷이 또래 집단 내에서 인정을 받고 권력을 잡기 위해 안간힘을 쓸 때 새끼를 낳을 수 있는 나이에 접어든 암컷은 교미할 수컷을 선택하는 일과 새끼를 키우는 일에 관심을 쏟는다. 암컷에게 발정기가 찾아오면 엉덩이가 빨간색으로 변하며 터질 듯이 부푼다. 이런 빨간 엉덩이로 수컷을 유혹하면 수컷들은 앞 다투어 그 암컷과 교미를 하기 위해 필사적으로 노력한다. 침팬지의 경우 일부일처제의 사회가 아닌 이를테면 다부다처의 구조를 가지고 있지만 그렇다고 해서 침팬지 암컷이 아무 수컷과 교미를 하지는 않는다. 암컷은 암컷 나름의 기준을 가지고 교미할 수컷을 고른다. 이 과정에서 다시 한 번 표정과 몸짓 그리고 평소에 그 수컷과 맺은 관계가 중요하게 부각된다. 수컷들은 암컷을 사로잡기 위해 두 눈을 똑바로 뜨고 암컷을 바라보며 몸에 난 털들을 세운다. 수컷끼리는 두 눈 똑바로 뜨고 상대를 바라보는 것을 위협적인 행동으로 여기는데 반해 암컷에게는 매력적인 행위로 느껴진다니 참으로 신기한 일이다. 하지만 암컷이 수컷의 이러한 동작과 눈빛만을 보고 교미 상대를 선택하지는 않는다. 평소에 얼마나 친했던 수컷인지 혹은 자기의 친구와 얼마나 가까웠는지 등이 모두 고려 대상이 된다. 보통 때에는 암컷을 거들떠보지도 않았던 수컷이 단지 암컷의 부푼 엉덩이에 끌려 교미를 하자고 덤빈다 해서 호락호락 넘어갈 만큼 침팬지는 단순한 동물이 아닌 것이다.

침팬지뿐만 아니라 많은 다른 동물들에게도 위계질서라는 것이 존재하지만 침팬지처럼 미묘한 표정의 변화로 서로의 마음을 읽을 수 있는 동물은 사람뿐이다. 사람도 침팬지도 그 몸집에 비해 눈은 상대적으로 얼마나 작은가. 하지만 침팬지도 우리도 아주 멀리 떨어져 있는 상대방과 일단 눈이 마주치면 그 표정을 대충 읽을 수 있으니 눈빛과 그것으로 전해지는 감정이란 참으로 미묘한 것이다. 표정과 몸짓 그리고 각종 소리로 의사소통을 하고 이렇게 해서 수십 년에 걸쳐 다른 침팬지와 관계를 맺어 나가며 가족과 친구라는 울타리 속에서 살아가는 침팬지. 사람과 이토록 닮았다는 것이 제인 구달을 사로잡은 침팬지만의 매력이 아닐까?

침팬지의 털 고르기

침팬지를 비롯한 많은 원숭이들은 수시로 서로 털을 골라준다. 둘이 나란히 앉아 한 놈이 먼저 상대방의 털을 이리저리 살펴보는 모습은 동물 다큐멘터리를 통해 이미 우리들에게 익숙한 한 장면이다. 상대방의 털을 살펴보고 그 속에 사는 이를 비롯한 기생충들을 잡아주며 상처가 난 부분이 있으면 만져준다. 꼭 털 안에 벌레가 없다고 하더라도 계속해서 이곳저곳의 털을 살펴보고 만져주는 행동을 한다. 한쪽의 털 고르기가 끝나면 이번에는 상대 침팬지가 털을 골라주기 시작한다. 침팬지는 왜 이런 행동을 하는 것일까? 털 고르기 행동은 털에 기생하는 해로운 기생충을 없애주거나 상처를 아물게 해주는 실용적인 측면도 있지만 그보다 더 중요한 것은 털 고르기가 수행하는 심리적·사회적 역할이다.

침팬지의 털 고르기는 침팬지 사회의 친분 관계와 상하 관계를 보여주는 지표이다.

침팬지 사회에서는 누가 누구의 털을 얼마나 자주 골라주는지가 중요하다. 주로 지위가 상대적으로 낮은 침팬지가 자기보다 윗자리를 차지하고 있는 침팬지의 털을 골라주는데, 이것은 복종의 의미를 지니기 때문이다. 수컷이 암컷을 유혹하기 위해 하는 행동 중 한 가지 역시 털 고르기다. 사람으로 치면 상대방에게 잘 보이기 위한 행동이라고나 할까? 이와 같은 맥락에서 털 고르기는 사회적인 긴장 관계를 해소하는 기능을 하기도 한다. 우리가 누군가와 싸운 뒤에 화해의 의미로 악수를 하는 것처럼 침팬지들도 싸움이 진정되면 한쪽이 먼저 나서서 털 고르기를 시작한다. 물론 상대방이 여전히 분이 풀리지 않았다면 털 고르기가 별 효과가 없겠지만 대개의 경우 격렬한 싸움을 좋아하는 침팬지는 없기 때문에 상대방이 먼저 털을 골라주면 일단 그것을 받고 자기도 상대방의 털을 골라주는 식으로 화해한다. 침팬지 수컷은 사냥에 성공했을 때 손에 넣은 고기를 다른 침팬지들에게도 나누어주곤 한다. 이때 평소에 자신과 털 고르기를 자주했던 침팬지에게 더 많은 고기를 나누어주는 것은 잘 알려진 사실이다. 이런 기능 때문에 털 고르기를 서로 얼마나 자주 해주는 관계인지가 침팬지 사회에서 친분 관계와 상하 관계를 보여주는 좋은 지표가 되는 것이다.

여자가 더 잘할 수도 있다!
___

곰비에서 이룬 연구 성과가 처음으로 세상에 알려진 것은 《내셔널 지오그래픽》을 통해서였다. 제인 구달의 글과 사진을 전 세계에 처음으로 알린 기사는 제인을 일약 스타로 만들어주었으며, 이후 그녀의 일생에 한가한 날은 찾아보기 힘들었다. 하지만 그 기사에는 제인이 원하는 침팬지에 대한 모든 것을 담을 수 없었고 무엇보다도 편집자들의 손이 너무 많이 들어갔기 때문에 제인은 언젠가 자신이 직접 쓴 책을 출판하고 싶어 했다. 이렇게 하여 1971년에 세상 빛을 보게 된 책이 제인의 첫 번째 대중 서적인 『인간의 그늘에서 In the Shadow of Man 』이다. 이 책은 출판되자마자 단숨에 여러 나라에서 번역 · 출간되어 베스트셀러가 되었으며 오늘날까지 총 47개 언어로 번역되었다. 이 책이 그토록 인기가 있었던 것은 야생 침팬지를 다룬 이야기가 재미있기 때문이기도 했지만, 많은 독자들이 이 책을 제인이라는 한 여성의 힘을 보여주는 페미니스트 서적으로 인식했기 때문이기도 했다. 남성 우월 의식이 여전히 알게 모르게 퍼져 있던 사회에서 여성이 오지에 가서 야생동물을 연구했다는 것은 여자도 할 수 있다는 사실을 넘어서서 여자가 더 잘할 수도 있다는 것을 보여준 것이었다.

1972년 드디어 곰비에 정식 연구소가 문을 열었다. 이름하여 '곰비 상 연구소 Gombe Stream Research Center'. 제인이 곰비에서 외로우 연구를 시작한 지 12년 만에 곰비는 제인 한 사람이 운영하는 곳이 아닌 정식 연구소가 된 것이다. 이때부터 곰비 연구소는 세계 각지의 대학들과 결연을 맺어 많은 학생들을 끌어들이게 되는데, 그중에서도 특히 미국의 스탠포드 대학과 탄자니아의 다르에스 살람 대학과 돈독한 관계를 유지했다. 스탠포드 대학에서 인간 생물학 프로그램을 담당하고 있던 데이비드 햄버그David Hamburg 교수는 영장류 연구의 중요성을 진작부터 강조해왔기에 많은 학생들을 곰비로 보내주었다. 곰비에서 학생들이 본격적으로 침팬지의 의사소통이나 먹이 섭취 등과 같은 다양한 주제에 대하여 심도 있는 연구를 진행하여 박사 논문을 내기 시작하면서 곰비 강 연구소의 수준은 점차 올라가기 시작했다. 제인은 각종 강연과 원고 때문에 일정이 빡빡했는데도 1년에 몇 달씩을 스탠포드에 머물면서 학생들을 가르쳤다. 고등학교만 졸업하고 무작정 아프리카로 떠났던 제인이 미국 명문 대학의 교수가 되어 학생들을 가르치게 될 줄 누가 알았으랴. 그뿐만 아니라 제인은 다르에스 살람 대학에서도 강의를 맡아 더 많은 탄자니아 학생들이 연구에 참여할 수 있는 길을 마련해주었다.

매력적인 침팬지 플로가 알려준 것

제인이 처음으로 곰비에 도착했을 때부터 제인의 시선을 사로잡았던 침팬지가 있었으니 그 침팬지의 이름은 플로Flo였다. 암컷인 플로는 사람의 눈으로 볼 때 결코 아름답거나 귀엽지는 않았지만 침팬지 수컷에게는 더할 나위 없이 인기가 많았다. 플로에게 교미 시기가 다가오면 많은 수컷들이 플로에게 몰려들었다. 제인이 곰비에 도착한 지 얼마 되지 않아 아직까지 상당수의 침팬지들이 제인을 경계하던 시절, 어쩐 일인지 플로는 일찌감치 제인에게 경계심을 풀었다. 플로가 제인의 존재를 받아들이며 제인의 캠프를 드나들기 시작하던 때에 마침 플로의 엉덩이가 빨갛게 부풀었다. 이는 플로가 교미를 할 수 있다는 신호였다. 플로가 빨간 엉덩이를 살랑살랑 흔들며 제인의 캠프로 들어오자 그때까지 캠프 근처에도 얼씬거리지 않던 수많은 수컷들이 플로를 따라 우르르 캠프로 모여들었다. 사람에 대한 두려움을 눌러 버릴 만큼 플로는 매력적인 암컷이었다. 이런 플로를 제인은 더욱 열심히 관찰하게 되었고 플로의 새끼들 역시 제인의 관심을 끌었다. 파벤Faben, 피건Figan, 그리고 피피Fifi를 키우는 플로의 모습에 제인은 큰 감동을 받았다. 플로는 자신의 새끼들을 때로는 따끔하게 혼을 내기도 했지만, 이내 사랑으로 안아주었으며 인내심을 가지고 새끼들을 키워냈다. 다른 침팬지 어미에 비해 플로는 훨씬 좋은 어미였던 것이다. 그 덕분일까. 피건은 파벤의 도움을 뒤에 업고 6년 동안 그 무리의 우두머리 자리를 차지했고 피피 역시 암컷 중에서 높은 서열에 앉게 되었다. 플로는 나이가 많이 들어서도 새끼 두 마리를 더 낳았다. 그중에 먼저 태어난 플린트Flint는 유난히 어미에 대한 애착이 심했기에 동생 플레임Flame이 태어나자 어미를 빼앗길지도 모른다는 질투심에 불타 여덟 살이 넘어서까지도 어미인 플로에게 찰싹 붙어다녔다. 하지만 이미 나이가 들어 많이 쇠약해진 플로는 결국 새끼인 플린트를 제대로 독립시키지 못한 채 죽고 말았다. 침팬지의 경우 어미가 새끼를 다 키우지 못하고 죽게 되면 새끼는 큰 어려움을 겪는다. 어미와 함께 다니면서 심리적으로 또 육체적으로 보호를 받아야 하고 침팬지로서 삶을 배워야 하기 때문이다. 이런 상황에서 많은 침팬지들의 경우 그 혈육들이 고아가 되어버린 침팬지를 입양해 독립할 때까지 키워준다. 그런데 플린트는 자신의 언니, 오빠들의 도움을 모두 뿌리치고 혼자 우울하게 먹지도 않고 움직이지도 않은 채 지내다가 어미인 플로가 죽은 지 한 달만에 죽었다.

1972년 10월 1일자 영국의 한 신문에 플로의 사진과 함께 다음과 같은 부고가 실렸다.

살짝 찢어진 귀와 둥글넙적한 코를 가진 플로. 수컷들에게 한없이 매력적이었던 플로. 어려운 상황에도 굴하지 않는 강한 성격의 소유자였던 플로는 과학에 많은 것을 기여하고 떠났습니다. 플로는 자식을 어떻게 키워야 하는지에 대한 지혜를 가르쳐 주었으며 그런 면에서 나는 플로에게 깊은 고마움을 느낍니다. 플로의 딸인 플린트는 어미의 죽음으로 받은 충격 때문에 우울증에 시달리다가 한 달도 안 되어 죽었습니다. 이는 침팬지 사회에서 어미와 새끼의 강한 유대가 얼마나 중요한 지를 다시 한 번 보여주는 예라고 할 수 있습니다. 플로가 없는 곰비는 결코 예전과 같지 않을 것입니다.

제인이 자신의 오랜 친구였던 플로의 죽음을 신문 부고를 통해 애도하던 날 제인의 오랜 스승이었던 루이스 리키도 세상을 떴다.

아무리 제인 구달이 곰비에서 하는 침팬지 연구가 유명해졌다고 하더라도 순수 과학 연구의 상당수가 그렇듯 연구비가 넉넉하지는 않았다. 게다가 제인을 물심양면으로 후원해주던 루이스도 세상을 떠난 후 곰비는 전적으로 제인의 손에 맡겨졌다. 베스트셀러가 된 제인의 저서 『인간의 그늘에서 In the Shadow of Man 』의 수익금은 전액 아들 그럽을 위한 펀드로 들어가게 되어 있었고, 스탠포드에서 받는 월급은 높은 캘리포니아의 물가 때문에 남는 것이 거의 없었다. 이 때문에 제인은 연구비를 마련하기 위해 수많은 강연을 하러 전 세계를 누빌 수밖에 없었고 자연스레 제인은 가장 좋아하는 침팬지 연구에서 점점 더 멀어져 갔다. 이를 안타깝게 여긴 제인의 지인들은 리키 재단처럼 세금을 면제받을 수 있는 재단을 설립하자는 제안을 하게 되고 이렇게 하여 1977년에 탄생한 것이 '제인 구달 재단 The Jane Goodall Institute'이다. 이후 제인은 이 재단을 통해 대부분의 활동을 했고 오늘날까지 제인 구달 재단은 침팬지 연구와 보호를 위해 일하는 중심 단체로 활발한 활동을 펼치고 있다.

일본 침팬지 연구의 눈부신 성과

제인이 바나나를 먹이로 침팬지를 유인했다면 달달한 사탕수수로 침팬지를 유혹한 연구자들도 있었다. 이들은 제인 구달과 거의 비슷한 시기에 야생 침팬지 연구를 시작한 일본 교토 대학 팀이었다.

일본에는 일본 원숭이가 서식하기 때문에 오래 전부터 일본 학자들은 원숭이 연구에 많은 관심을 가지고 있었다. 특히 일본 영장류학의 아버지라 하는 킨지 이마니시 Kinji Imanishi,1902~1992 는 일본 내의 원숭이들을 연구하는 데 그치지 않고 일찌감치 아프리카에서 장기간에 걸친 영장류 연구를 시행에 옮길 계획을 세웠다. 이를 위해 그의 제자 주니치로 이타니 Junichiro Itani,1926~2001 를 1960년에 직접 아프리카에 보내 본격적인 연구 준비를 시작한다. 이 과정에서 루이스 리키를 만난 주니치로는 제인 구달의 곰비 연구 이야기를 듣게 된다. 루이스가 자신이 직접 곰비로 보낸 제인의 연구에 대한 이야기를 다른 팀에 흘린 것은 이해가 가지 않지만 아마도 제인에게 계속 연구비가 지급될 수 있을지 확실하지 않은 상황에서 그랬던 것이 아닐까 짐작해볼 뿐이다. 어찌되었든 대학에서 아프리카 영장류 프로젝트를 위해 거금을 지원받은 교토 대학 연구팀은 제인이 곰비에 도착한 지 1년 뒤인 1961년에 곰비로 떠난다. 하지만 이미 《내셔널 지오그래픽》에서 제인에게 연구비를 계속해서 대주기로 했기에 일본 팀은 다른 곳을 찾아 옮길 수밖에 없었다.

일본 영장류학의 아버지 킨지 이마니시

그리하여 주니치로가 이끄는 일본 영장류 연구 팀은 탄자니아 서쪽의 마할 Mahale 산에 있는 침팬지를 연구하기로 했다. 그런데 이 지역의 침팬지들은 낯선 사람들을 상당히 경계하여 심지어 2백 미터 앞에 사람 그림자만 보여도 후다닥 도망가버렸다. 그런 상황 속에서 어떻게 해야 침팬지 연구를 제대로 할 수 있는 것일까? 방법은 두 가지이다. 침팬지들이 사람을 인식하지 못할 만큼 깊은 곳에 잘 숨어서 관찰하는 방법과 인내심을 가지고 계속 침팬지 앞에 나타나 그들을 공격할 생각이 전혀 없음을 침팬지에게 인식시키는 방법이다. 20세기 초에 많은 학자들은 동물을 연구할 때 첫 번째 방법을 택했다. 물론 이는 잘 숨기만 한다면 야생동물을 전혀 놀라게 하지 않고 관찰할 수 있는 좋은 방법일 수 있다. 하지만 소리와 움직임에 민감한 야생동물들을 대상으로 인간이 완벽히 숨는다는 것은 거의 불가능에 가까운 일이었다. 그뿐만 아니라 잘 숨어 있다가 어쩌다 한 번 들키는 상황이 되면 동물들은 너무 놀란 나머지 다시는 그 주변에 나타나지 않는다는 문제도 있었다.

이러한 문제점을 인식하고 있었던 일본 학자들은 제인 구달과 마찬가지로 두 번째 방법을 택했다. 비록 침팬지들이 처음에는 놀라 도망치더라도 지속적으로 자신들의 모습을 침팬지에게 보여주는 것이었다. 이 방법의 가장 큰 문제라면 침팬지가 경계심을 풀 때까지 오랜 시간이 걸린다는 것이다. 하지만 1년 정도 지나면 이 방법은 그때까지 투자한 시간을 보상하고도 남을 만큼 효과를 거두게 해주었다. 일단 침팬지들이 사람의 존재를 경계하지 않기 시작하면 그 뒤로는 얼마든지 오랜 기간 동안 연구가 가능하기 때문이다. 이렇게 현명한 방법을 택한 덕분에 주니치로 이타니가 1966년부터 시작한 마할 영장류 프로젝트는 오늘날까지도 계속되고 있으며, 제인 구달의 곰비 연구와 함께 전 세계적으로 가장 성공한 연구로 높이 평가받고 있다.

일본 교토 대학의 영장류 프로젝트는 마할 지역에서 그치지

보노보는 침팬지와는 달리 성행위를 통해 갈등을 해소한다.

않았다. 1973년에 타카요시 카노Takayoshi Kano를 대표로 한 교토 대학 팀은 자이르(현재의 콩고)에서 또 다른 종류의 침팬지인 보노보 연구를 시작했다. 침팬지는 크게 두 종류로 나뉜다. 하나는 제인 구달이 연구한 판 트라글로다이츠Pan troglodytes로 흔히 보통 침팬지common-chimpanzee라 한다. 오늘날 많은 동물원이나 텔레비전에서 볼 수 있는 침팬지의 대부분이 이 종류이다. 하지만 또 다른 매력적인 침팬지가 있으니 이는 판 파니스쿠스Pan paniscus라는 학명을 가진 침팬지로, 보노보bonobo 혹은 피그미 침팬지pygmy chimpanzee라는 종류이다. 언뜻 들으면 이 두 종류가 무슨 큰 차이가 있을까 싶지만 교토 대학 팀의 오랜 세월에 걸친 끈기 있는 연구에서 우리는 보노보라는 또 다른 침팬지에 대해 많은 것을 알 수 있게 되었다(보노보도 침팬지의 한 종류이지만 이곳에서는 혼동을 피하기 위해 제인 구달의 보통 침팬지는 침팬지로, 일본 팀이 연구한 침팬지는 보노보로 말하기로 한다).

보노보의 경우 침팬지에 비해 몸집이 더 가늘고 호리호리하다는 이유로 피그미 침팬지라는 이름이 붙기도 했지만 사실 이 둘의 체격에는 별다른 차이가 없다. 하지만 이들의 사회구조와 질서는 침팬지들과는 여러 면에서 매우 다르다. 침팬지 사회에서 수컷들은 끊임없이 권력을 잡으려고 싸움을 벌인다. 이 때문에 특히 수컷들은 공격적인 행동을 많이 보이고, 손을 잡은 수컷들끼리 따로 떨어져 나가 새로운 무리를 만들기도 한다. 하지만 보노보 사회에서는 권력 때문에 혹은 다른 이유에서라도 서로 공격하고 싸우는 일이 매우 드물다. 보노보가 침팬지에 비해 특별히 순하기 때문이 아니라 집단 내에서 생기는 개체간의 긴장을 해소하는 방법이 다르기 때문이다. 사람과 마찬가지로 침팬지나 보노보 사회에서도 언제나 의견 충돌은 있는 법. 마음에 들지 않는 상대가 나타났을 때 대개의 경우 침팬지는 서로 으르렁거리며 누가 더 센지를 가늠하는 반면, 보노보의 경우 싸워서 힘 빼지 말고 서로 기분 좋게 화해하자는 식으로 접근한다. 이때 보노보의 화해 방식은 바로 성행위이다. 사람을 제외한 모든 동물의 성행위는 오로지 새끼를 낳기 위한 수단인데 비해 보노보의 경우에는 사람이 그러듯 즐기기 위해 성행위를 하기도 한다. 이는 비단 수컷과 암컷 사이에만 일어나는 일이 아니다. 암컷끼리 혹은 수컷끼리 상대방이 좋아하는 부분을 쓰다듬어주기도 하고 만져주기도 하는데, 그러면 서로 기분이 좋아지니 싸우려던 마음도 함께 사그라들게 된다. 침팬지 사회에서는 수컷의 위계 서열이 상당히 중요한 반면 보노보 사회에서는 암컷이 세력의 중심에 있다. 이 때문에 다 자란 수컷들도 계속해서 어미와 함께 시간을 보내는 것이 보통이며 맘에 들지 않는 수컷들을 암컷 무리가 내쫓기도 한다. 이렇게 같은 침팬지이면서도 곰비

의 침팬지들과는 가깝지만 먼 관계에 있는 침팬지가 보노보인
것이다.

리키 가족과 인류학

리키 가족을 대표하는 이로 가장 널리 알려진 인물은 루이스 리키지만 학계에서 더 큰 위치를 차지하는 사람은 루이스의 아내 메리 리키이다. 메리는 50년에 가까운 세월을 올두바이에서 고고학 발굴에 바쳤으며, 그중 20년은 아예 올두바이에 집을 짓고 그곳에서 살았다. 루이스 리키를 일약 스타 인류학자로 만들어준 진잔트로푸스 화석을 실제로 발견한 사람도 루이스가 아닌 메리였다. 인류학사에 길이 남을 수백만 년 전의 화석 인류 발자국을 발굴한 사람도 메리였다. 세간의 주목을 받는 것을 선천적으로 별로 좋아하지 않았기에 늘 남편 루이스의 뒤에 서기를 자청했던 메리 리키. 그이야말로 진정한 인류학자요 고고학자였다.

메리 더글라스 니콜은 1913년에 런던에서 태어났다. 메리의 아버지는 유럽 전역을 누비며 그림을 그리던 화가였다. 외동딸이었던 메리는 아버지가 바깥 풍경을 그리기 위해 외출을 할 때

루이스의 부인이자 든든한 버팀목이
었던 메리 리키

면 늘 따라 나가 자연 속에서 뛰놀기를 좋아했다. 메리 가족이 프랑스에 정착했을 시절 열두 살의 어린 소녀였던 그녀는 같은 동네에 살던 아버지의 친구인 프랑스인 고고학자를 따라 발굴 현장에 들락거리는 것을 좋아했다. 그곳에서 메리는 각종 석기를 관찰하고 수집하는 경험을 쌓았을 뿐 아니라 메리를 사로잡은 동굴 벽화도 보게 된다. 그 누구보다도 행복한 어린 시절을 보내던 메리는 아버지의 갑작스러운 죽음으로 큰 변화를 맞게 된다. 어머니와 함께 영국으로 돌아와 가톨릭 여학교에 진학했는데 프랑스에서 자유롭게 지내던 메리에게 딱딱한 영국식 교육은 도저히 견딜 수 없는 것이었다. 결국 메리는 다니던 학교 두 곳에서 모두 쫓겨났고, 그렇게 메리의 정규 교육은 끝이 났다.

그렇다고 해서 고고학에 대한 메리의 열정마저 함께 꺾인 것은 아니었다. 비록 대학에 진학하지 않았지만 메리는 근처 대학과 런던 박물관에서 고고학과 지질학 관련 과목들을 청강했다. 그뿐만 아니라 여러 고고학자들에게 편지를 보내 자신을 발굴단에 합류시켜 달라고 부탁했다. 아버지에게 물려받은 재능인지 메리는 고고학 유적에서 출토된 석기를 세세하게 그려내는 데 탁월한 능력이 있었다. 게다가 한곳에 진득하게 앉아서 맡은 일을 소리 없이 꼼꼼하게 처리해내는 끈기까지 갖추고 있었다. 이를 높이 평가한 몇몇 고고학자들의 도움으로 고고학계에 발을 들여놓기 시작한 메리는 당시 아프리카에서 발굴을 하던 고고학자 게르트루드 카톤-톰슨Gertrude Caton-Thompson의 책에 들어간 석기 그림을 그리게 되었다. 메리의 탁월한 그림 솜씨에 만족한 카톤-톰슨은 역시 책을 준비하며 책에 들어갈 그림을 그려줄 사람을 찾고 있던 루이스에게 메리를 소개해 주었다.

부끄러움을 많이 타는 조용한 성격의 메리와 사람들의 중심에 서서 특유의 입담으로 좌중을 휘어잡을 줄 알았던 루이스. 어찌 보면 물과 기름만큼이나 서로 다른 성격의 소유자였지만 고고학이라는 커다란 관심사를 공유하고 있었기에 그 둘은 금세 서로에게 빠져들었다. 당시 루이스는 올두바이 계곡에 여행을 왔던 영국 여성 프리다와 결혼하여 딸 하나와 곧 태어날 아들까지 둔 상태였다. 고고학자로서 이곳저곳을 떠돌며 지내는 루이스의 탐험가 기질에 반해 결혼했던 프리다였지만 막상 아이가 생기고 나니 한곳에 정착하고 싶어 했다. 이 때문에 루이스와 프리다의 결혼 생활은 삐걱거리기 시작했고 마침 그때 루이스는 메리를 만났다. 요즘처럼 이혼이 흔하지 않던 1930년대의 유럽 사회에서 다른 여자가 생겨 이혼을 한다는 것은 쉽게 받아들여질 수 없었다. 하지만 두 사람은 다른 이들의 시선은 아랑곳하지 않을 만큼 서로를 진심으로 사랑했다.

올두바이로 함께 떠난 고고학 탐사는 루이스와 메리의 사랑을 더 깊게 만들어주었다. 올두바이에서 처음 발굴을 시작했을 때 그들이 처한 상황은 참으로 열악했다. 일단 올두바이까지 가는 길이 없어 직접 길을 내며 들어가야 했다. 그들은 자동차를 타고 가나가 내려서 나무를 잘라내고 다시 조금 가다가 또 내려 길을 만들며 올두바이로 향했다. 천신만고 끝에 도착한 올두바이의 상황도 좋을 리 없었다. 일단 식수를 구하는 것이 가장 문제였다. 루이스가 근처 마사이족들에게 부탁해 일주일에 한 번씩 물을 구할 수 있었는데, 문제는 그 물이 결코 마실 만큼 깨끗하지 않았다는 것이었다. 시도 때도 없이 들이닥치는 모래바람 때문에 올두바이의 물은 늘 모래투성이었고, 가끔 코뿔소의 오줌까지 섞여있는, 그야말로 살기 위해 어쩔 수 없이 마시는 물이었다. 먹는 것도 부실하기는 마찬가지였다. 가끔 루이스가 사냥을 해온 사슴으로 고기류를 먹을 수 있었고, 그 외에는 나이로비에서 공수해온 통조림을 먹는 것이 전부였다. 게다가 캠프 근처에서 밤마다 사자와 하이에나 같은 맹수들의 울음소리가 심심치 않게 들려 왔기 때문에 그들은 늘 사냥총을 곁에 두고 잠들었다. 안락함과는 거리가 먼 생활이었지만 루이스와 메리는 올두바이에서 쏟아져 나오는 동물 화석과 눈앞에서 기린이 뛰노는 아름다운 풍경만으로도 충분히 행복했다. 마침내 1936년에 메리 니콜은 메리 리키가 되었다.

꼼꼼하고 까다로운 실력파 고고학자
—

메리 리키는 선천적으로 사람을 좋아하지 않는 것이 아니냐는 소리를 들을 만큼 조용한 곳에서 혼자 있는 것을 좋아하고 매사에 신중하고 꼼꼼한 사람이었다. 그런 메리의 성격 덕분에 그녀가 이끄는 고고학 발굴은 천천히 그러나 아주 꼼꼼하게 진행되었다. 1960년에 올두바이 계곡에서 메리가 주도하던 발굴의 경우

메리 리키의 발굴 모습
꼼꼼한 성격의 메리 리키가
주도하는 발굴은 그녀의 성
격처럼 꼼꼼하게 진행되었다.

총 3백 제곱미터에 달하는 지역에서 자그마치 10미터 이상 파
내려갔다. 파낸 흙의 양만도 수백 톤이 넘었고 불도저로 밀어낸
다고 해도 상당한 시간이 필요한 규모였다. 하지만 메리는 작은
삽과 치과 의사들이 주로 사용하는 작은 바늘 같은 것을 이용해
섬세하게 발굴을 진행했다. 그 결과 단 몇 달의 발굴 기간 동안
에 3천 개가 넘는 큰 동물 화석, 몇 천 점이나 되는 동물 뼛조각,
2천 5백 점이 넘는 커다란 석기류 그리고 2천 점이 넘는 작은 석
기류들이 출토되었다. 메리는 이것을 하나하나 살펴보고 발굴
보고서에 그려넣었다. 아주 작은 석기는 몇 센티미터밖에 되지
않는다는 것을 감안하면 메리의 작업이 보통 힘든 것이 아니었
음을 짐작할 수 있다. 1960년대만 하더라도 발굴이라는 것은 이
렇게 꼼꼼하게 이루어지지 않는 경우가 많았다. 대부분의 고고
학자들이 큼직한 뼈와 석기만을 주로 수집할 뿐 작은 것들에는
별로 신경을 쓰지 않았다. 이와 달리 메리는 발굴을 하면서 미세
한 것까지 놓치지 않는 데 주력했다. 쥐와 같은 작은 동물의 뼈
까지 모두 수집했는데 이는 인류의 과거를 복원하는 데 중요한
작업이었다. 작은 포유동물들은 기후에 민감한 동물이기에 그런

동물들이 어느 지층에서 어느 정도 출토되는지를 알면 그 당시 기후를 추측할 수 있기 때문이다. 이러한 것을 알고 있던 메리였기에 발굴은 늘 꼼꼼하게 그리고 천천히 진행했고, 메리는 구석기 고고학 발굴의 새로운 지평을 연 학자 중의 하나로 인정받게 된다.

새벽부터 해질 때까지 발굴을 했는데 메리는 발굴 현장에서 노래를 틀어놓는다든지 노래를 부른다든지 이야기를 한다든지 하는 모든 것을 싫어했다. 발굴이야말로 밀리미터 단위의 작은 석기와 뼈까지 찾아내야 하는 작업이기 때문에 정신을 흐트러뜨려서는 안 된다는 것이었다. 누군가가 이야기를 하거나 노래를 부르면 메리는 날카롭게 쏘아붙였다. "조용!" 그러면 온 발굴 현장이 찬물 끼얹은 듯 조용해졌다. 당시 메리를 도와 함께 일하던 아프리카인들은 남성 우월 의식이 지배하고 있는 사회에서 온 사람들이었기 때문에 메리처럼 남자들과 대등하다 못해 오히려 남자들에게 큰소리를 뻥뻥 치는 여자를 본 적이 없었다. 하지만 어쩌겠는가. 메리가 발굴 책임자였던 것을. 발굴이 끝나고 나면 많은 경우 모닥불 주변에 둘러 앉아 수다를 떨며 하루의 피로를 풀었다. 하지만 메리는 단 하루도 그 수다에 참가한 적이 없었다. 메리는 저녁을 먹은 뒤 방으로 들어가 늦은 시간까지 그날 발굴에서 출토된 석기들을 정리하고 분류하는 일에 몰두했다. 메리는 1970년대에 6년에 걸쳐 1년 열두 달 중 열한 달을 올두바이 발굴 현장에서 보냈으며 일주일 중 엿새를 아침 7시부터 오후 5시까지 땅을 들여다보며 일을 했다. 이 한 가지 예로만 보더라도 메리가 얼마나 부지런한 사람이었는지, 메리의 명성이 얼마나 큰 노력으로 얻어진 것인지 알 수 있다.

이렇게 까다롭고 사회성이 별로 없는 메리였지만 밑에서 일했던 아프리카인들은 메리를 싫어하지 않았다. 왜냐하면 메리의 그런 까다로운 성격이 아니었더라면 그들이 오늘날처럼 세계적으로 유명한 화석 사냥꾼이 되지 못했을 것임을 알기 때문이다. 메리는 일을 제대로 하지 못하고 사과하는 사람을 좋아하지 않았다. 누군가가 실수를 하고 사과를 하면 메리는 "그런 사과 필요 없고 당신은 이제부터 발굴 현장에 나오지 마십시오"라고 쏘아붙였다. 인정사정 봐주지 않는 차가운 메리였지만 그 덕분에 발굴 현장에 끝까지 남은 사람들은 하나같이 전문가가 되었다.

1972년에 루이스가 세상을 뜬 이후로 메리는 철저히 자신의 올두바이 집에 은둔하며 살아가기 시작했다. 그때는 이미 《내셔널 지오그래픽》과 같은 대중매체를 통해 올두바이가 널리 알려져 관광객들도 많이 찾아왔다. 하지만 메리는 관광객과는 거의 눈도 맞추지 않았고 오히려 그러한 북적임을 싫어했다. 그 대신 메리가 가장 소중히 여겼으며 평생에 걸쳐 진정한 친구로 삼은 것은 달마시안 애완견들이었다. 메리의 셋째 아들인 필립이 어렸을 때 달마시안에게 찬물을 양동이째 끼얹은 적이 있었다. 그것을 본 메리는 당장 아들에게 똑같이 찬물을 확 부어주었다. 그래야 개들이 찬물을 맞고 어떤 기분이었을지 필립도 이해할 수 있을 것이라는 생각에서였다. 어떤 사람들은 메리의 이런 지나친 애완견에 대한 사랑을 비난하기도 했다. 하지만 루이스와 결혼해 청춘을 세상과 동떨어진 올두바이에 바친 메리에게 루이스가 돌려준 것은 끊임없는 다른 여자들과 로맨스였음을 감안할 때 메리가 자신을 배신하지 않는 충실한 애완견 달마시안에게 왜 그리 집착했는지는 어느 정도 짐작할 수 있을 것이다.

세상을 놀라게 한 새로운 발견들
—

고고학자로서 메리 리키를 세상에 처음 알린 것은 1948년 케냐의 루싱가 섬에서 발견된 최초의 중신세 화석 유인원인 프로콘술이었다. 그 뒤 올두바이에서 발견된 '진지'도, 1960년대 내내 계속해서 발견된 올두바이의 중요한 화석 인류도 대부분 메리에 의해서 세상 빛을 보게 되었다. 그런 메리는 예순이 넘은 나이에 또 하나의 굵직한 발견을 해서 세상을 놀라게 했다. 1970년대 중반 올두바이에서 얼마 떨어지지 않은 라에톨리 ^{Laetoli}라는 곳에서 메리가 이끄는 발굴 팀이 360만 년 전의 화석 인류 발자국을 발견한 것이었다! 도대체 어떻게 해서 발자국이 남게 되었을까? 360만 년 전의 어느 날 라에톨리 근처의 화산에서 가벼운 폭발이 있었다. 화산재가 날아와 그 주변의 땅을 덮자마자 그 위에 비가 내려서 화산재를 질척질척하게 만들었다. 그 위를 어른 한 명과 아이 한 명이 걸어갔고 진흙과 같았던 땅에는 그들의 발자국이 남게 되었다. 마치 덜 마른 시멘트 위를 걸어가면 신발 자국이 생기고 그것이 시멘트가 굳어질 때 그대로 남는 것과 같은 이치이다.

발자국은 우리가 생각하는 것보다 그 동물의 보행 자세와 관련한 훨씬 많은 정보를 담고 있다. 한여름에 바닷가를 걸으며 모래에 찍힌 자신의 발자국을 본 경험을 떠올려 보자. 엄지발가락은 다른 발가락에 비해 크고 깊게 찍히는데 이는 우리가 두발로 걸을 때 그 체중의 대부분이 엄지발가락에 실리기 때문이다. 그런데 침팬지의 발자국은 어떠한가. 일단 침팬지는 우리와 달리 두 발로 거의 걷지 않으므로 전혀 다른 모양의 발가락을 가지고 있고 이로 인해 그 발자국 모양도 전혀 다르다. 침팬지의 발가락은 나무를 오를 때 나뭇가지를 꽉 움켜쥘 수 있게 되어 있다. 사람의 엄지손가락이 다른 네 손가락을 마주보

메리 리키가 라에톨리에서 발견한 발자국

고 있듯이 침팬지의 엄지발가락은 다른 네 발가락과 마주 볼 수 있게 생겼다는 것이다. 여기서 알 수 있듯이 발자국의 모양으로 그 동물이 사람처럼 두 발로 걸었는지 아니면 나무를 많이 타는 동물이었는지를 추측할 수 있다.

그렇다면 발바닥의 모양은 어떠한가. 평발인 사람은 오래 걷지 못한다고 알려져 있는데 이는 무슨 이유에서일까? 발자국이 넓적한 모양으로 찍히는 평발인 사람들은 그렇지 않은 사람에 비해 걷다가 쉽게 피로를 느끼는 것이 사실인데 이것 역시 우리가 두 발로 걷기 때문이다. 걸을 때 온몸의 체중을 발바닥이 견뎌야 하는데 그것을 가장 잘 견뎌낼 수 있게 해주는 것이 바로

발바닥에 있는 곡선이다. 이 때문에 발바닥의 일부만이 발자국에 찍히는 사람들은 그만큼 걸을 때 생기는 압력을 발바닥이 잘 견뎌낼 수 있는 구조를 가진 것이고 따라서 평발인 사람에 비해 피로를 덜 느끼게 되는 것이다. 이렇게 발자국만으로도 우리는 그 발자국의 주인이 어떻게 걸었는지 혹은 얼마나 피로를 느끼며 걸었는 지를 추정해볼 수 있다.

그렇다면 라에톨리^{Laetoli}에서 발견된 발자국은 우리에게 어떤 정보를 주었을까? 각 분야의 전문가가 앞 다투어 라에톨리 발자국을 연구한 결과 360만 년 전에 인간의 조상이 이미 침팬지처럼 네 발이 아닌 우리처럼 두 발로 걸었음을 알게 되었다. 그리고 이러한 분석은 실제로 발견되는 3, 4백만 년 전 화석 인류 다리뼈들에서 다시 한 번 사실로 증명이 된다. 여기서 주목할 것 한 가지는 3, 4백만 년 전 화석 인류 두개골에서 추정해낸 그들의 두뇌 용량이 사람보다는 침팬지와 같은 유인원에 훨씬 가까운 500cc 안팎이었다는 것이다. 하지만 이들은 이미 대부분의 시간을 두 발로 걷는 존재였다. 그렇다면 20세기 초 인류학자들의 생각과는 달리 인간을 다른 동물과 구별짓게 해주는 최초의 특징은 두뇌 용량 증가가 아닌 두 발 걷기의 시작이었던 것이다!

두뇌 용량의 증가가 인간에게 미친 영향
—

지금부터 약 6백만 년 전에 침팬지의 역사와 사람의 역사가 나뉘기 시작해 그 이후로 서로 다른 진화의 역사를 가지게 되었다. 이때부터 인간은 무슨 이유에서인지 두 발로 걷는 직립 보행을 시작했고 이후 수백만 년 동안 '두 발로 걷는 침팬지' 같은 생활을 했다. 그 결과 나무도 예전만큼 잘 타지 못하게 되었다. 그러던 중 약 2백만 년 전부터 인간의 두뇌 용량이 서서히 증가하기 시작했다. 침팬지를 비롯한 유인원의 두뇌 용량이 맥주 500cc 한 잔이라면 현대인은 500cc 서너 잔 정도, 즉 1500～2000cc에 이르는 두뇌 용량을 가진다. 이렇게 두뇌 용량이 증가하는 특징을 보여주는 화석 인류는 비로소 오스트랄로피테쿠스가 아닌 호모 속屬의 지위를 획득하게 된다. 중고등학교 교과서에서 보았을 호모 하빌리스, 호모 에렉투스, 네안데르탈인, 그리고 현생 인류인 호모 사피엔스를 모두 호모 속屬으로 묶어주는 특징이 바로 두뇌 용량의 증가인 것이다.

그렇다면 왜 많고 많은 생물 중에서 인간의 두뇌 용량만이 현저하게 증가한 것일까? 그 과정은 '진화'라는 개념을 통해 설명할 수 있다. 생물은 주변 환경에 적응하는 과정에서 변화를 겪게

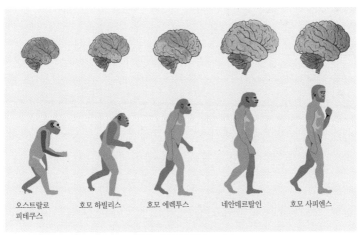

| 오스트랄로피테쿠스 | 호모 하빌리스 | 호모 에렉투스 | 네안데르탈인 | 호모 사피엔스 |

진화에 따른 두뇌 용량의 변화

되고 이것을 '진화'라고 한다. 그렇다면 인간은 어떤 환경에 놓였기에 두뇌 용량이 증가하는 방향으로 진화하게 된 것일까? 인간을 인간으로 만들어주는 중요한 특징인 '두뇌 용량 증가'의 원인에 대한 논쟁은 여전히 고인류학계에서 계속되고 있으나, 아직까지 합의된 가설을 이끌어내지 못하고 있다. 그러나 한 가지 분명한 것은 두뇌 용량의 증가와 함께 도구를 사용하기 시작했다는 것이다.

지금부터 약 180만 년 전, 인간의 조상 격인 오스트랄로피테쿠스 중 한 종種인 오스트랄로피테쿠스 보이지아이와 현생 인류의 조상인 호모 하빌리스는 같은 지역에서 공존하고 있었다. 이들의 주된 식량 자원 중 하나가 딱딱한 견과류였는데, 호두를 깨어본 사람이면 잘 알 수 있듯이 그 껍질을 까는 것이 쉽지 않다. 그렇다면 이들은 어떤 방법으로 견과류의 껍질을 벗겨낸 것일까? 이들은 각각 다른 전략을 선택했다. 오스트랄로피테쿠스 보이지아이는 딱딱한 음식물을 강한 턱과 커다란 치아로 으깼다. 이에 비해 호모 하빌리스는 오스트랄로피테쿠스처럼 턱과 치아를 사용하지 않고 과일의 껍질을 벗기고 음식물을 으깨는 데 도구를 사용했다. 이는 당시 주어진 음식에 대한 매우 효율적인 적응 방법이었다. 그 결과 오스트랄로피테쿠스는 멸종했고 호모 속屬은 진화를 계속하여 오늘날의 현생 인류에 이르게 되었다. 두뇌 용량의 증가와 그로 인한 도구의 사용에서 시작된 인간의 문화는 약 4만 년 전부터 폭발적인 발전을 이루게 된다. 석기의 수준이 놀랍도록 정교하게 바뀌고 동굴 벽화가 나타나면서 1만 년 전부터는 농경 생활이 시작되었다. 이렇게 문화 발달의 원동력이 된 두뇌 용량의 증가 역시 두 발 걷기와 함께 인간을 다른 동물들과 구별짓는 중요한 특징임은 분명하다.

우리는 수많은 도구에 둘러싸여 있다. 날마다 당연하게 사용하는 숟가락, 젓가락, 칫솔은 물론이고 망치, 필기도구, 의자, 거울, 전등, 컴퓨터, 자동차, 비행기, 우주선 등에 이르기까지, 이제 우리는 도구가 없는 삶은 상상조차 할 수 없다. 과연 180만 년 전에 두뇌 용량이 증가하기 시작하면서 원시적인 석기를 만들어 사용하던 최초의 호모 속▪은 이런 생활을 상상이나 할 수 있었을까?

메리의 은퇴, 그 뒤
—

메리 리키는 1983년에 일흔의 나이로 학계에서 은퇴하여 올두바이에서 나이로비로 거처를 옮긴다. 메리는 나이로비에서 열 명이나 되는 손자들과 시간을 보내는 것을 즐겼으나 자상하고 푸근한 할머니라기보다는 카리스마가 넘치는 엄격하고 무서운 할머니였다. 이미 전 세계에서 가장 유명한 여성 고고학자가 된 메리 리키는 일흔을 넘긴 나이에도 여전히 위스키를 손에 들고 담배를 태우며 올두바이의 발굴 결과를 담은 다섯 번째 책을 집필했다. 메리가 출판한 총 다섯 권의 올두바이 계곡 발굴 보고서를 비롯한 라에톨리 발굴 보고서 등은 모두 꼼꼼하고 빈틈없는 그녀의 성격을 그대로 보여주는 것들로 여전히 높은 평가를 받고 있다. 이러한 공로를 인정받아 메리는 영국 과학원과 미국 과학원 등에서 각종 상을 수상했다. 또한 옥스포드, 예일, 시카고 대학 등 세계 유수의 대학에서 명예 박사 학위를 받기도 했는데, 그중에서도 메리는 케임브리지 대학에서 받은 학위에 가장 큰 의미를 두었다. 메리가 루이스와 결혼했을 때 루이스의 모교인 케임브리지 대학이 그들을 내쫓다시피 하는 바람에 메리와 루이스는 궁핍한 생활을 견뎌내야 했다. 그로부터 50년이 흘러 고등학교도 마치지 않았던 메리가 루이스의 모교이자 영국 최고의 대학교 중 하나인 케임브리지에서 명예 박사 학위를 받게 되었으니 아무리 차갑기로 소문난 메리였지만 찡한 감동을 느낄 수밖에 없었을 것이다. 은퇴 이후 메리는 자서전 집필과 강연에 남은 열정을 바치고 1996년 여든세 살의 나이로 케냐의 나이로비에서 불꽃 같았던 생을 마감했다.

아버지의 열정을 물려받은 반항아, 리차드 리키

아버지의 불같은 성격과 타오르는 열정, 그리고 외모까지 그대로 빼닮은 루이스와 메리의 둘째 아들 리차드. 1944년에 태어난 그는 피부색만 하얗고 이름만 영국 사람이었을 뿐 영락 없는 케냐인이었다. 그는 부모를 따라 올두바이를 비롯한 각종 발굴 현장을 누비며 어린 시절을 보냈다. 아주 어렸을 때부터 하루 종일 뜨거운 태양 아래에서 화석을 발굴했던 리차드는 절대로 그것을 업으로 삼지 않으리라 다짐을 하며 성장했다. 게다가 아버지의 명성 때문에 리키라는 이름까지 유명세를 타게 되자, 어떻게 하면 아버지의 그늘에서 벗어나 자신만의 길을 찾아 나설 수 있을까를 끊임없이 고민하며 성장기를 보냈다. 리차드는 케냐 나이

로비에서 정규 교육을
받았다. 초등학교 때는
뛰어난 학생이었던 리
차드는 중학교에 입학
하면서부터 학교에서
멀어지기 시작했다. 그
가 다녔던 학교는 케냐
에 사는 유럽인들만을

아버지의 뒤를 이어 인류학자가 된 리차드 리키

위한 학교였는데 자신을 진정한 케냐인이라고 여겼던 그가 인종
차별이 당연시 되던 백인들만을 위한 학교에 적응한다는 것은
쉬운 일이 아니었다. '검둥이를 사랑하는 소년'이라는 놀림을 받
던 그는 마침내 학교를 중간에 그만두게 된다.

아버지인 루이스도 자신을 케냐인으로 여기며 흑인에 대한 각
별한 애정을 갖고 있었지만 막상 아들이 그런 식으로 학교를 그
만두자 이를 매우 못마땅해 했다. 너무도 비슷한 성격 탓에 평소
에도 아들과 사이가 좋지 않았던 루이스는 이 일을 계기로 아들
에 대한 금전적인 지원을 끊었다. 하지만 리차드는 이것을 오히
려 자신이 진정으로 꿈꾸던 독립을 이룰 수 있는 계기로 받아들
였고, 열여섯 살에 독립하여 자신만의 작은 사업을 시작했다. 길
가에 죽어 있는 동물들의 사체를 주워 그것을 해부한 뒤 각종 약
품으로 잘 처리하여 유럽과 미국의 대학과 연구소에 파는 일을
시작해 짭짤한 수입을 올렸다. 이것을 계기로 어느 정도의 자금
이 모이자 리차드는 아프리카를 찾는 부유층 백인들을 상대로
사파리 관광 사업을 시작한다. 자신이 일에 비교적 만족하며 산

던 리차드였지만 그가 인류학 발굴에서 아예 관심을 끊은 것은 아니었다. 그는 오히려 아프리카에 대한 해박한 지식을 바탕으로 발굴을 하러 오는 외국 학자들을 도와주면 더 많은 돈을 벌 수 있다는 사실을 깨닫고 그러한 일을 시작하게 되었다. 남아프리카에서 자란 케임브리지 출신의 고고학자 글린 아이작Glynn Isaac, 1937~1985은 스물여덟 살의 젊은 나이에 동아프리카의 페닌지Peninj 라는 곳에서 발굴을 시작하게 되는데 이를 리차드가 돕기로 했다. 화석의 분류와 과학적인 분석 업무는 아이작이 맡고 베이스캠프를 관리하는 일은 리차드가 맡기로 한 것이다.

1964년 페닌지에서 보존 상태가 거의 완벽에 가까운 화석 인류의 아래턱이 발견되었다. 이 화석은 루이스와 메리가 1960년에 올두바이에서 발견해 이름 붙인 호모 하빌리스와 거의 흡사해 보였다. 그때까지만 해도 학계에서는 호모 하빌리스를 화석 인류의 종種으로 제대로 받아들이지 않고 있었는데 마침내 또 하나의 개체가 발견된 것이었다. 이것은 루이스와 메리 그리고 아이작을 비롯한 많은 학자들을 흥분시켰고 그들은 이 화석을 발견하고 연구한 학자로 한층 더 유명해지게 되었다. 이 모든 과정에서 소외된 이가 있었으니 바로 리차드였다. 그는 캠프 관리자 그 이상도 이하도 아니었던 것이다. 그 누구보다 야심이 많았던 청년 리차드는 과학자가 아닌 이상 세상의 주목을 받을 수 없다는 것을 깨닫고 정규 교육을 받기 위해 영국으로 떠난다. 영국에 도착한 리차드는 6개월 만에 고등학교 교육 과정을 끝내고 대학 입학 시험을 치렀다. 하지만 그는 케임브리지 대학에 입학할 만큼 좋은 성적을 내지 못했다. 리차드는 다른 학교에 지원하는 대신 그가 사랑한 다섯 살 연상의 고고학자 마가렛 크로퍼[Margaret Cropper]와 결혼을 해 아프리카로 돌아갔다. 화학이나 생물학과 같은 과목에서 기본적인 정규 교육을 받았다면 굳이 학위가 없어도 인류학계에서 성공할 수 있을 것이라 믿었기 때문이다.

아버지의 그늘에서 벗어나기
—

리차드가 영국에서 돌아와 좋든 싫든 간에 아버지 루이스와 함께 일한 곳은 케냐가 아닌 이티오피아의 오모[Omo] 강 부근이었다. 루이스는 당시에 탄자니아의 올두바이와 케냐의 여러 곳에서 한 발굴로 그 지역을 전 세계적으로 유명하게 만든 당사자였다. 이티오피아 국왕은 루이스를 초대한 자리에서 물었다. "리키 박사님, 어째서 탄자니아와 케냐에서만 일을 하시는지요? 이티오피아는 가능성이 없나요?" 이에 루이스는 오모 강 주변이야말로 화석이 많이 발견될 수 있는 가능성이 있다고 대답했고 이에 이티오피아 국왕은 흔쾌히 그에게 발굴을 허가해 주었다. 이렇게 하여 오늘날까지도 발굴이 진행되고 있는 화석의 보고인 오모 지역으로 세계 각국의 과학자들이 모여들게 되었다. 물론 루이스와 리차드가 아프리카 사정에 밝다는 장점이 있긴 했지만 이제 인류학 발굴은 더 이상 그들만의 것이 아니었다.

클락 하월이 이끄는 미국 캘리포니아 버클리 대학 팀은 미국다운 거대한 자금력을 가지고 오모로 왔고 이브 코팡[Yves Coppens]이 이끄는 프랑스 팀도 각종 장비와 자금으로 무장을 한 채 오모에 도착했다. 이 세 팀은 각각 오모의 다른 지역으로 흩어져 발굴을 시작했고 이들 사이에 알게 모르게 생겨난 경쟁 심리 덕분에 오모에서는 많은 화석 인류가 발견되기 시작했다. 정규 교육을 마치고 비로소 제대로 된 학자 대접을 받을 수 있으리라 기대했던 리차드는 오모의 발굴 현장에서도 여전히 아버지 루이스의 그늘에 가려져 있었다. 다시 영국으로 돌아가 대학을 졸업하고 필요한 학위를 따라는 주변의 끊임없는 권유에도 불구하고 리차드는 다른 방법으로 자신만의 길을 모색하게 된다.

아름다운 파란색의 물 때문에 옥표의 호수라고 불리는 투르카나 호수Lake Turkana는 케냐의 북서쪽에 위치한 6천 제곱 킬로미터가 넘는 큰 호수이다. 지난 4백만 년 동안 기후 변화와 지각 변동에 따라 투르카나 호수는 위로 솟았다 아래로 꺼졌다를 반복했고 그 결과 그 지역의 4백만 년의 역사를 고스란히 화석으로 간직하고 있었다. 그뿐만 아니라 오늘날 이 호수에 서식하고 있는 생물 종이 워낙 다양하기 때문에 유네스코 지정 세계의 문화유산으로 선정되었다. 개인용 비행기를 타고 동아프리카의 여러 지역 위를 날며 화석이 나올 만한 곳을 관찰하던 리차드는 당시에는 루돌프 호수라 불리던 투르카나 호수의 동쪽 지역을 주목하게 되었고 그곳에서 자신만의 발굴 캠프를 열 계획을 세웠다. 루돌프 호수야말로 자신의 나라인 케냐에 있었고 아직 아무도 제대로 발굴을 해본 적이 없는, 세상에 아직 알려지지 않은 곳이기에 독립을 꿈꾸던 리차드에게는 최적의 장소였다. 그는 이곳에서만큼은 아버지의 도움을 받지 않고 자신의 힘만으로 발굴을 하리라 결심했다. 하지만 그에게는 그런 발굴을 주도할 만한 돈이 없었다. 그렇다고 포기할 리차드가 아니었다.

1968년 루이스와 리차드는 내셔널 지오그래픽 사와 회의에 참가하기 위해 미국행 비행기에 몸을 싣는다.《내셔널 지오그래픽》에서 오모 지역 발굴에 드는 비용을 대주었기 때문에 지난해 발굴 결과를 보고하고 다음해에도 지원해줄 것을 요청하러 가는 출장이었다. 회의가 시작되자 루이스부터 그 결과를 보고하기 시작했고 그 뒤를 이어 리차드가 자신의 발굴 결과를 보고했다. 그런데 보고가 끝나갈 무렵 리차드는 다음과 같은 말을 덧붙였다. "저는 내년에 오모 발굴에 참가하지 않을 것입니다. 그 대신 제가 발견한 더 큰 가능성을 지닌 곳에서 발굴을 해보려고 합니다. 케냐의 루돌프 호수 유역인데 그 연구비를 내셔널 지오그래픽에서 대주셨으면 합니다." 아버지와 한마디 상의도 없이 리차드는 이런 요청을 했고 이런 아들의 예상치 못한 행동에 아버지 루이스는 또 한 번 놀랄 뿐이었다. 내셔널 지오그래픽은 심사숙고 끝에 그의 요구를 받아들였다. "당신에게 연구비를 지원하겠습니다. 하지만 만약에 가치 있는 발견을 하지 못할 경우 다시는 우리에게 연구비를 받을 생각은 하지 않으시는 것이 좋을 것입니다." 이렇게 하여 리차드는 드디어 아버지 루이스 리키의 그늘에서 벗어나 자신의 연구비를 가지고 자신이 지휘하는 최초의 발굴을 시작하게 된다.

독립적인 발굴의 시작
—

리차드가 지휘한 투르카나 발굴은 매우 성공적이었고 이 지역에서는 그 뒤에도 수많은 화석늘이 발견되어 오늘날까지도 발굴이 계속 진행되고 있다. 리차드 팀이 발견한 여러 개의 화석 인류 중에 그를 유명하게 만들어준 중요한 화석이 있으니 이름하여 KNM-ER 1470 두개골이다. 이 화석이 1972년에 처음 발견되었을 때에는 수많은 조각으로 부서진 상태였는데 그 조각만으로도 이것이 여러 가지 면에서 심상치 않은 화석임을 알 수 있었다. 하지만 리차드는 이 조각을 맞출 만큼 끈기가 없었기에 그는 이 화석을 아내 미브 리키에게 맡기고 계속 발굴을 진행했다. 몇 달 동안 이 화석 조각을 붙들고 마치 퍼즐을 맞추듯 이리 맞춰보고 저리 맞춰본 끝에 미브는 1470의 모습을 거의 완벽하게 재현해냈다. 처음에 예상했던 대로 1470은 중요한 화석이었음이 분명해졌다.

루이스는 평생에 걸쳐 인간의 조상 '격'인 오스트랄로피테쿠스가 아닌 진정한 인간의 조상인 호모 속[註]에 속하는 가장 오래된 화석을 발견하기를 원했다. 하지만 루이스를 일약 스타로 만들어주었던 '진지'도 오스트랄로피테쿠스였고, 루이스가 발견한 진정한 인류의 조상인 호모 속[註]의 화석 인류들은 그리 오래 전의 화석이 아니었다. 비록 그가 원하는 것을 끝내 발견하지 못했지만 루이스는 이번에도 그 특유의 낙천적인 믿음으로 수십만 년이 아닌 수백만 년 전에 이미 아프리카에서 호모 속[註]의 조상이 살았을 것이라고 주장했다. 루이스가 40년 동안 찾았으나 발견하지 못했던 호모 속[註]의 진짜 조상을 찾아준 것이 그의 아들 리차드였고, 그 화석이 바로 1470이었다.

KNM-ER 1470 두개골은 두뇌 용량이 800cc에 가까워 오스트랄로피테쿠스보다는 훨씬 컸으며, 그 외에도 두개골의 다양한 모습으로 볼 때, 호모 속[註]이 틀림없다는 것으로 학자들의 의견

아프리카에서 발견된 호모 속
KNM-ER 1470 화석

이 모아졌다. 게다가 이 화석 인류가 아프리카에 살았던 때가 약 180만 년 전임이 밝혀졌으니 이것이야말로 루이스가 찾던 화석이 분명했다. 1470이 처음 발견되었을 당시에는 잘못된 연대 측정으로 인해 이 화석이 자그마치 3백만 년 전의 것이라고 추정되었다. 리차드는 단숨에 아버지를 찾아가 이 화석을 보여주었다. 이를 꼼꼼하게 살펴본 루이스가 말했다. "백 점이야. 네게 백점을 주겠어." 감격의 순간이었다. 평생을 삐걱거리는 사이였던 아버지와 아들은 이 화석으로 그동안 불편했던 관계를 해소하게 되었다. 하지만 안타깝게도 그로부터 얼마 지나지 않아 루이스는 세상을 떠났다. 오늘날 KNM-ER 1470은 호모 루돌펜시스^{Homo rudolfensis}로 분류된다.

리차드는 한번 해야겠다고 마음먹으면 무엇이든 닥치는 대로 밀고 나가는 성격의 소유자였다. 물론 그의 이런 성격 중 상당부분이 아버지한테서 물려받은 것임이 틀림없지만 사실 그 배경에는 말 못할 사정이 있었다. 조금만 일을 해도 쉽게 피곤해하던 리차드는 스물다섯의 젊은 나이에 신상 기능에 심각한 이상이 있다는 진단과 함께 길어야 10년밖에 살지 못할 것이라는 진단을 받았던 것이었다. 20대 중반의 야심찬 청년 리차드에게 이는 청천벽력과 같은 소식이었다. 어차피 그만큼밖에 살지 못한다면 하고 싶은 일을 다하고 가야겠다고 마음먹은 리차드는 자신의 병을 아내인 미브를 제외한 아무에게도 알리지 않았다. 그리고 이전보다 더 열정적으로 화석 발굴에 임했다. 리차드는 점점 말라갔고 성격도 신경질적으로 변했다. 하지만 어머니인 메리까지도 그런 그의 변화를 스트레스 때문이라고 생각했을 뿐 그가 그런 병을 숨기고 있으리라고는 상상도 하지 못했다. 쉬지 않고 오로지 앞만 보고 달리던 리차드는 30대 초반에 이미 고인류학계에 자신의 이름을 널리 알리게 되었다. 처음 신장병 진단을 받았던 때로부터 정확히 10년이 지났을 때 리차드의 병세는 지나치게 악화되어 있었다. 결국 그는 동생 필립 리키한테서 신장 이식을 받게 된다. 케냐 최초의 백인 국회의원이 된 필립 리키는 어린 시절부터 형이었던 리차드와 사이가 좋지 않았기에 이 둘은 오랜 시간 동안 연락을 하지 않고 지냈다. 하지만 형의 상태를 전해들은 필립은 한 치의 주저도 없이 신장을 기증했고 이로써 어색했던 형제의 사이가 회복되었다. 신장 이식은 성공적이었고 리차드는 더 이상 건강을 걱정할 필요가 없게 되었다.

건강을 회복한 리차드는 다시 학계로 돌아왔다. 1980년대 중반에 그의 팀은 놀라운 화석들을 계속해서 발견했다. '투르카나 보이Turkana Boy'라는 애칭으로 더 잘 알려져 있는 KNM-WT 15000은 머리끝부터 발끝까지 거의 모든 뼈가 그대로 발견된 160만 년 전 호모 속屬 화석이다. 뼈의 성장 상태로 볼 때 이 화석의 주인

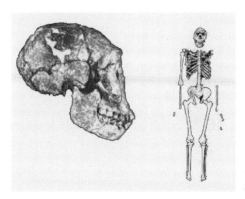

리차드가 발견한 투르카나 보이
화석

은 열두 살 정도에 사망한 남자 아이인 것을 알 수 있었으며 사
망 당시의 키가 160센티미터 정도 되었던 것으로 추정되어 당시
성인 남자의 신장이 이미 오늘날 우리와 비슷했음을 밝혀주었
다. 투르카나 보이로 세상을 놀라게 한 리차드 팀은 그 다음해에
보존 상태가 완벽에 가까운 하나의 두개골을 발견한다. 세계적

화석 번호는 어떻게 붙이나요?

화석 인류가 발견될 때마다 고유한 번호를 붙이는데, 그 번호만 보아도 어디
서 발견된 화석인지를 알 수 있도록 되어 있다. 리차드를 유명하게 만들어준
KNM-ER 1470의 예를 보자. 이 화석은 리차드가 새롭게 발굴을 시작한 루
돌프 호수에서 발견되었는데 이 번호에 그것이 나타나 있다. KNM은 국립
케냐 박물관인 Kenya National Museum의 약자이고 그 뒤에 붙은 ER은
루돌프 호수의 동쪽이라는 의미의 East Rudolf이며 1470은 고유 번호이다.
루이스와 메리 리키의 첫 번째 화석인 '진지'의 화석 번호는 OH5인데, 이는
올두바이 화석 인류 5번이라는 Olduvai Hominid 5를 의미한다. 1974년에
발견된 유명한 화석 '루시'는 그것이 발견된 아파르 지역이라는 뜻의 Afar
Locality를 따서 AL 288-1이라고 한다.

인 영국 해부학자인 알란 워커 ^{Alan Walker}가 250만 년 전에 살았던 것으로 추정되는 오스트랄로피테쿠스 화석 KNM-WT 17000을 발견한 것이다. 이 화석에는 '검은 두개골'이라는 별명이 붙었는데, 이는 두개골이 묻혀 있던 곳에는 망간이 많이 함유되어 있어 이로 인해 두개골이 검은색으로 변했기 때문이었다. 오늘날 '투르카나 보이'는 호모 에렉투스 혹은 호모 에르게스터 ^{Homo ergaster}로, '검은 두개골'은 오스트랄로피테쿠스 이티오피쿠스 ^{Australopithecus aethiopicus}로 분류된다.

인류학자에서 환경 운동가로
—

KNM-ER 1470에 이은 투르카나 보이와 검은 두개골 같은 멋진 발견들에도 불구하고 리차드는 점점 인류학계에서 멀어져 갔다. 케냐에서 태어나 케냐에서 자랐고 한때 야생 사파리 관광 사업을 운영했던 그를 사로잡은 새로운 관심사가 생겼으니 바로 야생 동물 보호였다. 당시 케냐에서는 코끼리의 상아와 코뿔소의 뿔을 노린 밀렵이 성행하면서 코끼리와 코뿔소의 수가 급격히 줄어들고 있었다. 이를 막아야 한다고 생각한 리차드는 인류학 발굴을 그의 아내 미브에게 맡기고 본격적으로 동물 보호가의 길로 접어든다. 1990년대 초반에 그는 5년에 걸쳐 케냐 야생동물 관리국의 총책임자로 일했다. 그런데 케냐에서 야생동물 밀렵이 성행할 수 있었던 배경에는 케냐의 부패한 고위 관료층들이 있었다. 그들이 뇌물을 받는 대가로 밀렵을 묵인해주었던 것이다. 리차드는 이 고리를 끊지 않으면 밀렵을 중단할 수 없을 것이라 생각해 그들의 비리를 폭로했다. 상황이 이렇다 보니 그에게는 적이 많이 생겼지만 이에 굴할 리차드가 아니었다. 1993년 어느 날 리차드가 조종하던 개인용 비행기의 엔진이 갑자기 멈추면서 추락 사고가 발생했다. 비행기 조종에 능숙하던 리차드였기에 사망자가 발생하지는 않았지만 리차드는 심한 부상을 입었다. 이 사고가 단순한 사고였는지 아니면 누군가의 암살 시도였는지는 끝내 밝혀지지 않았으나 리차드는 이 사고로 두 다리의 무릎 아래 부분을 잃었다.

심각했던 신장병도 그의 인류학에 대한 열정을 막을 수 없었던 것처럼 의족을 달고 목발을 짚고 걸어야 하는 상황도 리차드의 야생동물 보호에 대한 헌신적인 노력을 멈추게 할 수는 없었다. 그는 여전히 세계를 누비며 야생동물 보호의 중요성을 강연하면서 기금을 마련하고 있고, 아프리카를 누비며 야생동물 보호를 위한 활동을 펼치고 있다.

미브 리키, 루이즈 리키로 이어지는 가문의 영광

루이스 리키의 세 아들 중에 유일하게 인류학의 길로 접어든 둘째 아들 리차드 리키. 그는 그의 아버지 못지않은 열정으로 아프리카에서 여러 개의 굵직굵직한 발굴을 주도했다. 그의 곁에 항상 같이 있으면서 그의 발굴을 더욱 빛내주었던 여성이 있었으니 바로 그의 아내 미브 리키였다. 미브 리키는 메리 리키가 그랬던 것처럼 결코 남편보다 못한 학자가 아니었다. 30년이 넘는 기긴 동안 국립 케냐 박물관에서 일해온 미브 리키는 메리 리키처럼 조용조용한 성품의 소유자이다. 그 때문에 늘 활력에 넘치던 남편 리차드 리키 뒤에 가려지기 십상이었지만 그렇다고 해서 미브 리키의 연구 업적까지 가려진 것은 아니었다. 산산조각이 난 채로 발견되어 복원이 쉽지 않아 보이던 화석을 끈기를 가지고 맞춰서 세상에 내놓은 이도 미브 리키였고, 1999년 《네이처》지를 통해 케냐에서 발굴된 새로운 화석 인류를 발표한 이도 미브 리키였다.

영국의 웨일스 대학에서 동물학을 전공한 미브 엡스^{Meave Epps}는 졸업 뒤에 동물학과 관련된 직업을 구하려 했다. 하지만 여전히 여성에게 보수적이었던 1960년대 영국에서 미브가 그런 직장을 찾는 것은 쉽지 않았다. 그러던 중 루이스 리키가 《타임》지에 실은 구인 광고를 보았다. 당시에 루이스가 케냐에 설립했던 영장류 연구소인 티고니 연구소에서 일할 사람을 찾는다는 광고였다. 미브가 그곳에 전화를 걸었을 때 그 전화를 받은 사람은 그로부터 5년 뒤에 시아버지가 될 루이스 리키였다. 미브와 루이스는 인터뷰를 위해 영국에서 처음 만나게 되는데 그 장소는 바로 제인 구달의 어머니인 밴 구달의 집이었다. 루이스는 이번에도 늘 그렇듯이 인류학과 전혀 상관없는 질문을 했다. 자동차는 고칠 줄 아느냐, 동물을 키워봤느냐 같은 질문이 이어졌고 마침내 미브는 1965년 처음으로 케냐에 발을 디디게 되었다.

케냐의 티고니 연구소에서 콜로버스 원숭이를 연구한 미브는 그 주제로 웨일스 대학에서 박사학위를 받았다. 미브는 케냐 박물관에 있던 리차드의 사무실에서 그를 처음으로 만났다. 그다지 특별할 것이 없었던 첫 만남이었지만 이후 리차드와 미브는 콜로버스 원숭이를 함께 해부하며 점점 더 가까워졌다. 리차드와 당시 그의 부인이었던 마가렛은 결혼 초기부터 의견 충돌이 잦았다. 마가렛은 리차드가 끝내 대학에 진학하지 않은 것을 못마땅하게 여겼고 그가 계속해서 아버지의 그늘 아래에서 일할지도 모른다는 것 역시 달가워하지 않았다. 리차드 역시 그런 마가렛에게 불만이 많았다. 그들의 결혼 생활이 흔들리던 때에 리차드와 마가렛의 첫딸이 태어났다. 하지만 이미 벌어진 두 사람의 사이를 자식이 좁혀 줄 수는 없었다. 결국 그들은 이혼을 했고, 이후 1970년에 리차드는 미브와 결혼했다. 아버지 루이스가 프리다와 이혼하고 메리와 결혼했던 때와 놀랍도록 비슷한 상황이었다.

리차드와 미브는 잘 어울리는 한 쌍의 인류학자였다. 이들이 흰 천으로 머리를 휘감은 채 낙타를 타고 아프리카의 뜨거운 태양 아래를 누비는 모습을 담은 사진이 언론을 통해 전 세계에 소개되었다. 이는 순식간에 수많은 젊은이들을 사로잡았고 그로 인해 많은 대학에서 인류학 강좌가 큰 인기를 끌었다. 남편 리차드가 심각한 신장병을 앓고 있었던 것을 알았기에 미브는 더욱 열심히 리차드를 보살펴주며 힘을 북돋워주었다. 훗날 리차드가 사경을 헤맬 때 그가 끝까지 생의 끈을 놓지 않을 수 있었던 것은 순전히 자신의 아내 미브가 옆에 있어주었기 때문이라고 하니 이들이야말로 천생연분이다. 이들의 환상적인 콤비는 발굴 현장에서 더욱 돋보였다. 불같은 성격의 리차드는 끊임없이 새로운 화석을 찾아내는 데 적합한 인물이었다. 그리고 발굴한 화석을 꼼꼼하게 연구·분석하는 데에는 미브가 적격이었다. 미브와 리차드의 첫딸인 루이즈 리키가 태어난 지 얼마 되지 않아

미브 리키와 루이즈 리키

KNM–ER 1470 화석이 조각난 채로 발견되었다. 이를 맞출 만한 끈기와 능력을 가졌던 미브는 태어난 지 2주밖에 되지 않았던 루이즈를 투르카나 호수 발굴 현장으로 데리고 가 그늘에 앉혀 놓고 자신은 그 옆에서 화석 조각을 맞췄다.

남편 리차드가 야생동물 보호 활동 쪽으로 관심사를 돌리게 된 후 고인류학자로서 리키 가족의 명성을 이어가는 사람은 더 이상 리차드가 아닌 미브 리키였다. 1982년에 미브 리키는 국립 케냐 박물관 고생물학 분과의 책임자가 되어 약 20년간 그 자리를 지켰다. 미브 리키는 리차드가 시작한 투르카나 호수 발굴 프로젝트를 이어받아 지휘하게 되고 리차드 못지않게 많은 화석들을 발견해냈다. 특히 1999년에는 350만 년 전의 것으로 밝혀진 새로운 화석 인류 케냔트로푸스 플레티옵스^{Kenyanthropus platyops}를 발견해 학계를 다시 한 번 놀라게 했다.

이 화석 발굴 팀에 속해 있던 리키 가족이 또 한 명 있었으니 바로 생후 2주부터 아프리카의 평원에 앉아서 하루를 보내곤 했던 리차드와 미브의 첫딸 루이즈 리키였다. 리키라는 이름 자체만으로도 어느 정도는 부담을 느끼는 것이 사실이라고 말하는 리키 가족의 제3세대인 루이즈 리키는 얼마 전에 런던 대학에서 고생물학으로 박사 학위를 받고 현재 어머니인 미브 리키와 함께 투르카나 지역에서 발굴을 지휘하고 있다. 루이즈는 자신의 역할은 한 개인으로서 리키라는 이름 자체를 잇는 것보다는 실력 있는 발굴 팀 하나를 구성해 더욱 수준 높은 연구를 하는 것이라고 생각하고 있다. 특히 루이즈는 발굴 팀에 더 많은 케냐인들을 참가시키고 그들에게 고등 교육을 충분히 받을 수 있는 기회를 제공할 수 있도록 하기 위해 많은 노력을 기울이고 있다. 할아버지로부터 아버지에게 전해진 넘치는 에너지와 열정을 고스란히 물려받은 루이즈는 투르카나에 위치한 쿠비 포라^{Koobi Fora}에 있는 임시 연구소를 정식 연구소로 만드는 일에도 힘을 쏟고 있다. 이렇게 리키 가문의 영광은 계속되고 있다.

만남 6

루이스 리키와 그의 세 천사들

제인 구달과 일본 교토 대학 영장류 연구소 소속 연구원들의 오랜 노력 덕분에 우리는 우리와 유전적으로 단 2퍼센트밖에 차이가 나지 않는 침팬지라는 동물에 대해 참으로 많은 것을 알게 되었다. 물론 아직도 인간이 침팬지에 대해 아는 것만큼이나 모르는 것도 많은 상황이지만 이들의 선구적이고 열정적인 연구가 없었더라면 그마저 알아내기도 힘들었을 것이다. 그렇다면 침팬지보다는 인간과 덜 비슷하지만 지구상의 다른 동물들에 비해서는 여전히 인간과 가장 가까운 나머지 유인원인 고릴라와 오랑우탄에 대해서 우리는 무엇을 알고 있을까?

다이앤 포시의 고릴라 연구
———

제인 구달의 침팬지 연구가 성공적으로 이루어지자 루이스는 고릴라 연구를 할 만한

162 제인 구달 & 루이스 리키

사람을 찾기 시작했다. 물론 야생 고릴라 연구가 그때까지 전혀 이루어지지 않았던 것은 아니다. 제인이 곰비에서 침팬지 연구를 시자하기 한 해 전에 미국 위스콘신 대학 출신의 동물학자 조지 쉘러 George Schaller, 1933~는 콩고의 산꼭대기 밀림에서 자신의 아내와 함께 몇 달을 거주하며 야생 고릴라를 관찰했다. 그것은 최초의 야생 유인원 연구였고 그 방법 면에서나 내용 면에서 매우 훌륭했다. 하지만 콩고의 정치적 상황이 악화되면서 쉘러 부부는 연구를 무기한 연기하고 그곳에서 철수했다. 그 과정에서 그는 루이스 리키를 통해 소개받은 제인 구달의 곰비 캠프를 방문해서 아직 시작 단계에 있는 연구를 위해 조언을 아끼지 않았다. 조지 쉘러는 1963년에 마운틴 고릴라의 행동과 생태를 다룬 책을 발간했으나 다시 그곳으로 돌아가지는 않았다. 이렇게 야생 고릴라에 대한 연구는 진행이 멈춰있는 상황이었다. 이때 1966년 미국 켄터키 주에서 강연을 마친 루이스에게 자신이 고릴라를 연구하고 싶다며 다가온 여성이 있었다. 그 여성은 서른세 살의 다이앤 포시 Dian Fossey, 1932~1985였다.

훤칠한 키에 짙은 검은 눈을 가진 여인, 어렸을 때부터 동물에 대한 사랑이 각별했던 다이앤은 수의사가 되려고 했으나 상황이 여의치 않아 산호세 주립대학에서 물리치료사 학위를 받았다. 다이앤이 서른 살을 갓 넘겼을 무렵 더 늦기 전에 어렸을 적부터 꿈꾸었던 아프리카 사파리 여행을 떠나기로 결심했다. 은행에서 대출까지 받아 떠난 아프리카 여행 중에 다이앤은 올두바이 계곡에 들렀고 그곳에서 처음으로 루이스 리키를 만났다. 이때 다이앤은 그에게 고릴라들 보러 가는 것도 여행 계획에 포함되이

루이스에게 '고릴라 여성'으로 발탁된
다이앤 포시

있다는 이야기를 했고 이에 루이스는 다이앤에게 행운을 빌어
주었다. 3년 뒤 두 사람은 미국에서 다시 만났고 고릴라를 연구
하고 싶다는 다이앤에게 루이스는 동물을 사랑하는지, 외로움
은 잘 견딜 수 있는지와 같은 몇 가지 질문을 했다. 제인 구달처
럼 어렸을 때부터 수많은 동물들을 키워온 다이앤이었기에 이
질문에는 확신이 있었다. 이렇게 하여 루이스는 다이앤 포시를
'고릴라 여성'으로 발탁하게 된다. 다이앤도 제인처럼 동물행동
학에 관한 어떤 정식 교육도 받은 적이 없었지만 정규 교육이나
학위를 그다지 중요하게 여기지 않았던 루이스는 이번에도 다
이앤의 열정을 높이 평가하여 다이앤을 고릴라 연구자로 선택
했다. 1967년 다이앤은 제인 구달의 곰비 캠프에 잠시 들렀다가
마침내 콩고의 비룽가라는 곳으로 고릴라 연구를 시작하기 위해
떠난다.

고릴라는 서식지에 따라 크게 두 종류로 나뉜다. 오늘날 대부
분의 동물원에서 볼 수 있는 고릴라는 아프리카 서부에 서식하는
서부 고릴라Western gorilla로 전 세계적으로 약 3만 5천 마리가량이
있는 것으로 알려져 있다. 반면 아프리카 동부에 서식하는 고릴

라인 동부 고릴라 Eastern gorilla 중에서도 높은 산 위에 사는 고릴라를 마운틴 고릴라라고 하는데 이 고릴라의 경우 전체 수가 7백 마리도 채 되지 않는 것으로 추정된다. 다이앤은 바로 멸종 위기에 놓여 있는 마운틴 고릴라를 연구하기로 했다. 다이앤의 연구는 시작부터 쉽지 않았다. 제인이 침팬지를 연구하던 곰비는 숲이 우거진 밀림이었지만 화창한 날이 많아 무조건 어둡지만은 않았다. 게다가 강가에 위치하고 있어 배로 바깥 지역 사람들과 언제든지 어렵지 않게 교류할 수 있었다. 하지만 다이앤이 연구를 위해 떠난 비룽가 지역의 상황은 곰비와 많이 달랐다. 일단 고릴라들은 보통 해발 2천 미터가 넘는 높은 지역에 서식하기 때문에 그 곳까지 오르는 데에만 몇 시간이 걸렸다. 산꼭대기에 도달해 적당한 곳에 텐트를 치고 베이스캠프를 설치한 다이앤은 그 뒤 몇 달 동안 심한 추위와 습기 그리고 외로움과 싸웠다. 하지만 고릴라를 직접 야생에서 볼 수 있다는 것에 희열을 느끼면서 외로움을 견딜 수 있었다.

한번은 콩고 반군 세력이 외국인을 대상으로 테러를 감행하며 비룽가의 깊은 산속까지 들이닥쳤다. 외부와 접촉이 없었던 다이앤은 이런 사실을 전혀 모르고 있다가 속수무책으로 반군에게 끌려가 몇 날 며칠을 감옥에 수감되어 온갖 수모를 겪어야 했다. 다행히 다이앤의 상황을 알게 된 루이스는 비행기를 보내 다이앤을 구출해 올두바이 계곡에서 쉬게 해주었다. 기력을 회복한 후 다이앤은 정치적으로 불안한 콩고 지역을 피해 르완다 쪽으로 연구지역을 바꿨다. 그리고 그곳에 카리소케 Karisoke 연구소라는 자신의 캠프를 실시했다. 이 가리소케 연구소는 오늘날까지

채 7백 마리도 남지 않아 멸종 위기에 처한
마운틴 고릴라

도 고릴라 연구의 중심지로 꼽히고 있다. 야생 고릴라 연구가 3
년을 넘어가게 되자 루이스는 다이앤 역시 제인 구달처럼 케임
브리지 대학에서 동물학 박사 학위를 받을 수 있도록 해주었다.
그 덕분에 다이앤은 1970년부터 약 5년을 영국에서 보내며 지난
몇 년간 관찰했던 고릴라에 관한 내용으로 박사 학위를 받게 된
다. 이후에 잠시 미국 코넬 대학에 자리를 잡기도 했으나 대부분
의 시간을 카리소케 캠프에서 고릴라와 함께 보내며 『안개 속의
고릴라Gorillas in the Mist』라는 대중 과학 서적을 출간해 고릴라라는
동물을 세상에 널리 알렸다.

조지 쉘러의 선구적인 연구와 그를 이은 다이앤 포시의 18년
간의 연구 덕분에 오늘날 우리는 마운틴 고릴라에 대해 많은 것
을 알게 되었다. 고릴라는 침팬지에 비해 적은 수가 함께 모여
무리를 이루고 산다. 침팬지의 경우 많은 수컷과 암컷이 섞여 있
지만 고릴라는 한두 마리의 우두머리 수컷이 한 무리를 지배하
며 살아간다. 이 우두머리 수컷을 실버백silverback이라고 하는데
그 이유는 그들의 등에 있는 털이 화려한 은백색이기 때문이다.
실버백 고릴라는 그 무리가 어디로 이동할지 무엇을 먹을지 등

을 결정하는 권한을 가지고 있으며 외부 고릴라의 침입에서 자신의 무리를 지켜야 하는 의무도 지니고 있다. 우두머리 수컷 밑에는 어린 수컷 몇 마리가 함께 살지만 그들은 성장이 끝나면 새로운 집단을 이루어 독립해야 한다. 반면 암컷들은 계속해서 그 집단에 남아서 새끼를 낳아 기른다. 고릴라도 다른 영장류와 마찬가지로 어미와 새끼의 유대관계가 매우 끈끈한 동물이다. 암컷 고릴라는 열 살 전후에 새끼를 가질 수 있게 되는데 이때 태어난 새끼와 4년 가까이 밀착하여 지낸다. 성장이 끝난 수컷 고릴라는 몸무게가 180킬로그램에 이르는 거구가 되지만 암컷은 수컷의 절반인 90킬로그램 정도밖에 자라지 않는다. 아무리 암컷이 수컷에 비해 작다고는 하지만 대부분의 사람보다 훨씬 덩치가 크고 힘이 센 것이 사실이다. 따라서 이런 고릴라를 야생에서 연구한다는 것은 늘 위험을 수반한다. 한 번 상상해보자. 1백에서 2백 킬로그램까지 나가는 고릴라 여러 마리를 열대 우림 속에서 마주치면 당신은 어떻게 하겠는가. 게다가 고릴라의 경우 킹콩처럼 가슴을 마구 두드리며 '우우우우' 소리를 내기도 하는데 이런 고릴라와 마주쳤을 때 도망가지 않을 자신이 있는지!

　하지만 고릴라는 킹콩의 이미지와는 달리 너무도 온순한 동물이라는 것이 다이앤의 연구로 세상에 알려졌다. 물론 고릴라가 화가 났을 때 혹은 상대방을 위협해야 할 때에는 킹콩처럼 자신의 몸을 일으켜 가슴을 두드리며 소리를 지르는 것이 사실이지만 이는 심한 위협을 느꼈을 때에만 하는 행동이지 일상적인 것은 아니다. 대개의 경우 고릴라들은 서로 가벼운 장난을 치면서 평화롭게 지내는 편이며 침팬지와는 달리 집단 내에서 혹은 집단끼리 싸움은 거의 일어나지 않는다. 그리고 고릴라는 아주 적은 양의 개미를 가끔 먹는 것을 제외하고는 완벽한 채식을 하기 때문에 다른 동물을 사냥할 일도 없다. 그들이 서식하는 산꼭대기에는 많은 나무가 자라는데 주로 그 잎과 새싹 그리고 야생 열매가 고릴라의 주식이다. 덩치가 산만큼 큰 수컷 고릴라의 경우에는 하루에 자그마치 30킬로그램 정도의 풀을 먹는 것으로 알려져 있으니 그 먹성이 참으로 대단하다. 다이앤이 고릴라와 밀착 생활을 하며 연구를 시작한 지 3년 만에 드디어 '피넛'이라는 이름의 커다란 수컷 고릴라가 다가와 다이앤의 손을 만졌다. 추위와 습기, 외로움을 견딘 끝에 마침내 고릴라들이 다이앤에게 경계심을 풀고 자신들의 사회로 받아들여준 것이었다.

다이앤은 평생을 외롭게 지냈다. 부모는 다이앤이 어렸을 때 이혼을 했고 그 뒤 다이앤은 어머니와 의붓아버지 밑에서 자랐다. 제인 구달의 어머니가 제인에게 아낌없는 사랑을 주며 키웠던 것과 달리 다이앤의 어머니는 차갑기만 했다. 다이앤이 루이스 리키를 통해 고릴라 연구를 하게 되었다며 기쁜 마음에 전화를 했을 때에도 어머니는 한마디로 미친 생각이라고 잘라버렸다. 가정에서도 늘 이렇게 외로움을 느끼며 자랐던 다이앤은 자신도 제인과 휴고처럼 고릴라 연구와 함께 멋진 로맨스를 키울 수 있기를 바라기도 했다. 하지만 다이앤에게 그런 애인은 나타나지 않았다. 이런 상황에서 다이앤에게 충실했으며 어렸을 때부터 함께 시간을 보내는 것을 좋아했던 고릴라 '디지트 Digit'가 나타났다. 비록 디지트와 다이앤은 직접적으로 대화를 하기는 힘들었으나 그들은 종종 함께 앉아 서로를 간질이며 놀기도 했고 야생 셀러리를 함께 뜯어먹기도 했다. 언뜻 이상한 이야기처럼 들릴지도 모르지만 이것은 자신이 연구하던 고릴라를 진정으로 사랑한 다이앤이었기에 가능한 일이었다. 실버백 고릴라 디지트를 통하여 다이앤은 외로움을 달랬고 고릴라에 대해 더 많은 것을 배우게 된 것이다. 그러던 어느 날 밀렵꾼들이 디지트를 잔인하게 죽이는 사건이 발생했다. 외롭던 인생의 유일한 낙이었던 디지트의 죽음에 다이앤은 큰 충격을 받았고 이를 계기로 대대적인 고릴라 보호 운동을 펼치기 시작했다. 밀렵꾼들한테서 고릴라를 보호해 달라는 다이앤의 절절한 호소가 《내셔널 지오그래픽》을 통해 세상에 알려지게 되자 많은 사람들이 기부금을 보내왔다. 그 돈으로 다이앤은 '디지트 기금'을 설립해 본격적으로 밀렵꾼과의 전쟁에 들어갔다.

밀렵꾼들이 고릴라를 죽이는 것은 그다지 희귀한 일이 아니었다. 다이앤이 처음으로 고릴라 연구를 시작했을 때 이미 고릴라 사냥이 이루어지고 있었다. 그때부터 다이앤은 고릴라들을 보호하기 위해 음으로 양으로 노력했으며 이를 지켜보던 루이스 리키는 다이앤에게 신변의 안전이 더 중요하다면서 현지 주민들과 괜한 싸움을 일으키지 말라고 당부했다. 하지만 목과 손이 잘린 채 피를 흘리며 죽어 있는 고릴라들을 볼 때마다 다이앤은 밀렵꾼들에 대한 적개심을 억누를 수가 없었다. 코끼리는 상아를, 악어는 가죽을 노려서 밀렵을 한다고 하는데 과연 고릴라는 무엇을 노리고 죽이는 것일까? 이는 대부분이 고릴라 새끼를 애완동물로 갖고 싶어 하는 사람들 때문이다. 그런데 앞에서 말한 것처럼 새끼 고릴라들은 한 무리 내에서 이미의 우두머리 수컷의 보호를 받으며 지내기 때문에 그 새끼 고릴라를 잡으려면 그 무리의 다 큰 고릴라들까지 죽여야 하는 경우가 많다. 그렇게 잡힌 새끼들은 밀렵꾼의 손을 통해 어딘가로 넘어가고 숲 속에는 무참히 살해된 커다란 고릴라들이 남게 된다. 고릴라 연구에 젊음을 바친 다이앤에게 이것은 도저히 용납할 수 없는 끔찍한 일이었다. 결국 다이앤은 자신이 직접 나서서 밀렵꾼들이 쳐놓은 사냥 그물을 끊고 다녔으며 밀렵을 하는 것처럼 보이는 동네 주민들과의 싸움도 서슴지 않았다. 그러던 중 다이앤은 고릴라 캠프에 침입한 괴한에 의해 잔인하게 살해된 채 발견된다. 1985년 크리스마스 다음날의 일이었다. 이 사건은 끝까지 의문으로 남게 되었으나 자신들에게 돈이 되는 밀렵을 하지 못하게 하는 것에 반감을 품은 이의 소행으로 짐작되고 있다. 이렇게 하여 다이앤이 고릴라와 함께한 18년의 세월은 끝이 났고 다이앤은 자신이 가장 사랑하던 고릴라가 사는 비룽가 산속에 묻혔다.

한때 적극적인 고릴라 보호 운동으로 다이앤은 고릴라에 미친 여자로 소문이 나기도 했고, 이 때문에 그녀의 헌신적인 연구보다는 고릴라 보호에 적극적으로 나섰던 동물애호가 정도의 모습으로만 다이앤을 인식하는 사람들도 많다. 하지만 다이앤은 누구보다도 고릴라를 사랑했으며 서른 편이 넘는 과학 논문을 발표한 진정한 학자였다.

그리고 다이앤이 설립한 디지트 기금은 이후에 '다이앤 포시 국제 고릴라 기금The Dian Fossey Gorilla Fund International'으로 이름을 바꾸어 오늘날까지도 고릴라 연구와 보호를 위해 활발한 활동을 펼치고 있으며 다이앤의 카리소케 연구소도 여전히 고릴라 연구의 중심지로 자리잡고 있다.

비루테 갈디카스와
오랑우탄
—

1969년 루이스는 이미 예순을 훌쩍 넘기고 일흔을 바라보는 나이였는데도 연구 기금을 마련하기 위한 수많은 강연 일정을 소화해내고 있었다. 이미 백발이 성성한 노인이었지만 청중을 사로잡는 특유의 카리스마는 변함이 없었다. 오늘날 이른바 오빠 부대라 일컫는 열성 팬들을 가지고 있을 정도였으니 루이스의 인기는 가히 놀라운 것이었다. 루이스는 캘리포니아 주립대 로스앤젤레스 캠퍼스^{UCLA}에서 열린 한 강연회에서 제인과 다이앤이 거둔 연구 성과를 강조함으로써 또 한 번 청중을 휘어잡았다. 그 강연을 들으면서 가슴이 터지도록 뛰던 여인이 있었으니 그 이름은 비루테 갈디카스

Birute Galdikas, 1946~ 였다.

비루테는 리투아니아 혈통을 지닌 캐나다인으로, 루이스의 강연을 들을 당시 UCLA 인류학과 석사 과정을 밟고 있었다. 학부 때 심리학과 생물학을 전공했던 비루테는 대학원 입학과 동시에 오랑우탄을 연구 주제로 정해 오랑우탄의 서식지인 보르네오 섬으로 가기 위해 여러 가지 준비를 하고 있었다. 그런 비루테에게 제인의 침팬지와 다이앤의 고릴라 연구가 얼마나 가슴 뛰게 다가왔겠는가. 강연이 끝나자 루이스 주변에는 그와 한마디라도 해보려는 사람들이 구름처럼 몰려들었다. 비루테도 그중 한 명이었다. 비루테는 루이스에게 다가가 자신이 계획중인 오랑우탄 연구에 대한 이야기를 꺼냈고 그 자리에서 루이스의 호감을 샀

루이스와의 인연으로 보르네오 섬에서
오랑우탄을 연구한 비루테 갈디카스

다. 이 길이 맞다 싶으면 주저 없이 밀고 나가는 루이스의 성격
은 이번에도 발휘되어 비루테를 만난 지 몇 시간 만에 정식 인터
뷰 약속을 잡았다. 그리하여 비루테는 루이스의 세 번째 영장류
연구 학자가 되어 1971년에 사진 작가였던 남편과 함께 오랑우
탄의 서식지인 보르네오 섬으로 떠나게 된다.

　적도상에 위치한 보르네오 섬은 면적이 우리나라의 8배 정도
로 현재 세 나라로 나뉘어 있다. 이 섬의 많은 부분을 차지하는
남쪽은 인도네시아, 북쪽은 말레이시아, 그리고 북쪽의 작은 일
부분은 브루나이에 속한다. 보르네오 섬은 열대 우림이 빽빽하
게 들어차 있는데 이 덕분에 수많은 종류의 동식물이 서식하고
있다. 그중 하나가 바로 아시아에 있는 유일한 유인원인 오랑우
탄이다. 습하고 더운 보르네오 섬에 도착한 비루테는 그곳에 캠
프를 세우고 이름을 '리키 캠프^{Camp Leakey}'라고 붙였다. 이는 자신
의 오랑우탄 연구의 꿈을 현실로 옮겨준 리키 박사에 대한 고마
움의 표시였고 리키 캠프는 오늘날까지 같은 곳에서 오랑우탄
연구의 중심지로 남아 있다.

비루테가 오랑우탄 연구를 하겠다고 했을 때 수많은 사람들은 그녀를 비웃었다. 침팬지나 고릴라와 달리 주로 열대 우림의 높디높은 나무 꼭대기에서 생활하는 오랑우탄을 연구하는 것은 만만치 않은 일이었다. 15미터 이상의 높은 나무 위에서 움직이는 오랑우탄을 도대체 무슨 수로 관찰한다는 말인가. 사람들의 예상대로 야생에서 오랑우탄을 관찰하는 것은 결코 쉬운 일이 아니었다. 하루 종일 목이 빠져라 나무 꼭대기를 바라보고 있어도 오랑우탄 한 마리를 발견하는 것조차 어려웠다. 하지만 이에 굴하지 않고 덥고 습한 보르네오 섬의 열대 우림 속에서 온 종일 나무 꼭대기만을 바라보며 쏟은 노력으로 마침내 처음 연구를 시작한 지 4년이 지난 1975년에 비루테는《내셔널 지오그래픽》잡지의 표지를 장식하게 된다. 비루테의 연구로 그동안 알려진 것이 거의 없었던, 붉은 갈색 털로 뒤덮인 이 매력적인 동물에 대한 다양한 사실이 알려지기 시작했다.

오랑우탄은 여러 면에서 침팬지나 고릴라와는 매우 다른 독특한 습성을 가지고 있다. 많은 시간을 땅에서 보내는 침팬지는 잠을 자거나 열매를 따먹을 때 나무로 올라가고, 고릴라는 새끼 때만 나무에서 주로 생활하고 이후에는 땅에서 주로 지낸다. 이에 비해 오랑우탄은 일생의 거의 대부분을 높은 나무 위에서 보내며 거의 땅에 내려오지 않는다. 또한 침팬지나 고릴라는 무리를 이루어 생활하는 반면 오랑우탄은 혼자 지내는 시간이 많다. 단 암컷의 경우 새끼를 낳으면 새끼가 자립할 수 있을 때까지 어미가 꼭 데리고 다닌다. 오랑우탄들이 서로 어울려 함께 시간을 보내는 일은 드물다. 나무와 나무 사이를 오가며 어쩌다 마주친 오랑우탄들은 대부분이 그냥 지나친다고 하니 그들은 참으로 고독한 동물이 아닌가 싶다. 이렇게 많은 시간을 혼자 지내는 오랑우탄도 수컷들은 자신만이 지배하는 영역이 있다. 그 영역 안에 암컷이 들어오는 것은 괜찮지만 다른 수컷이 들어오게 되면 '우워우워' 하는 커다란 소리를 내며 쫓아낸다. 오랑우탄은 각종 소리를 아주 크게 낼 수 있는데 이는 그들이 오밀조밀 몰려 살지 않고 멀찌감치 떨어져 혼자 지내기 때문에 발달한 능력이다. 특히 수컷의 경우 성장이 완전히 끝나면 양쪽 뺨과 아래턱 부분이 엄청난 크기로 부푸는데 이를 '뺨 패드^{Cheek pad}'라고 한다. 뺨 패드가 크면 클수록 그 속에 공기를 많이 채울 수 있어 1.5킬로미터 밖에서도 들을 수 있는 큰 소리를 낼 수 있다. 다 큰 수컷은 130킬로그램에 달할 정도로 몸집이 육중해지는 반면, 암컷의 경우 수컷의 절반인 60킬로그램 정도에 그치며 태어난 지 10년에서 15년쯤 지나서야 첫 새끼를 낳을 수 있다. 오랑우탄의 주식은 열대 우림 지역의 과일과 새싹, 꽃잎, 그리고 적은 양의 곤충과 새의 알 등이다. 그중에서도 특히 치즈와 설탕, 그리고 마늘을 섞어놓은 듯한 특이한 냄새의 과일 듀리안은 오랑우탄이 가장 좋아하는 음식 중 하나이다. 그들은 뾰족뾰족한 가시로 뒤덮인 듀리안 껍질을 까서 그 속에 있는 과육만을 먹고 씨는 함께 삼켜버린다. 이때 씨는 소화가 되지 않기 때문에 오랑우탄의 배설물과 함께 몸 밖으로 배출되고 그 씨가 땅에 묻혀 또 듀리안 나무가 자라게 된다. 그야말로 누이 좋고 매부 좋은 일이 아닐 수 없다.

침팬지, 고릴라, 오랑우탄. 이 세 동물의 공통적인 특징이 있는데, 그것은 바로 밤마다 잠자리를 새로 만들어 그곳에서 잔다는 것이다. 침팬지는 땅에서 놀다가도 잠은 꼭 나무에 올라가서 자는데 밤마다 새로운 곳을 골라 새가 둥지를 만들 듯이 나뭇가지와 나뭇잎으로 둥지를 만들고 그곳에 들어가서 잔다. 고릴라도 마찬가지로 암컷과 새끼는 나무에 올라가서 둥지를 만들고 자지만 수컷은 안타깝게도 그 무게를 감당할 수 있는 나뭇가지가 없기 때문에 주로 나무 기둥 근처에 풀로 둥지를 만들고 잔다. 오랑우탄은 하루 종일 나무 위에서 생활하고 잠도 나무에서 자는데 역시 밤마다 새로운 곳에다 둥지를 만들어 그곳에서 하룻밤을 보내고 낮잠을 자기 위해서는 더 간단한 구조로 둥지를 만들어 들어간다. 이들은 대개 5분 정도면 마치 커다란 새 둥지처럼 보이는 유인원 둥지를 완성하는데, 왜 그 속에 들어가서 자는 것인지는 여전히 풀리지 않는 의문으로 남아 있다. 여러 가지 이유가 있겠지만 사람이 잠자리를 펴고 자는 것과 비슷한 이유에서가 아닐까 예상할 뿐이다.

오랑우탄도 고릴라나 침팬지와 마찬가지로 멸종 위기에 놓인 동물이다. 하지만 오랑우탄이 멸종 위기에 놓인 이유는 밀렵이나 사냥보다는 과도한 서식지 파괴에 있다. 전 세계에 공급되는 목재와 야자유의 상당 부분이 보르네오 섬에서 나온다는 것을 감안해본다면 얼마나 빠른 속도로 그 지역의 삼림이 파괴되고 있는지 짐작할 수 있다. 나무를 자신들의 집이자 생활 공간으로 삼고 있는 오랑우탄들에게 나무의 훼손은 곧 집이 사라지는 것 같은 큰 위기였다. 물론 인간의 편리한 생활을 위하여 야자유도 중요하고 목재도 중요하지만 단지 우리가 사람이라는 이유로 오랑우탄을 비롯한 많은 동물들의 유일한 서식지를 그렇게 계속 파괴할 권리가 있는 것일까? 이에 위기감을 느낀 비루테는 1986년에 '국제 오랑우탄 기금Orangutan Foundation International'을 설립하여 본격적으로 오랑우탄 보호 활동에 들어갔다. 하지만 비루테와 많은 사람들의 끈질긴 노력에도 열대 우림 파괴는 오히려 더 빠른 속도로 진행되고 있다. 열대 우림이 가진 경제성과 그것을 수출함으로써 벌어들일 수 있는 경제적 이익을 무시할 수 없기 때문이다. 나무를 베어 외국에 파는 사람들도 자신들의 생계를 위한 일이기에 무조건 그들을 비난할 수만은 없고 그리하여 이 문제는 더욱 복잡해진다. 1990년대 중반만 하더라도 1만 2천 마리가 넘던 오랑우탄이 지금은 7천 마리도 채 남아 있지 않다. 이대로라면 앞으로 10년 정도 지나면 야생 오랑우탄은 멸종할 것이 자명한데, 이 문제를 어떻게 해결해야 하는 것일까?

비루테가 보르네오 섬에 첫발을 디딘 지도 벌써 35년이 지났고 보르네오 섬이 변한 만큼 비루테의 인생에도 많은 변화가 있었다. 처음에 비루테와 함께 보르네오 섬에 도착했던 사진 작가 남편과는 이혼을 했고, 이후 인도네시아인과 결혼한 비루테는 인도네시아 시민권을 획득했다. 하지만 비루테는 여전히 리키 캠프에서 오랑우탄을 연구하며 또 캐나다의 대학에서 학생들에게 오랑우탄을 가르치며 오랑우탄과 함께 행복한 인생을 보내고 있다.

제인 구달의 침팬지 권리 찾기

1986년 제인은 '침팬지 이해하기Understanding Chimpanzee'라는 이름이 붙은 국제 학술 회의에 참가하게 되는데 역설적으로도 이 학회를 마지막으로 제인은 과학자의 길을 접게 된다. 이때부터 제인은 침팬지를 과학적으로 연구하는 것이 아니라 침팬지 보호를 외치는 운동가로 변신한 것이었다. 나이 스물여섯에 침팬지 연구를 시작해 그로부터 정확히 스물여섯 해가 지난 이후의 일이었다. 제인 구달도 다이앤 포시도 비루테 갈디카스도 결국에는 모두 동물 보호 운동에 적극적으로 나섰다는 것은 무엇을 뜻할까? 이들은 처음부터 성공해 자신의 이름을 세상에 알리겠다는 생각으로 연구를 시작한 것이 아니었다. 침팬지와 고릴라 그리고 오랑우탄을 사랑하고 아끼는 열정이 있었기에 그들은 그 오랜 시간 동안 오지에서 연구를 할 수 있었다. 그들에게 유인원은 더 이상 단순한 동물이 아니었다. 유인원을 관찰하는 것은 맞았지만 이는 어디까지나 동등한 입장에서 이루어진 것이었을 뿐 이들에게 유인원은 실험 대상이 아니었다. 동물을 더 알게 된 만큼 그 동물들한테서 사람이 배울 수 있는 것도 많은 관계였다. 그런 동물들이 실험 대상이라는 이유로 혹은 애완용이라는 이유로 비참한 삶을 살아가는 것을 그들은 더 이상 두고 볼 수 없었다.

　제인은 전 세계에서 실험용으로 쓰이며 비참한 대우를 받고 있던 침팬지의 처우 개선과 침팬지 밀렵 방지, 침팬지 보호를 위한 본격적인 홍보 활동을 시작한다. 제인이 동물 보호가의 길로 들어서게 된 중요한 계기가 된 것은 어느 동물 보호 단체에서 제작한 실험용 침팬지의 참상에 관한 비디오테이프를 보게 되면서부터였다. 미국 메릴랜드Maryland에 자리 잡고 있던 세마Sema라는 의약품 연구소에는 침팬지와 원숭이 5백 여 마리가 살고 있었

동물 실험 당하는 침팬지

다. 이 실험용 동물들이 어떤 대우를 받으며 살고 있는지는 외부
로 전혀 알려지지 않았다. 그런데 이 연구소는 미국인의 세금으
로 운영되는 정부 기관이었기에 세금을 내는 사람들은 이에 대
해 알 권리가 있었다. 하지만 어떤 이유에서인지 세마는 어떤 정
보도 공개하지 않았고 이를 의심스럽게 생각한 동물 보호 단체
회원들이 연구소를 급습하여 그 참상을 비디오에 담아 고발한
것이다. 침팬지를 비롯한 원숭이들은 모두 전자레인지같이 생긴
통에 한 마리씩 갇혀 있었다. 그 통들은 높이가 1미터도 채 되지
않았으며 너비는 65센티미터, 깊이는 80센티미터 정도 되었다.
성장이 끝난 침팬지의 경우 그 평균 키가 1미터 안팎이고 몸무
게는 40~50킬로그램 정도 나가는데 그러한 몸집을 가진 동물이
자신의 키 높이밖에 되지 않는 통에 갇혀 지내고 있었던 것이다.
그 속에서 몸을 제대로 움직일 수도 없는 침팬지는 각종 실험을
위하여 약물을 투여받으며 그렇게 3년 정도를 살다가 죽어갔다.
　제인 구달의 연구 결과에서도 알 수 있듯이 침팬지는 사람과
마찬가지로 수십 마리가 함께 어울려 살아가는 매우 사회적인

동물이다. 자기가 속한 사회에서 함께 놀기도 하고 때로는 싸우기도 하면서 40년 정도를 살아가는 동물이 침팬지인 것이다. 어미와 새끼의 끈끈한 관계 또한 매우 중요하여 어렸을 때 어미한테서 어떤 것을 배우는지에 따라서 훗날 침팬지의 성격이 좌우된다는 사실도 밝혀졌다. 그뿐만 아니라 대부분의 원숭이 사회에서도 그렇듯이 침팬지들에게도 서로 털을 골라주는 작업은 그들 간의 친밀도를 높여주고 심리적으로 안정을 찾게 해주는 데 중요한 역할을 한다. 이 모든 것을 통틀어 볼 때 침팬지가 태어나서부터 어미는커녕 다른 침팬지와 교류가 전혀 없이 지내게 되면 우울증과 같은 정신적 이상이 나타나게 되는 것은 당연하다. 사람과 유전적으로 침팬지만큼 가까운 동물이 없기에 새로운 의약품 개발을 위해서는 침팬지 실험이 불가피할지도 모른다. 하지만 뒤집어 생각해보면 사람과 98퍼센트나 비슷한 동물이기에 최소한 생명을 달고 살아가는 한, 좀 더 '침팬지다운' 대접을 해주어야 하는 것이 아닐까?

제인 구달은 침팬지를 하나의 개체가 아닌 실험 도구로만 생각하는 것을 받아들일 수 없었고 공개적으로 이 연구소를 비난하며 침팬지의 처우 개선을 요구하기 시작했다. 이미 전 세계적으로 유명한 침팬지 전문가로서 입지를 굳힌 제인의 주장은 호소력이 강했다. 또한 미국의 의약품 연구소들이 아프리카에서 불법으로 밀렵된 침팬지를 사들인다는 것을 알게 되면서부터 제인은 이를 방지하기 위한 법 제정 역시 시급하다고 판단했다. 그리고 적극적으로 미국의 정치인과 관료들을 만나기 시작했다. 하지만 이것이 그리 쉬운 일은 아니었다. 왜냐하면 수많은 의약품 회사의 입장도 결코 무시할 수 없었기 때문이다. 의약품 연구소의 입장에서 볼 때 실험용 동물의 처우 개선을 위한 예산 투입을 늘리면 그만큼 전체 예산이 늘어나게 되고 그럴 경우 실제 소비자들에게 공급되는 의약품의 값도 자연스레 올라가게 되는 복잡한 상황이었다. 게다가 만약 미국 정부가 제인의 의견을 받아들여 침팬지 처우 개선과 불법 밀렵 방지를 위한 법을 통과시킨다고 하면, 침팬지가 아닌 원숭이, 고양이, 개, 심지어는 실험용 쥐의 처우 개선을 요구하는 목소리 또한 거세질 것이 분명했기 때문에 이는 더더욱 간단하지 않은 일이었다. 하지만 그렇다고 무조건 포기할 수는 없는 일이기에 제인은 계속하여 대중을 상대로 침팬지의 참상을 전달했다. 마침내 이러한 노력은 조금씩 성과를 거두기 시작했다. 제인을 동물 보호가의 길로 접어들게 한 세마 연구소는 1991년에 우선 연구소 이름부터 바꾸면서 대대적인 침팬지 처우 개선 조치를 시행하여 동물학대 연구소라는 이미지를 벗게 되었다. 그곳을 다시 방문한 제인은 침팬지들이 더 이상 전자레인지 같은 작은 통 속에서가 아닌 충분히 커다란 우리에서 여러 마리가 어울려 지내는 것을 보게 되었다.

고아 침팬지를 거두어라
—

제인이 펼친 또 하나의 야심찬 프로젝트가 있었으니 바로 고아가 된 침팬지를 데려다 키우는 것이었다. 사람과 마찬가지로 침팬지도 여러 가지 이유로 어렸을 때 부모를 잃고 혼자가 되는 경우가 있다.

고아 침팬지가 생기는 가장 큰 이유 중 하나가 바로 부시미트 교역^{bushmeat trade}이다. 우리말로 적절한 번역어가 없는 부시미트 교역은 야생에서 살고 있는 특이한 동물들을 식용으로 사고 파는 것을 말하는데, 이에 희생되는 동물들은 주로 아프리카에 살고 있는 코끼리나 침팬지 혹은 각종 원숭이들이다. 이런 걸 누가 먹을까 싶기도 하지만 실제로 부시미트 교역은 여전히 암암리에 활발하게 이루어지고 있으며 이것은 아프리카에서 빠른 속도로 진행되고 있는 벌목과도 밀접한 관계가 있다. 벌목 회사를 따라 밀림으로 들어간 불법 밀렵꾼들이 숲 속에 살고 있는 희귀 야생동물들을 사냥해서 그것을 먹고자 하는 사람들에게 비싼 가격에 넘기는 것이다. 이는 명백한 불법 행위이지만 높은 가격을 지불하고라도 이런 동물을 구입해서 먹고자 하는 이들이 있기에 밀렵꾼들은 이 유혹을 쉽게 뿌리치기 힘든 것이 현실이다. 특히 어미와 새끼가 함께 있는 침팬지는 밀렵꾼들에게는 시쳇말로 대박감이다. 왜냐하면 새끼에 비해 몸집이 커 먹을 것이 많은 어미 침팬지는 부시미트로 넘기고, 새끼는 애완용으로 기르고 싶어 하는 사람들에게 팔면 되기 때문이다.

아프리카는 물론 다른 나라에서도 새끼 침팬지를 애완용으로 키우는 경우가 많이 있었다. 그런데 처음에는 귀여워서 혹은 귀여울 것 같아서 기르기 시작했다가도 침팬지는 어디까지나 침팬지일 뿐 애완용으로 길든 강아지나 고양이와는 다르다는 것을 깨닫게 되면 버려버리기 일쑤였다. 차마 버릴 수 없는 사람들은 침팬지를 지하실 같은 곳에 가두어버렸다. 그런 침팬지들이 어떤 대접을 받았을지는 뻔한 일이 아닌가? 애완용 침팬지 외에도 문제가 되는 것이 또 있었다. 아프리가 곳곳에서는 열악한 환경

코노코 사의 지원으로 설립된 침팬지 보호소, 침퐁가의 침팬지들

속에 침팬지를 가두어놓고 훈련시킨 다음 일반인에게 구경시켜 줌으로써 돈을 버는 곳이 많았다. 그중 한 곳에서 제인은 침팬지 그레고리를 만났다. 그레고리는 침팬지라고는 도저히 보이지 않을 만큼 몸에 털이 거의 없었고 꼭 약물에 중독된 것처럼 먼 산만 바라보고 있었다. 동물이라기보다는 귀신에 가까운 느낌을 주었던 이 침팬지는 구경꾼이 춤을 추라고 하면 무표정하게 일어나 이쪽저쪽으로 몇 발자국 움직이고 한 바퀴 돈 다음에 바나나를 받아먹고는 다시 원래의 자리로 돌아가 멍하게 앉아 있었다. 그것이 정상적인 침팬지의 행동이 아니라는 것을 누구보다 잘 아는 제인은 그레고리가 그런 비참한 상황에서 46년간이나 살고 있었다는 사실에 놀라움을 금치 못했다.

이 문제를 해결하기 위해 제인은 제인 구달 연구소 자원 봉사자들의 도움을 받아 열악한 상황에 놓여 있는 고아 침팬지들을 구출하기 시작했다. 그런데 구출한 침팬지를 어디에서 어떻게 키울 것인가? 일단은 아프리카 측 자원 봉사자들이 집에서 맡아서 정성스럽게 침팬지들을 길러주었다. 하지만 그 수가 늘어날

수록 그런 방법으로는 감당할 수 없게 되었다. 제대로 된 침팬지 보호소가 필요했다. 이때 제인을 후원하겠다고 나선 기업이 텍사스에 지리 잡고 있는 코노코^{Conoco}라는 석유회사였다. 마침내 1992년에 코노코의 도움으로 콩고에 침퐁가^{Tchimpounga}라는 이름의 침팬지 보호소가 문을 열게 되었다. 침퐁가는 오늘날까지도 계속하여 고아 침팬지들을 받아들여 키우고 있는 아프리카 최대 규모의 침팬지 보호소이다.

멈추지 않는 제인
—

침팬지 처우 개선과 밀렵 방지 그리고 고아 침팬지 보호 이외에 제인이 열성적으로 뛰어든 것이 또 하나 있었는데 바로 어린이와 청소년을 대상으로 한 교육 활동이었다. 자라나는 어린 세대에게 환경과 동물 보호의 중요성을 가르치는 것이야말로 중요한 일이라고 생각했기 때문이다. 제인은 청소년을 대상으로 한 강연에도 열심이었으며 제인 구달 연구소를 중심으로 '뿌리와 새싹$^{Roots\ and\ Shoots}$'이라는 교육 프로그램을 운영하기 시작했다. 뿌리와 새싹은 뜻이 맞는 학생들이라면 누구나 참여할 수 있는 프로그램으로, 일정한 수의 학생들이 모여 '우리 동네 쓰레기 줍기'나 '폐품 수집하여 동물원 후원하기' 등과 같이 간단한 프로젝트를 자발적으로 시작하게 하여 환경 보호 의식을 키워 나가고 있다. 오늘날 67개가 넘는 나라에서 3천 여 개의 작은 모임을 운영하고 있는 뿌리와 새싹 프로그램은 청소년 환경 교육 프로젝트 중에 가장 성공한 것으로 알려지게 되었다.

전 세계의 청소년을 대상으로 한 교육 활동 이외에도 제인은 다수의 가난한 아프리카인들이 경제적으로 자립할 수 있도록 도와주는 프로그램도 개발하여 열성적인 활동을 펼치고 있다. 이 프로그램에서는 아프리카의 엄청난 천연 자원이 돈이 된다는 이유로 무차별적으로 파괴되는 것을 막고 대신 현지 주민들이 다른 방식으로 자립할 수 있도록 자금을 대출해주기도 하며, 주민들을 대상으로 에이즈 예방 교육도 실시하고 있다. 동아프리카에 성공적으로 널리 퍼지게 된 이 프로그램은 다이앤 포시 고릴라 기금과도 손을 잡고 서아프리카에서도 실행되기 시작했다.

1년 365일 중에 3백 일 이상을 집이 아닌 곳에서 보낸다는 제인 구달. 제인이 소화해내는 일정을 살펴보면 실로 놀랍다. 두 달 만에 30개에 가까운 도시를 오가며 150여 개의 인터뷰를 하고 70개가 넘는 강연을 하면서도 날마다 각종 회의에 참가하는 일정을 소화해낸다. 또한 1년에 두 번씩은 반드시 침퐁가에 들러 고아 침팬지들이 잘 지내고 있는지를 확인한다. 제인은 우리나라에도 몇 번 들렀고 심지어는 북한의 평양 동물원에 있는 침팬지까지도 만나보았다. 제인이 방문하는 수많은 도시에서 사인회가 열리는데 일흔을 넘긴 나이에도 그녀는 어린아이의 시시콜콜한 질문까지도 다정하게 답해주고 아무리 바쁜 일정에도 시종일관 여유를 잃지 않으며 지친 모습을 거의 보이지 않는다.

제인이 곰비에 첫발을 디뎠던 때가 1960년이니 벌써 50년 가까운 세월이 흘렀다. 그동안 곰비에는 참으로 많은 일이 있었다. 여러 차례에 걸쳐 심각한 전염병이 돌기도 했지만 그때마다 제인과 동료들은 여러 종류의 항생제를 바나나에 넣어 침팬지들을 구하는 데 총력을 기울였다. 건조할 때마다 곰비에는 산불이 나서 침팬지들을 위협하기도 했으며 곰비 캠프에 있던 학생들이 탄자니아 반군에게 인질로 잡혀갔다가 풀려나 악몽 같은 사건도 있었다. 하지만 데이비드 그레이비어드와 플로를 비롯해 지금은 세상을 떠나가고 없는 침팬지들이 남긴 새끼들이 또 새끼를 낳으면서 곰비의 세대교체가 이루어졌으며 예전보다 더 많은 학생과 연구원들이 상주하면서 곰비 강 연구소의 명맥을 이어가고 있다. 아무리 바쁜 일정에도 틈을 내 곰비를 방문하는데 그때가 가장 평화롭고 행복하다는 제인 구달. 어떻게 하면 그렇게 젊게 살 수 있느냐는 질문에 대한 제인의 답은 늘 똑같다. "아직 할 일이 너무도 많거든요."

제인 구달, 다이앤 포시, 그리고 비루테 갈디카스의 연구는 루이스 리키가 없었더라면 가능할 수 없었다. 그들이 연구를 시작할 수 있도록 연구비를 마련해주고 연구 허가를 받아준 사람도 루이스였고, 지속적인 연구비를 마련하기 위해 이리저리 발이 닳도록 뛴 사람도 루이스였다. 여자니까 안 된다 혹은 대학을 나오지 않았기 때문에 안 된다고 생각하지 않았던 열린 생각의 소유자였던 루이스. 그는 한 번도 그들의 연구 현장을 방문한 적이 없었지만 수백 통의 편지로 연구에 대한 지도와 조언을 아끼지 않았다. 루이스는 자신이 오지로 보낸 세 여성을 아주 세세한 면까지 챙겨주었다. 물은 꼭 끓여 먹으라는 것부터 시작해서 필요한 물건이 있다면 공책과 같은 사소한 것까지도 직접 사서 보내주었던 것이다. 그 후원과 격려에 보답이라도 하듯이 '루이스의 세 천사' 들은 모두 유인원 연구에 커다란 획을 긋는 훌륭한 연구 결과를 내놓았다. 비록 루이스 리키는 세상을 떠났지만 그의 이름은 루이스의 세 천사들이 한 연구와 함께 영원히 우리 곁에 남게 되었다.

고인류학,
새로운 패러다임으로 전환

**학문의 경계를
뛰어넘다**
—

루이스 리키는 가장 오래된 인류 조상 화석을 찾기 위해 일단 정열적으로 발굴을 시작하고 보자는 식의 고고학자였다. 그는 그 특유의 카리스마와 열정으로 아프리카 탐험을 시작했고 또 그 발견을 대중에게 널리 알리는 공을 세웠다는 점에서 종종 인류학의 아버지로 불리기도 한다. 하지만 학계에 몸담고 있는 사람들에게는 루이스 리키보다 훨씬 더 큰 존경을 받고 있는 이가 있으니 그가 바로 클락 하월^{F. Clark Howell} 이다.

2007년 3월 향년 여든한 살의 나이로 자신이 30년 넘게 몸담았던 캘리포니아 버클리에서 세상을 뜬 클락 하월이야말로 20세기 고인류학 발전의 핵심적인 역할을 담당한 학자이다. 1925년 미국에서 태어난 하월은 시카고 대학에서 인류학 박사학위를 받고 모교에서 가르치다가 1970년에 버클리 대학으로 자리를 옮겼다. 그는 루이스, 메리, 그리고 리차드 리키와 오랜 기간 동안 아프리카에서 함께 발굴을 주도했다. 하월 이전의 인류학이 가장 오래된 화석을 찾고 보자는 식의 화석 사냥이었다면, 하월은 이를 한 단계 끌어올려 진정한 과학으로 만든 사람이다.

오늘날 인류학자들의 관심사는 단순히 화석 인류를 찾는 것에 그치지 않는다. 지금으로부터 몇 백만 년 전 그곳 기후는 어떠했는지, 어떤 동식물들이 그곳에 살았는지, 어떤 이유로 그중 어떤 동식물은 멸종하고 새로운 종種이 생겨나게 되었는지, 그 당시에 그곳에 살았던 인류의 조상은 어떤 도구를 이용해 무엇을 먹고 살았는지와 같은 질문에 대한 총체적인 해답을 찾는 것이 오늘날의 고인류학이다. 이러한 학제적學際的 연구를 처음으로 계획하고 실천에 옮겨 이후 고인류학이 나아가야 할 방향을 제시해준 발굴로 꼽히는 것이 하월의 지휘하에 1967년부터 시작된 오모 지역 연구 프로젝트이다. 그렇다면 오모 프로젝트가 고인류학의 패러다임 전환이라고까지 할 정도로 기념비적인 프로젝트로 꼽히는 까닭은 무엇일까?

다음과 같은 상황을 가정해보자. 동아프리카 올두바이 계곡의 한 지층에서 화석 인류 두개골 한 개, 석기 여섯 점, 그리고 각종 동물 뼈가 출토되었다. 이것으로 우리는 무엇을 알 수 있을까? 일단 화석 인류의 두개골이 정확히 현생 인류와 어떻게 다른지 혹은 침팬지와는 어떻게 다른지, 그동안 발견되었던 다른 화석 인류와는 어떤 점에서 유사하고 어떤 점이 다른지를 알아야 그 개체가 어떤 종種에 속한 것인지 알 수 있다. 이러한 작업을 하는 데 가장 적합한 사람은 바로 해부학자나 생물 인류학자이다. 이들이야말로 누구 뼈가 누구랑 어떻게 다르고 같은지를 배우는 데 청춘을 바친 사람들이기 때문이다. 그리하여 그 화석 인류가 호모 에렉투스라는 것이 밝혀졌다고 하면 이 화석이 어느 지층에서 발견된 것인지를 정확히 알아야 그것이 그곳에 묻힌 연대를 알 수 있다. 이 작업을 하려면 지질학을 잘 아는 사람이 반드시 필요하기 때문에 고고학 발굴에 지질학자가 참여하는 것이 이제는 필수적인 일이 되었다. 지질학자가 없다면 인류학 발굴은 무의미하다고까지 말하는 인류학자들이 대다수이니, 지질학의 중요성은 굳이 강조하지 않아도 될 듯 하다. 지질학자의 분석 결과 그 화석이 출토된 곳은 1백만 년 전 지층이라는 것이 밝혀졌다해도 아직 연구해야 할 것들이 많이 남아있다.

석기 여섯 점은 아프리카 구석기 고고학을 전공한 고고학자가 연구할 때 가장 정확한 결과를 가져다줄 가능성이 높다. 같은 구석기라고 하더라도 그것이 출토된 지역에 따라 그 모양이 다르기 때문에 특정 지역 전문가를 초빙하는 것이 바람직하다. 고생물학자들은 동물 뼈를 연구할 것이고 그 결과 그 시대에 어떤 동물들이 살았는지는 물론이고 그 동물들을 토대로 그 시대의 기후나 환경까지 짐작할 수 있다.

그런데 인류의 조상인 호모 에렉투스는 무엇을 먹고 살았을까? 그들은 석기를 이용해 동물을 잡아먹었을까, 아니면 채식주의자였을까? 언제부터 인류의 조상이 도구를 이용해 동물을 잡아먹었는지는 인류학에서 매우 중요하고도 흥미로운 연구 주제 중 하나이다. 그런데 이를 어떻게 알 수 있을까?

육식의 시작
———

우리말로 화석생성학 혹은 매장학이라고 번역되는 태퍼노미 taphonomy가 이 문제에 해답을 줄 수 있는 가장 적합한 분야이다. 매장학이란 화석이 형성되는 과정에서 일어나는 일을 연구하는 분야로 아직 우리나라에는 많이 알려지지 않은 생소한 학문이지만 이미 서양에서는 그 중요성을 인정받아 널리 적용되는 연구 방법이다.

생물체가 죽어서 땅에 묻힌다고 해서 모두 화석이 되는 것은 아니다. 화석이 될 수 있는 여러 가지 환경이 맞아떨어져야 뼈가 썩지 않고 화석이 된다. 예를 들어 우리나라에서 화석이 많이 발견되지 않는 이유 중 하나가 바로 우리나라 흙이 지닌 특징 때문이다. 우리나라의 토양은 강한 산성을 띠는데 그런 환경에서는 뼈가 썩어버리지 돌처럼 굳어서 화석이 되지 않는다. 동남아시아나 중남미의 정글 부근에서 화석이 잘 발견되지 않는 것 또한 그 지역의 습도가 높아 역시나 뼈가 썩어버리기 때문이다. 하지만 사막처럼 건조하거나 석회암 지대처럼 뼈를 굳게 해주는 성분이 있는 토양에서는 뼈가 썩지 않고 굳어 화석이 될 확률이 높다. 이렇게 화석이 형성되고 그것이 과학자에 의해 발견되기까지의 과정 전반에 대한 연구를 일컬어 매장학이라고 한다. 뼈가 땅속에 묻히기 직전에는 어떤 일이 일어났는지(다시 말해 왜 뼈가 땅속에 묻히게 되었는지), 뼈가 땅속에 묻힌 직후에는 어떻게 해서 뼈가 화석화되었는지, 어떻게 해서 그 뼈가 고고학자에 의해 땅 밖으로 나오게 되었는지, 이 모든 것이 매장학의 주제이다. 따라서 매장학은 고고학에서뿐만 아니라 고생물학 전반에 걸쳐 유용하게 쓰이는 연구 방법이다.

이것이 왜 고고학 발굴에 필수적인지 다음의 일화로 살펴보도록 하자. 타웅 베이비의 발견자이자 오스트랄로피테쿠스라는 용어의 창시자인 레이먼드 다트. 그는 1940년대에 마카판스캇 Makapansgat이라는 남아프리카의 동굴 유적에서 화석 인류와 함께 그들이 사용하던 불의 흔적과 도구를 발견했다고 주장하면서 이를 '뼈, 치아, 뿔 문화 Osteodontokeratic culture'라고 이름 붙였다. 실력 있는 인류학자였던 다트가 황당무계한 주장을 했을 가능성은 매우 낮은데, 그렇다면 그는 무슨 근거로 이런 주장을 했던 것일까? 마카판스캇 동굴에서는 많은 동물 뼈와 사슴뿔이 발견되었는데 이것들은 대부분 완전한 형태가 아닌 부러진 뼈와 뿔이었다. 이에 다트는 당시 그 동굴에 살던 인류의 조상이 동물 뼈와 뿔을 부러뜨리고 다듬어서 도구를 만들었다고 주장한 것이다. 다트의 주장대로라면 오스트랄로피테쿠스는 동물 뼈를 이용해 만든 도구를 가지고 동물을 잡은 다음에 이를 마카판스캇 동굴로 가져와 불에 익혀 먹었다. 역시 인간은 몇백만 년 전부터 도구를 만들어 다른 동물을 사냥할 줄 알았던 똑똑한 존재였던 것이다! 동물계에서 인간이 가장 우위를 점한다고 생각하고 싶어 하는 많은 사람들에게 다트의 이러한 주장은 매력적으로 들렸다.

하지만 매장학의 선구자로 알려진 밥 브레인CK(Bob) Brain은 그 뼈들을 꼼꼼하게 분석한 뒤 자신의 스승인 다트의 주장이 완전히 잘못되었음을 밝혀냈다. 남아프리카에는 하이에나와 표범이 많이 사는데 이들은 먹잇감을 사냥한 뒤 동굴로 가져오거나 나무로 가지고 올라가 먹는 습성이 있다. 그리고 하이에나는 매우 강한 이빨을 가졌기 때문에 한 번 꽉 물면 뼈까지도 뚫을 수 있다. 이러한 습성 때문에 오늘날에도 하이에나나 표범과 같은 육식동물이 사는 곳에 가면 근처 동굴에 사슴 뼈를 비롯한 여러 가지 동물 뼈들이 부러진 채로 모여 있는 것을 쉽게 발견할 수 있다. 브레인은 부러진 동물 뼈들을 샅샅이 관찰했고 그 결과 그 부러진 이유가 사람에 의한 것이 아니라 육식동물에 의한 것임을 밝혀냈다. 그러면 그 동굴 안에서 발견된 화석 인류는 무엇인가? 안타깝게도 그는 사냥을 한 자가 아니라 사냥을 당한 자였던 것이다!

앞의 이야기로 돌아가서 매장학이 옛날 사람들이 동물을 잡아먹었는지 아닌지에 어떤 해답을 줄 수 있는지 생각해보자. 옛날 사람들이 뛰노는 사슴을 달려가 잡아서 손으로 들고 뜯어 먹었을 확률은 매우 낮다. 아마 어떤 형태로든지 도구를 사용했을 텐데, 놀랍게도 그 증거를 그들이 잡아먹었던 동물의 뼈에서 찾을 수 있다. 요즘에야 정육점에서 먹기 쉽게 손질된 상태의 고기를 얼마든지 구할 수 있지만 옛날에는 고기를 먹고 싶은 사람이 직접 잡아서 손질해 먹는 수밖에 없었을 것이다. 이때 날카로운 석기와 같은 도구를 이용해 일단 가죽을 벗겨내고 그 다음에 여러 부위를 먹기 좋게 발라낸다. 요즘은 뼛속에 있는 골수를 먹는 일이 흔하지 않지만 사실 골수야말로 지방과 단백질의 보고이다. 이 때문에 동물들은 물론이고 옛날 사람들도 골수를 섭취했을 것이 분명하다. 그런데 골수를 빼내기 위해서는 뼈를 쪼개야 하는데 뼈가 워낙 단단하기 때문에 도구를 사용해 힘차게 내리쳐야 한다. 이 모든 과정에서 도구가 뼈에 부딪혀 흔적을 남기게 된다. 그 흔적으로 우리는 아주 오랜 옛날에 그 사람들이 고기를 먹었음을 알 수 있게 되는 것이다.

그런데 여기서 잠깐! 뼈에 난 긁힌 자국이 도구 때문에 생긴 것임을 어떻게 확신할 수 있을까? 발굴할 때 이용하는 삽에 뼈가 부딪쳐도 긁힌 자국이 생길 수 있지 않을까? 육식동물이 뼈를 꽉 문다고 했는데 그때 생긴 자국과 도구를 이용한 자국이 비슷하지는 않을까? 물론 그런 경우도 있다. 하지만 이런 가능성을 모두 염두에 두고 그것들을 구별해내는 데 평생을 바치는 사람들이 매장학자들이다. 그들의 수십 년간에 걸친 노력 덕분에 오늘날 우리는 어떤 것이 도구 사용 흔적이고 어떤 것이 그렇지 않은지를 구분해낼 수 있게 되었다. 매장학이야말로 뼈 하나하나를 끈기 있게 들여다보고 또 들여다봐야 하는 참으로 고독하고 어려운 학문이다.

연대 측정법의 발달
—

20세기 초반에 백인들에 의한 화석 사냥으로 시작된 고인류학은 20세기 중후반으로 접어들면서 패러다임의 전환을 겪게 되었다. 앞서 소개한 것처럼 여러 분야의 전문가들이 함께 참여해 진정한 학제적 학문으로 발달하게 된 것이다. 더 많은 연구비와 더 많은 전문가들이 투입된 발굴이 진행되기 시작했고 그 결과 루시를 비롯한 수많은 놀라운 화석 인류들이 계속해서 발견되었다. 이러한 패러다임 전환과 함께 고인류학을 더욱 성숙한 학문으로 한 단계 높여준 것이 있었는데 그것은 바로 새로운 기술의 도입이었다. 루이스 리키가 아프리카에서 처음으로 발굴을 시작했던 1930년대만 하더라도 그곳에서 발견된 화석이 정확하게 얼마나 오래된 것인지 알 방법이 없었다. 하지만 어떤 궁금증을 풀고자 하는데 그 방법이 마땅치 않을 경우 어떻게든 그 방법을 찾아내고야 마는 것이 학문의 존재 이유이고 학자들의 업이 아니던가. 20세기 중후반에 접어들면서 드디어 화석의 연대를 측정할 수 있는 방법들이 속속 개발되기 시작했다.

화석이 발견되었을 때 그것이 무슨 동물의 화석인지 못지않게 관심의 대상이 되는 것은 바로 그것이 얼마나 오래된 화석인지에 관한 것이다. 우리나라에서 1백 년 전의 어떤 뼈가 발견되었다고 한다면 이는 기삿거리가 될 가능성이 매우 낮지만 만약에 10만 년 전에 한반도에 살았던 뼈가 출토되었다고 한다면 이는 단숨에 많은 사람들의 관심을 끌 것이다. 똑같은 뼈라고 하더라도 얼마나 오래된 것이냐에 따라 그 중요성이 전혀 달라질 수 있다는 이야기이다. 그렇다면 어떤 뼈 혹은 화석이 얼마나 오래된 것인지, 즉 그 연대가 언제인지를 측정하는 것이야말로 화석 연구의 가장 중요한 부분 중 하나라는 것인데 이는 어떻게 알아낼 수 있을까? 연대 측정법에는 크게 상대 연대 측정법과 절대 연대 측정법의 두 가지가 있다.

상대 연대 측정법이란 어떤 화석의 연대를 이미 잘 알려진 다른 화석들의 연대와 비교해서 알아내는 방법이다. 예를 들어 A라는 지역의 맨 아래 지층에서 발가락이 세 개인 말의 뼈가 나오고 그 위 지층에서는 발가락이 한 개인 말의 뼈가 나왔다고 하자. 이때 A 지역의 땅이 통째로 뒤집어지는 일이 일어나지 않았다는 것이 확실하다면 발가락이 세 개인 말이 발가락 한 개인 말보다 더 오래 전에 살았다는 이야기가 된다. 그리고 이러한 현상이 비단 A 지역뿐만 아니라 B, C, D, E, F 지역 모두에서 공통적으로 발견되는 것이라고 하자. 그런데 G지역에서는 맨 아래 지층에서 발가락이 세 개인 말 뼈가 발견되었고 그 위의 지층에서 발가락이 한 개인 말 뼈가 나왔다고 해보자. 이때 그 중간 지층에서 어떤 화석이 출토되었다고 한다면 그 화석이 정확히 언제 살았는지는 알 수 없지만 여러 지역에서 모은 정보를 토대로 해서 볼 때 그 화석은 발가락이 세 개였던 말보다는 더 최근에 그리고 발가락이 한 개인 말이 살았던 때보다는 더 오래 전에 살았던 것이라고 추정해볼 수 있다. 이렇게 잘 알려져 있는 화석을 기준으로 하여 새로 출토되는 화석의 연대를 상대적으로 비교해서 추정하는 방법을 상대 연대 측정법이라고 한다. 그런데 상대 연대 측정법으로는 그 상대적인 시기만을 추정해낼 수 있을 뿐, 정확히 숫자로 몇 해 전인지와 같은 정보는 얻어낼 수 없다. 상대적인 연대가 아닌 절대적인 연대, 즉 몇 해 전 것인지를 직접 계산 가능하게 해주는 연대 측정법이 절대 연대 측정법이다. 절대 연대를 측정하는 방법에는 여러 가지가 있는데 그중에서 가장 널리 쓰이는 것이 동위원소^{同位元素, isotope}를 이용한 측정법이다.

제2차 세계대전 직후인 1940년대 후반에 윌러드 리비^{Willard Libby} 박사가 이끌던 시카고 대학 팀에 의해 방사성 탄소 연대 측정법이 개발되었다. 이는 20세기 과학사의 가장 중요한 발명 중 하나로 꼽힐 만큼 획기적인 것이었고 리비 박사는 그 공로를 인정받아 1960년에 노벨 화학상을 수상하게 된다. 방사성 탄소 연대 측정법이 개발된 이후 같은 원리를 이용해 여러 가지 동위원소로 연대 측정을 하는 방법들이 계속해서 발명되었다. 그중에서도 특히 고고학과 인류학에 커다란 기여를 하게 된 방사성 탄소 연대 측정법과 포타슘(칼륨)-아르곤^{K-Ar} 연대 측정법을 살펴보도록 하자.

스톤헨지는 얼마나 오래된 유적인가

이탈리아의 폼페이 유적, 평온하던 로마의 도시 폼페이는 79년 8월 24일에 베수비오 화산의 폭발과 함께 화산재 속으로 그리고 역사 속으로 사라져 버렸다. 당시 이를 목격한 사람들의 생생한 기록 덕분에 오늘날 우리는 이 사건이 정확하게 언제 일어났는지를 알 수 있다. 화산 폭발 당시 폼페이에서 빵을 만들고 있던 사람이 있었는데 그 역시 빵과 함께 화산재에 묻혀 죽음을 맞이했다. 그 빵 조각이 훗날 방사성 탄소 연대 측정법의 정확성을 실험해보게 되는 시료로 쓰이게 될 줄 그는 알았을까? 방사성 탄소 연대 측정법을 개발한 리비 박사는 자신이 만들어낸 방법이 얼마나 정확한지를 확인해보기 위해 그 빵 조각을 이용해 연대 측정을 해보았다. 그 결과는 실제 화산 폭발 연대와 몇 해밖에 차이가 나지 않는 것으로 나왔다. 실제 연대 측정을 할 때 오차의 범위가 수십 년에 이른다는 것을 감안한다면 이것은 놀라운 결과였다. 그만큼 방사성 탄소 연대 측정법은 제대로 사용하면 신빙성이 높은 방법인 것이다.

영국을 대표하는 유명한 고고학 유적 중 하나로 꼽히는 유적이 바로 스톤헨지Stonehenge이다. 영국 남부에 위치한 스톤헨지는 자그마치 6미터가 넘는 커다란 돌들이 거대한 원을 이루고 있는 유적이다. 누가 언제 왜 이런 거대한 돌들을 그곳에 그러한 모양으로 옮겨놓았을까? 이집트의 피라미드의 경우 언제 만들어졌는지에 대한 역사 기록이 남아 있고 폼페이 역시 그 도시를 뒤덮은 용암이 언제 분출했는지에 대한 정확한 역사적 기록이 있다. 하지만 스톤헨지에 관한 기록은 찾아볼 수가 없기 때문에 언제 그 유적이 형성되었는지를 알아내기란 쉬운 일이 아니다. 그러나 불가능한 일은 없는 법. 고고학자들은 방사성 탄소 연대 측정법으로 이런 물음에 대한 해답을 어느 정두 찾을 수 있게 되었다.

스톤헨지는 한 번에 사람들이 몰려와 만들어놓고 없어진 유적이 아니라 긴 기간에 걸쳐 사람들이 들락날락하던 곳으로 추정되어왔다. 하지만 이것을 뒷받침해줄 정확한 증거가 부족했는데 방사성 탄소 연대 측정으로 이것이 사실임을 밝혀낼 수 있었다. 우선 불에 탄 뼈와 목탄을 이용해 가장 먼저 그곳에 사람들이 흔적을 남긴 때를 알 수 있게 되었다. 이는 중석기 시대로 알려진 지금으로부터 1만 년 전에 일어난 일이었다. 비록 그때에는 지금과 같은 거대한 돌이 없었지만 그때부터 사람들이 그 부근에서 무언가를 행한 것은 분명하다. 시간이 지나 사람들은 그곳에 사슴뿔을 이용해 깊이와 너비가 모두 2미터에 이르는 원을 만들게 된다. 사슴뿔은 탄소를 지니고 있기 때문에 이를 통해 방사성 탄소 연대 측정이 가능하고 그 결과 이러한 동심원들은 지금부터 5천 년 전에 만들어진 것임을 알 수 있었다. 1978년에 스톤헨지에서는 무덤으로 보이는 곳에서 사람 뼈가 발견되었는데 연대 측정 결과 이 역시 5천 년 전의 것으로 밝혀졌다. 시간이 또 흐르고 이번에 사람들은 그곳에 오늘날 볼 수 있는 그런 커다란 돌들

방사선 탄소 연대 측정법으로 약 4천년 전에 만들어졌음이 밝혀진 스톤헨지

을 옮겨놓기 시작한다. 돌은 방사성 탄소 연대 측정을 할 수 없기 때문에 그 돌을 세우기 위해 팠던 땅 주변에 목재들을 가지고 연대 측정을 했다. 그 결과 현재 모습의 스톤헨지는 약 4천 년 전에 만들어진 것임을 알 수 있었고 3천 8백 년 전 이후로는 스톤헨지에서 더는 사람의 흔적이 발견되지 않는다는 것도 알게 되었다. 물론 이런 연대 자체가 직접적으로 누가 왜 스톤헨지를 만들었는지에 답을 줄 수는 없다. 하지만 연대로 당시 유럽의 다른 유적들과 비교가 가능하고 이렇게 해서 당시 사람들이 어떤 경로를 거쳐 남부 영국 스톤헨지 지역으로 이주하게 되었는지 등을 추정해볼 수 있다.

이제 유럽을 떠나 아메리카 대륙으로 시선을 옮겨보자. 한때 중미 지역을 꽉 잡고 있던 마야 문명의 경우는 어떠한가. 기원전 2천 년경부터 서서히 문명이 싹트기 시작해 기원후 3백 년부터 9백 년까지 최전성기를 이룬 마야 문명은 돌로 만든 피라미드와 사원 그리고 독특한 상형문자로 널리 알려져 있다. 마야 인들은 그들만의 문자뿐만 아니라 달력도 만들어 사용했고 그 기록을 여러 종류의 돌 유적에 남겨놓았다. 커다란 원 모양의 돌에 알 수 없는 복잡한 그림들이 새겨져 있었는데 언뜻 보면 도대체 이것을 어떻게 해독해냈을까 하는 생각부터 든다. 과거 사람들의 세계관은 어떠했으며 시간의 흐름을 어떻게 인지했는지를 알아내고야 말겠다는 학자들의 열정은 또 한 번 빛을 발하여 마침내 마야 달력이 해독되었다. 그 덕분에 고고학자들은 어떤 유적이 언제 만들어졌는지에 대한 더 정확한 정보를 알 수 있게 되었다.

마야 유적의 돌 기념비 하나에 이런 것이 새겨져 있다고 가정해보자. '672년 홍길동 왕 즉위' 이것이 정말 맞는 연대인지 확인해볼 수 있는 좋은 방법은 그 주변에 남아 있는 그때 만든 것으로 추정되는 유물을 이용해 연대 측정을 해보는 것이다. 그렇게 마야 유적에 남은 나무, 뼈, 목탄 등을 이용해 수많은 방사성 탄소 연대 측정이 이루어졌다. 그 결과는 놀랍게도 중미 전역에 걸쳐 마야의 돌에 기록된 것들과 일치했다. 이렇게 방사성 탄소 연대 측정법의 정확성은 일일이 나열하는 것이 힘들 만큼 수많은 유적에서 증명이 되었다. 도대체 방사성 탄소 연대 측정법은 무슨 원리를 어떻게 이용하는 것이기에 고고학의 새로운 전환점이 된 방법으로 꼽히는 것일까?

지구의 대기 중에는 탄소 14(6개의 양성자와 8개의 중성자로 이루어진 탄소)가 널리 퍼져 있다. 탄소 14는 동물이 음식을 먹을 때 혹은 숨쉬는 과정에서 끊임없이 생물체의 몸속에 공급이 된다. 하지만 생물체가 죽게 되면 그때부터 이야기가 달라진다. 생물체가 죽는 순간부터 탄소 14의 공급이 끊기면서 방사능을 가지고 있는 탄소 14는 붕괴해서 그 양이 점점 줄어들게 되는 반면 탄소 12는 그대로 있기 때문에 탄소 14와 탄소 12의 비율을 계산해보면 얼마 전에 생물체가 죽었는지를 알 수 있게 된다. 이 원리에 착안해 개발된 것이 바로 방사성 탄소 연대 측정법이다. 쉽게 말해 생물체가 죽는 순간에 방사성 탄소 연대의 초시계가 켜지고 그 초시계를 읽는 것이 방사성 탄소 연대 측정의 결과라고 할 수 있다.

생물체가 죽은 뒤 5730년이 지나면 그 생물체가 죽는 순간에 가지고 있었던 탄소 14의 양은 탄소 12와 비교했을 때 절반이 된다(탄소 14: 탄소 12=1:2). 이 기간은 각각의 동위원소에 따라 달라지는데 이를 반감기 half-life 라고 한다. 탄소 14의 경우 반감기가 두 번 지나면(11,460년) 죽을 때 생물체가 가지고 있었던 탄소 14는 탄소 12에 비해 4분의 1밖에 남지 않게 된다(탄소 14: 탄소 12=1:4). 따라서 살아생전에 탄소 14를 가지고 있던 생물체라면 어떤 것이든 방사성 탄소 연대 측정법의 대상이 될 수 있다.

물론 방사성 탄소 연대 측정법에 온전히 장점만 있는 것은 아니다. 연대 측정을 위한 시료가 땅에 묻혀 있는 동안 혹은 발굴되는 과정에서 오염이 될 수 있는데 이렇게 되면 정확히 어떤 탄소가 옛날 것이고 어떤 탄소가 현재 것인지 구별이 어려워지므로 제대로 된 연대가 나오지 않는다. 또한 이 방법은 생물체가 살아 있을 때 탄소 14와 탄소 12를 현대의 생물체처럼 동일한 양으로 가지고 있었을 것이라는 사실을 전제로 하는데, 이것이 반드시 사실은 아니다. 탄소 14의 경우 우주 상공에서 생겨나 지구에 공급되고 그것이 동식물에게 흡수된 물질로, 오늘날처럼 오존층이 많이 파괴된 경우 그렇지 않았던 옛날에 비해 지구로 유입되는 탄소 14의 양이 훨씬 증가하게 된다. 이런 상황에서 생물체가 죽게 되면 처음부터 탄소 14를 훨씬 많이 가지고 있었기 때문에 일정한 시간이 지난 뒤에 생물체에 남아 있는 탄소 14의 양이 더 많을 것이다. 그렇게 되면 실제 그 생물이 1만 년 전에 죽었다고 하더라도 오늘날의 연구자가 볼 때에는 아직도 탄소 14 대 탄소 12의 비율이 높게 나타나기 때문에 그보다 훨씬 최근에 죽은 것으로 추정하는 실수를 범할 수 있게 된다. 이것이 방사성 탄소 연대 측정법의 한계이기는 하지만 과학자들이 이에 굴하지 않고 이 문제점을 해결할 방법을 찾아냈다. 그것이 바로 나무의 나이테였다.

모든 나무의 나이테가 1년에 한 개씩 생겨나는 것은 아니기 때문에 연륜 측정법 dendrochronology이라고 하는 이 방법을 이용하려면 우선 1년에 나이테가 한 개씩 생기는 나무를 골라야 한다. 그 다음에 같은 종의 나무들의 나이테를 비교해 이른바 거짓 나이테라고 하는 것들을 골라내는 작업을 한다. 이렇게 여러 나무들을 비교하여 그 정보를 공유하게 되면 더 정확하게 어떤 나무의 나이테가 언제 생긴 것인지를 알 수 있게 된다. 그렇게 정확한 나무의 나이를 알 수 있게 되면 그 나무를 가지고 방사성 탄소 연대를 측정한다. 이 경우에 차이가 나는 부분은 탄소 연대 측정법의 오류라고 볼 수 있으므로 그것을 기록해둔다. 이런 식으로 전 세계에 분포되어 있는 수많은 나무들을 이용해 일일이 방사성 탄소 연대를 보정할 수 있는 기준표가 작성되었고, 그 결과 보정된 방사성 탄소 연대는 신빙성 있는 것으로 받아들여질 수 있게 되었다!

그런데 안타깝게도 방사성 탄소 연대 측정법으로 모든 연대 측정이 가능한 것은 아니다. 탄소 14의 경우 그 반감기가 6천 년도 채 되지 않기 때문에 죽은 지 약 5만 년이 넘어가는 유물 혹은 화석의 경우에는 정확한 측정이 불가능하다. 왜냐하면 그때쯤 되면 탄소 14가 탄소 12에 비해 1천 분의 1보다 더 적은 양만큼 남아 있게 되어 그것을 정확히 측정하기가 힘들어지기 때문이다. 그런데 인류 조상을 찾는 연구의 경우 5만 년이라는 시간은 턱없이 현재와 가까운 것이기 때문에 다른 연대 측정법이 필요하게 되었다. 그렇게 하여 개발된 방법이 포타슘-아르곤$^{K-Ar}$을 이용한 연대 측정법이다.

인류 조상의
발자취를 찾아
———

방사성 탄소 연대 측정법과 비슷한 원리를 이용하지만 반감기가 훨씬 길다는 특징을 가진 연대 측정법이 바로 포타슘-아르곤 연대 측정법이다. 돌이 뜨겁게 달궈지면 그 속에 있던 아르곤 40이 기체가 되어 밖으로 날아간다. 그 돌이 다시 식어 굳어지면 이미 날아가버린 아르곤 기체는 다시 들어올 수 없기 때문에 그 돌에는 아르곤이 전혀 남아 있지 않다. 그 대신 그 돌 속에는 포타슘 40이라는 물질이 있는데 이것이 일정한 반감기(이 경우 12억 년)를 가지고 아르곤 40으로 변한다. 따라서 돌 안에 들어 있는 포타슘 40과 아르곤 40의 양을 비교해보면 그 돌이 언제 생성되었는지 알 수 있게 된다. 포타슘-아르곤 연대 측정법은 고인류학, 고생물학과 지질학과 같이 아주 오래된 옛날을 연구하는 학문에 주로 사용된다. 방사성 탄소 연대 측정법이 5만 년 이상 된 시료에 부적합한데 비해, 이 방법은 10만 년 이하의 시료에 부적합하다. 왜냐하면 10만 년도 채 되지 않은 돌의 경우 0.005퍼센트의 포타슘만이 아르곤으로 변하기 때문에 이를 제대로 측정하는 것이 힘들기 때문이다.

이 방법의 경우 일단 한 번 뜨겁게 달궈져 녹아버렸다가 다시 굳어진 돌의 경우에 적용되기 때문에 주로 화산 분출로 형성된 회성암의 연대 측정에 사용된다. 따라서 방사성 탄소 연대 측정법과는 달리 연대를 측정할 수 있는 재료가 훨씬 제한되어 있다는 한계가 있다. 그리고 이 경우 돌의 연대를 측정하는 것이지 동물 뼈나 유물과 같이 직접적인 생물의 흔적을 측정하는 것이 아니기 때문에 그 연대 측정 자체만으로는 고인류학에 도움이 되지는 않는다. '어떤 돌멩이의 연대를 측정했더니 지금부터 3백만 년 전 것이더라' 하는 것만으로는 인류의 조상에 대해 어떤 정보도 알아낼 수 없기 때문이다. 하지만 그 3백만 년 된 돌멩이가 가득한 지층 사이에 화석 인류나 석기가 묻혀 있었다고 한다면 그 정보는 매우 유용해진다. 물론 이 경우 유물이나 유골이 출토된 지층이 확실히 그 돌멩이가 나온 지층이라는 것이 전제되어야 한다. 지층이라는 것이 아래서 위로 차곡차곡 쌓이기만 하면 좋으련만 때로는 지진이나 습곡과 같은 영향을 받아 구부러지기도 하고 끊어지기도 한다. 그렇기 때문에 어떤 유물이 어떤 지층과 상관이 있는지를 정확하게 알아내기 위해서는 지질학자의 도움이 필수적이다. 잘 훈련받은 지질학자가 지층과 유물 간의 관계를 확인해주면 포타슘-아르곤 연대 측정법은 인류의 조상에 대한 많은 정보를 줄 수 있게 되는 것이다.

최근에는 이 방법을 더 정교화한 아르곤-아르곤 연대 측정법도 널리 쓰이기 시작했는데 그 정확성 또한 놀랍다. 앞서 소개한 폼페이 유적에서 출토된 유물을 이용해 아르곤-아르곤 연대 측정을 했는데 실제 화산 폭발 연대와 7년밖에 차이가 나지 않는 놀라운 결과가 나왔다. 기존의 포타슘-아르곤 연대 측정법의 경우 10만 년 이전 시료는 정확한 연대 측정이 불가능했는데 이러한 한계를 극복해낸 것이었다. 고고학과 인류학에서 정확한 연대를 측정하는 것은 너무도 중요한 일이기 때문에 학자들은 오늘도 지질학자와 화학자들의 도움을 받아 더 정확한 연대 측정을 위해 끊임없는 노력을 기울이고 있다.

인류 조상의 발자취를 찾아가는 일은 이렇듯 생각보다 훨씬 더 복잡하다. 그래서 인류학자, 해부학자, 고고학자, 지질학자, 매장학자는 물론이고 진화 생물학자와 생태학자까지 모두 참가하는 것이 오늘날 인류학 발굴의 특징이 되었다. 학문의 경계를 가리지 않고 여러 분야의 전문가가 함께 해나가는 새로운 패러다임 하에서의 고인류학이 탄생한 것이다.

이티오피아의 새로운 스타, 루시의 발견

클락 하월이 이티오피아의 오모 지역에서 발굴을 진행하고 있던 1970년 그의 밑에서 침팬지의 치아에 관한 논문을 쓰고 있던 대학원생 도날드 조한슨Donald Johanson, 1943~은 이티오피아 발굴에 참가하게 되었다. 조한슨은 소년시절 《내셔널 지오그래픽》지에 실린 루이스 리키의 '진지' 화석에 대한 글을 읽으며 자신도 나중에 그런 화석을 찾겠노라고 다짐했다. 루이스나 리차드 리키 못지않은 야심가였던 조한슨은 자신의 손으로 꼭 가장 오래된 화석 인류를 찾으리라 다짐을 했다. 그런 그에게 프랑스 발굴 팀이 새로운 발굴에 함께 참가하지 않겠냐는 제안을 해왔다. 그의 지도 교수였던 하월은 그 제안을 받아들이지 않는 것이 좋겠다고 했지만 조한슨은 극구 가겠다고 고집을 부렸고 그리하여 1972년에 그는 이티오피아 북동쪽에 있는 이피르Afar 삼각 지대

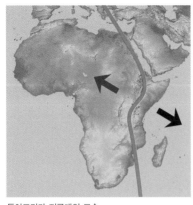

동아프리카 지구대의 모습

로 프랑스인들과 함께 떠난다.

그 길이가 거의 1만 킬로미터에 이르는 동아프리카 대지구대East African Great Rift Valley는 화석을 찾고자 하는 이들에게는 천국과도 같은 곳이다. 지난 2천만 년에 걸쳐 지각 변동이 일어나면서 마치 누군가가 아프리카 대륙의 동쪽을 양손으로 잡고 잡아당긴 것처럼 땅이 양 갈래로 쭉 갈라져서 그 단면이 모두 드러난 곳이기 때문이다. 루이스와 메리 리키가 발굴을 시작한 올두바이 계곡도, 리차드와 미브 리키가 발굴을 주도한 투르카나 호수도, 세계 각국의 팀이 몰려들어 발굴을 시작한 오모 강 유역도 모두 이 동아프리카 대지구대의 일부이다. 그 북동쪽 끝에 위치한 곳이 바로 도날드 조한슨이 발굴에 참가한 아파르 지역이다. 이 지역 역시 올두바이나 투르카나 호수 유역처럼 사전 답사에서부터 화석이 대량으로 출토되었다. 따라서 이곳에서 화석 인류를 발견하는 것 역시 그 가능성이 매우 높아 보였고 루이스와 메리 리키 역시 아파르에서의 고고학 발굴에 지원을 아끼지 않았다. 그들은 '아파르 국제 발굴 조사단'이라고 이름 붙인 조사단이 문제 없이 발굴 허가를 받을 수 있도록 추천서를 써주었고 이렇게 하여 드디어 아프리카에서 또 하나의 발굴이 시작된 것이다.

조한슨은 발굴 초기부터 자신이 '아파르 국제 발굴 조사단'의 책임 인류학자임을 누차 강조했다. 특히 그는 같은 나이였던 리차드와 보이지 않는 경쟁을 하는 관계에 있었고, 자신도 충분히 리키 가족 같은 명성을 얻을 수 있다고 믿었기에 어떤 일이 있어도 리키 가족과 연관되는 것을 원치 않았다. 하지만 그는 아직까지 박사 논문도 완성하지 못했으며 발굴 경험도 턱없이 부족한 시카고 대학의 대학원생에 불과했다. 그러나 행운의 여신이 손짓을 해 주면 박사 학위가 문제랴! 1972년 첫해 발굴에서 조한슨은 발굴 상태가 놀랍도록 좋은 화석 인류의 종아리와 허벅지 뼈를 발견하게 된다. 이 뼈는 3백만 년 전 것으로 분류되었는데 이를 통해 인류학자들은 이미 3백만 년 전에 인간의 조상은 오늘날의 우리들처럼 두 발로 걸었다는 사실을 알게 되었다. 이 발견으로 자신의 이름을 조금씩 알려가던 조한슨은 그로부터 2년 뒤에 마침내 놀라운 발견으로 리키 가족과 분리된 자신만의 입지를 확실히 다지게 된다.

1974년 어느 날 조한슨은 여느 때처럼 아프리카의 뜨거운 태양 아래 아파르 지역의 하다르^{Hadar}라는 지층 위를 거닐며 화석을 찾고 있었다. 이때 언뜻 화석 같은 것이 눈에 띄었고 조한슨은 이를 조심스럽게 파내기 시작한다. 이렇게 손에 넣은 것은 팔뼈. 처음에 조한슨은 이것이 원숭이의 팔뼈인 줄 알았는데 아무리 살펴봐도 원숭이 뼈만이 지닌 중요한 특징들을 찾을 수 없었다. 이를 확인하는 순간 그의 심장은 쿵쾅쿵쾅 뛰기 시작했다. 그렇다면 혹시 화석 인류인가? 주변을 둘러보니 뼈 몇 개가 더 보였고 그는 그것들을 하나씩 심혈을 기울여 파냈다. 조한슨 자신도

가장 완벽한 형태의 화석,
루시를 발견한 도날드 조한슨과 루시의 화석

믿기 힘든 상황이 눈앞에서 펼쳐지고 있었다. 아래턱뼈, 얼굴뼈, 허벅지뼈, 팔뼈, 갈비뼈, 척추 등 계속해서 화석뼈가 발견된 것이다. 게다가 이 모든 것을 맞추어보니 틀림없는 한 사람의 것이었다! 이때까지만 하더라도 화석 인류라고 해봤자 조각난 뼈의 일부만이 발견된 것이 고작이었는데, 이렇게 많은 뼈가 발견되다니! 그것도 모두 한 개체의 뼈라는 것은 놀라운 발견이었다. 루이스와 메리 리키가 올두바이에서 화석 인류의 두개골 하나를 발견하기까지 30년이 넘는 세월이 걸렸음을 감안해볼 때 발굴에 본격적으로 참가한 지 2년 만에 오늘날까지도 여전히 가장 완벽한 화석 인류로 분류되는 이 화석을 발견한 조한슨은 그야말로 행운의 사나이였다. 그날 저녁 베이스캠프에서는 성대한 축하 파티가 열렸다. 세기의 발견으로 기록될 그날, 그들은 염소 바비큐와 맥주로 자축했다. 파티에 음악이 빠질 수 있을 쏘냐. 비틀즈의 'Lucy in the sky with diamond'라는 노래를 크게 틀어놓고 밤새 축제를 즐긴 아파르 국제 발굴 조사단원들. 그 다음날부터 이 놀라운 화석은 노래 제목을 따 '루시'라는 애칭으로 전 세계에 알려지게 된다.

조한슨은 루시 이외에도 1975년과 1976년에 걸쳐 상당량의 화석 인류를 발견하게 되었고 이로 인해 그는 대중에게 가장 널리 알려진 미국인 인류학자가 되었다. 그런데 조한슨이 발견한 이 화석 인류들에게 어떤 이름을 붙여주어야 할 것인가? 이들은 분명 그때까지 알려지지 않은 새로운 종이었는데, 그렇다면 어떤 학명이 적합한 것일까? 이를 위해 조한슨과 함께 화석 연구 분석에 들어간 사람은 미시간 대학에서 박사 학위를 딴 지 얼마 되지 않은 인류학자 팀 화이트Tim White였다. 그들은 단순히 새로운 화석 인류에 이름을 붙이는 것을 넘어서 인류 진화의 역사를 복원해내기 위해 심혈을 기울였다. 당시에는 이미 수백 개가 넘는 화석이 발견된 상태였기 때문에 누군가가 나서서 그것들을 총체적으로 연구해야 할 필요가 있는 상황이었다. 젊은 혈기와 해박한 지식으로 무장한 이들은 《사이언스》에 기존의 화석 인류 계보와는 많은 점에서 다른 새로운 계보를 발표하게 된다. 1979년 1월에 루시의 화석이 표지를 장식한 《사이언스》에 이들의 학설이 실렸다. 그들의 연구 결과는 처음에는 많은 비판을 받기도 했으나 오늘날에는 대체로 학계에서 받아들여지고 있다. 이들이 루시에게 붙여준 이름은 오스트랄로피테쿠스 아파렌시스Australopithecus afarensis였다.

여기서 팀 화이트를 잠깐 소개하고자 한다. 1950년에 로스앤젤레스에서 태어난 팀 화이트는 훗날 인류학자가 된 많은 사람들이 그랬던 것처럼 《내셔널 지오그래픽》을 통해 루이스 리키와 올두바이를 처음 알게 되었다. 비록 열 살도 채 안 된 어린 나이였지만 수풀이 우거진 숲 속에서 자란 팀은 화석을 찾는 직업도 있다는 것을 알게 되었고 자신도 언젠가는 그런 일을 하고 싶다는 꿈을 키워 나가기 시작했다. 고등학교 졸업 이후 그는 캘리포니아 주립대학 리버사이드 캠퍼스에서 인류학을 전공했고 미시간 대학에서 인류학 박사 학위를 받았다. 대학원 재학 시절부터 똑똑하기로 소문났던 그는 리차드 리키가 주도한 투르카나 호수 유역의 발굴에 참가하게 된다. 그는 그곳에서 매우 성실하게 일했고 그러한 그를 눈여겨보고 그가 학자로서 지닌 재능을 높이 평가한 이가 메리 리키였다. 함께 연구할 학자를 고를 때 까다롭기로 소문난 메리는 화이트의 날카로운 분석력을 높이 샀고 그를 자신의 발굴지로 초대해 그곳에서 출토된 화석들에 대한 분석을 의뢰하곤 했다. 그뿐만 아니라 메리는 자신이 발견한 어린아이 화석 인류에게 팀의 본명을 따 티모시^{Timothy}라는 애칭까지 붙여줬다. 거만하고 공격적인 성격 때문에 적도 많던 화이트였지만 학자로서의 실력과 메리의 든든한 지원 덕분에 그는 젊은 나이에 별 어려움 없이 캘리포니아 버클리 대학에 자리를 잡았고 여전히 그곳에 재직 중이다. 그는 오늘날까지도 클락 하월의 뒤를 이어 이티오피아에서 발굴단을 이끌고 있다. 그의 성격은 메리 리키보다도 훨씬 더 까다로운 것으로 널리 알려져 있는데, 이것이 메리와 마찬가지로 그를 세계적인 학자 반열에 올려놓는 데 결정적인 역할을 했다. 무엇이든지 일단 언론에 발표해 대중을 휘어잡았던 루이스와는 달리 화이트는 1995년에 발견한 화석 조각을 10년이 지난 지금까지도 맞추면서 분석하고 있다. 화이트가 수많은 화석 인류 발견으로 인류학에 기여한 바가 큰 것은 사실이지만, 그에 못지않게 기여한 바가 있으니 바로 아프리카 출신의 흑인들을 발굴에 적극적으로 참여시키고 그들에게 더 많은 교육의 기회를 주기 위해 물심양면으로 노력했다는 것이다.

백인의 학문에서 세계인의 학문으로

—

리키 가족이 아프리카 발굴의 주연이었다면 그 뒤에는 그들을 도와 눈부신 활약을 펼친 아프리카 출신의 흑인 발굴 단원들이 있었다. 이들은 대부분 발굴이 이루어지는 지역의 현지 주민들이었다. 고고학이나 인류학에 대해 들어본 적도 없고 정규 교육을 제대로 받은 경우는 더더욱 없었던 그들이지만 아프리카의 뜨거운 태양을 누비는 것만큼은 자신이 있던 사람들이었다. 이에 루이스와 메리는 현지인들을 고용해 자신들이 찾고자 하는 화석이 어떤 것인지를 설명해준 이후에 함께 발굴에 참가시켰다. 많은 경우 이들은 조상의 뼈를 만지는 것 자체가 금기시되어 있던 문화 속에서 자란 사람들이었지만 일거리가 생겼는데 마다하는 사람은 많지 않았다. 그렇게 해서 많은 아프리카 현지인들이 발굴에 참가하게 되었고 얼마 지나지 않아서부터 이들이 화석을 찾는 예리한 눈을 가지고 있음이 세상에 알려지게 된다.

리키 가족의 오른팔이라고 알려진 케냐인 카모야 키뮤^{Kamoya Kimeu}. 1940년에 케냐에서 태어난 그는 지금까지 그 누구보다도 중요한 화석을 많이 발견해낸 세계에서 가장 유명한 화석 사냥꾼이다. 1950년대부터 루이스와 메리의 발굴 팀에 합류한 그는 얼마 지나지 않아 황량한 아프리카 벌판에서 화석을 찾아내는 데 두각을 나타내기 시작했다. 이를 눈여겨보기 시작한 리차드 리키는 그에게 자신의 발굴에 참여해달라고 부탁했고 이렇게 하여 카모야 키뮤는 리차드의 진정한 오른팔이 되었다. 리차드는 박물관 업무와 연구 기금 마련 강연과 같은 일들을 처리해야 했기 때문에 투르카나 발굴 현장에 항상 머물 수가 없었다. 그럴 때마다 리차드는 화석을 발견하는 능력은 물론이고 사람을 이끄는 능력까지도 겸비했던 카모야 키뮤에게 발굴 캠프 전체를 맡기고 떠날 정도로 그를 신임했다. 그런 리차드의 신임은 결코 지나친 것이 아니었다. 완벽에 가까운 보존 상태의 '투르카나 보이'를 발견한 것도, KNM-ER 1813과 같은 학계에 잘 알려진 중요한 화석을 발견한 것도 모두 카모야 키뮤였다. 그는 1970년대 말부터 국립 케냐 박물관 학예 연구사가 되었으며 그 뒤에도 계속하여 화석 찾기에 몰두하고 있다. 내셔널 지오그래픽 사는 그의 뛰어난 화석 발견 능력을 인정하여 1985년에 그에게 특별 메달을 수여했다. 1994년에 카모야 키뮤는 또 하나의 놀라운 발견으로 세계 최고의 화석 사냥꾼으로서의 명성을 세상에 다시 한 번 알렸다. 카나포이^{Kanapoi}라는 곳에서 약 4백만 년 전 화석 인류 정강이뼈를 발견한 것이었다. 이는 오스트랄로피테쿠스 아나멘시스^{Australopithecus anamensis}라는 종에 속하는 것으로 화석 인류가 두 발 걷기를 시작했다는 것을 보여주는 가장 오래된 증거로 남게 되었다.

리키 가족은 케냐인들을 화석 사냥꾼으로 고용해 함께 일함으로써 케냐 땅에서 나오는 화석들을 케냐인의 손으로 발굴해내고 그에 대해 배울 수 있는 기회를 주었다. 이티오피아를 중심으로 발굴에 참가한 미국 캘리포니아 버클리 대학 팀은 리키 가족과는 다른 방식으로 이티오피아인들을 연구에 끌어들였다. 클락 하월이나 데즈먼드 클락과 같은 유명한 학자들을 필두로, 팀 화이트로 이어지는 버클리 팀은 이티오피아인들에게 고등 교육의 기회를 제공함으로써 그들이 단순한 화석 사냥꾼에 그치는 것이 아니라 그 화석을 연구하고 분석할 수 있는 이론까지 갖추도록 해야 한다고 생각했다. 서양인과 아프리카인들이 동등한 학문적 배경을 가지고 함께 연구를 하는 것이 가장 바람직하다고 여겼기 때문이다. 이에 그들은 많은 젊은 이티오피아 학생들에게 장학금을 제공하여 버클리로 건너가 박사 학위를 딸 수 있도록 해주었다. 그 결과 오늘날 고인류학계에는 제법 많은 수의 이티오피아인 학자들이 왕성한 활동을 펼치고 있다. 이들은 화석을 발견하고 분석함으로써 학계에 기여하는 것 이외에도 자신들의 땅에서 나오는 화석을 직접 관리·보존·홍보함으로써 지속적으로 아프리카 출신의 학자들을 양성해내는 데에도 힘을 쏟고 있다. 이제 하얀 피부의 서양인들이 아프리카에 들어가 화석만 발견해서 쏙 빠져 나오는 식의 시대는 지나갔다. 아프리카 땅에서 출토되는 화석에 대한 권리는 서양인이 아닌 아프리카인들에게 있기 때문이다.

　영국이 이집트에서 식민 통치를 하던 시절에 그들은 닥치는 대로 이집트의 문화유산을 영국으로 가지고 가버렸다. 그 덕분이라고 해야 할까? 영국 박물관의 이집트 전시실에는 이집트의 미이라가 놀라울 만큼 많이 전시되어 있다. 이것이 결코 윤리적으로 옳은 행동이 아니었음에는 많은 사람들이 공감하지만 그렇다고 하더라도 영국이 자발적으로 이집트의 문화유산을 돌려줄 가능성은 그다지 높지 않아 보인다. 그렇다면 화석 인류의 경우는 어떠한가?

루이스와 메리가 한창 활동하던 1950년대에 아프리카에서 화석을 발견하면 그것을 들고 영국으로 돌아가는 것을 당연하게 여겼다. 메리 리키의 첫 번째 유명한 발견인 프로콘술도 메리가 런던으로 가지고 갔다. 메리는 영국 박물관에 프로콘술 화석을 그대로 둔 채 아프리카로 돌아왔고 영국 박물관 측은 그때부터 그 화석을 자신들의 소장품으로 간주하기 시작했다. 비록 당시 케냐 박물관의 행정이 여러모로 소홀했던 것은 사실이지만 메리가 그것을 가지고 갈 때 분명히 화석을 빌려주는 것이라고 해두었다. 하지만 영국 박물관 측은 이를 무시했고 계속해서 자신들의 소장 목록에 프로콘술을 올려두었다. 이러한 상황을 부당하게 여긴 리차드 리키는 1970년대에 지속적으로 영국 박물관과 접촉하며 그 화석을 돌려줄 것을 요청했다. 그의 끈질긴 노력으로 결국 1982년에 프로콘술 화석은 본래의 자리인 국립 케냐 박물관으로 돌아가게 되었다. 오늘날 아프리카 여러 나라들은 화석의 소유권과 대여에 관한 강력한 법을 제정하여 더 이상 중요한 화석이 다른 나라로 반출되는 것을 막고 있다.

새로운 기술의 도입과 학문의 경계를 넘어선 학제적 연구의 시작으로 고인류학은 이제 진정한 과학으로 자리 잡게 되었다. 인류학자는 물론이고 지질학자, 매장학자, 석기 전문 고고학자, 해부학자, 진화 생물학자, 생태학자 등이 함께 참여하는 인류학 발굴과 더욱 정확한 연대 측정법의 발달은 고인류학의 수준을 한층 높여주었다. 화석 인류를 발견하는 것은 고인류학에서 여선히 중요한 일이다. 하지만 발견 자체에만 가치를 두던 20세기 초반과 달리 이제 인류학에서는 화석 인류의 발견으로 우리가 얻을 수 있는 지식에 초점을 맞추고 있다. 화석 인류의 해부학적 형태를 연구함으로써 지난 수백만 년간 어떤 식으로 인류의 신체 구조가 변해왔는지 그리고 무엇이 그런 변화를 생겨나게 했는지를 알아내고자 하는 것이 오늘날의 연구 주제이다. 21세기 초 고인류학을 이끌어 나가고 있는 중년의 인류학자들이 공통적으로 어린 시절에 뛰는 가슴으로 느낀 것이 있으니 바로 루이스와 메리 리키의 올두바이 화석 인류 발견을 다룬 1959년의 《내셔널 지오그래픽》 기사이다. 전기도 들어오지 않을뿐더러 마실 물조차 제대로 구하기 힘들었던 올두바이 계곡에서 최초의 화석 인류를 찾기까지 30년의 세월이 걸렸음에도 포기하지 않았던 루이스와 메리 리키의 열정이 없었더라면 오늘날의 고인류학이 이렇게 성장할 수 없었을 것이다. 루이스와 메리가 올두바이에서 '진지' 화석을 발견한 지 곧 50년이 된다. 50년이라는 비교적 짧은 세월 동안 이루어진 고인류학의 눈부신 성장을 그들은 뿌듯한 마음으로 하늘에서 지켜보고 있지 않을까?

만남 8

사람에 대한 이해,
영장류학의 미래

　제인 구달이 곰비에서 침팬지 연구를 시작한 지도 거의 50년
이 다 되어간다. 곰비 연구의 시작과 일본 영장류학자들의 눈부
신 활약 그리고 미국과 유럽의 활발한 연구에 힘입어 성큼성큼
성장을 거듭해온 영장류학은 오늘날 우리에게 어떤 가르침을 주
는 것일까? 우선 영장류학이라는 학문을 통해 우리는 동물계에
서 우리의 사촌뻘에 해당하는 유인원과 원숭이를 깊이 이해할
수 있게 되었다. 물론 그 자체로도 영장류학은 가치가 있지만 더
욱 중요한 사실은 영장류학이 새로운 각도에서 인간을 이해할
수 있게 해주었다는 사실이다. 우리가 너무도 당연시하는 사람
의 특징이 사실은 영장류 전반에 걸쳐 나타나는 특징일 수 있다
는 것을 사람들은 생각해 본 적이 있을까? 우리가 다른 동물에
게서는 찾아볼 수 없는 문화를 지닌 인간이지만 동시에 생물계
에서는 여전히 영장류의 한 종種일 뿐이라는 사실을 새삼 일깨워

준 것이 영장류학이다. 이 장에서는 영장류학이 그 동안 밝혀낸 중요하면서도 흥미로운 사실들과 제인 구달 이후의 영장류학 발전 방향을 살펴봄으로써 사람을 이해한다는 것이 얼마나 어렵지만 재미난 과정인가를 이야기해보도록 하겠다.

사람도 결국은 영장류!
—

사람이 다른 동물과 어떤 차이가 있는지는 굳이 설명하지 않아도 우리 스스로 잘 알고 있다. 따라서 여기서는 인간에게서 나타나는 영장류 전반의 특징을 살펴보자. 우선 영장류는 생물계의 다른 동물들과 달리 몸집에 비해 제법 큰 두뇌를 가지고 있다. 하지만 두뇌 용량의 차이가 지능의 차이를 좌우한다고 보기 힘들다. 철수 머리통이 영희 머리통보다 크기 때문에 철수가 더 똑똑하다고 할 수는 없다는 이야기다. 몸집에 비해 두뇌 용량이 절대적으로 큰 영장류 같은 동물은 그렇지 않은 다른 동물에 비해 지능이 월등히 높은 것은 사실이다. 이 덕분에 원숭이는 다른 동물에 비해 똑똑하고 발달된 지능을 가지고 있어 각종 서커스나 동물원 쇼에 자주 등장한다.

앞서 제인 구달의 연구를 소개하면서 함께 다룬 곰비의 침팬지들은 물론이고 다른 수십 종의 원숭이들도 둘째가라면 서러울 정도로 영리하다. 이들은 다른 동물들보다 뛰어난 지능과 기억력을 지니고 있고 그 결과 복잡한 사회구조를 이루며 살게 되었다. 무리를 지어 살아가는 원숭이들 사회에 어떤 위계질서와 긴장 관계 그리고 동맹 관계가 있는지에 대한 연구는 지난 수십 년에 걸쳐서 이루어져 왔다. 사회적인 동물로 태어난 원숭이들은 어렸을 적부터 누구와 가깝게 지내는 것이 좋은지 혹은 누구의 화는 돋우지 않는 것이 좋은지와 같은 것들을 파악하며 자란다. 자신보다 위계질서가 높은 원숭이가 곁에서 치근덕거리면 설령 그것이 귀찮더라도 대개의 원숭이가 꼼짝 않고 가만히 있다. 흥미로운 사실은 어미 원숭이의 사회적 지위가 새끼 원숭이에게 도 큰 영향을 미친다는 것이다. 인도에 많이 사는 짧은꼬리원숭이 ^{macaque}에 관한 다큐멘터리에 다음과 같은 장면이 있었다. 무리 속에서 지위가 낮은 어미에게 태어난 새끼 원숭이 한 마리가 맛있게 과일을 먹고 있었다. 먹을 것을 입에 가득 넣고 오물오물 먹고 있는 이 원숭이에게 다른 새끼 원숭이 한 마리가 어슬렁어슬렁 다가왔다. 나이가 거의 비슷한 두 마리였지만 이 녀석은 우두머리 암컷에 해당하는 높은 지위의 어미에게서 태어난 새끼 원숭이였다. 황당하게도 이 녀석은 지위가 낮은 어미에게서 태어난 새끼 원숭이가 손에 쥐고 있던 음식을 모두 빼앗더니 급기야는 음식을 가득 넣고 있는 입을 양손으로 벌려 입속에 있던 음식까지도 모두 꺼내어 자기가 먹어버리는 것이었다. 손에 쥐고 있는 것을 뺏긴 것도 아쉬울 텐데 먹던 것까지 모두 빼앗긴 새끼 원숭이는 아무런 반항을 하지 못했다. 그만큼 어떤 어미 밑에서 태어났느냐가 중요한 것이다. 하지만 어디에나 반항아는 있는 법. 만약 낮은 지위의 원숭이가 높은 지위의 원숭이에게 덤비는 상명하복^{上命下服}이 일어나게 되면 커다란 싸움이 생긴다. 이것을 기회로 낮은 지위의 원숭이가 신분 상승을 하게 될 수도 있고 싸움에서 질 경우 반항의 대가를 톡톡히 치러야 한다.

우리네 사람 사는 모습과 비슷하지 않은가. 우리도 때로는 아무리 싫은 상황이어도 사회적인 체면이나 위치 때문에 꾹 참아야 할 때가 있으며 그것을 참지 못하고 폭발시켜 버리면 그 결과에도 책임을 저야 하니 말이다. 인간관계를 잘 유지하는 것이 쉽지 않다는 것은 우리들 모두 잘 알고 있는 사실인데 이것이 비단 인간에게만 적용되는 것이 아니었다. 원숭이 관계도 유인원 관계도 제대로 유지하기란 쉽지 않은 것처럼 보이니 말이다. 여기서 한 가지 짚고 넘어갈 것은 사람의 행동이 원숭이의 행동과 비슷하다고 하는 것이 그와 같은 행동을 도덕적으로 정당화해 주지는 않는다는 것이다. 사람과 원숭이가 많은 면에서 닮은 것이 사실이고 사람의 경우에도 인정하고 싶든 그렇지 않든 간에 부모의 사회적 지위가 자식에게 어느 정도 영향을 미치는 것이 사실이다. 하지만 원숭이가 그렇다는 발견이 "그것 봐. 사람만 그런 것이 아니잖아. 원숭이도 그렇고 침팬지도 그렇기 때문에 사람도 부모의 지위에 따라 그 지위가 결정되는 것이 옳은 것이네" 하는 식의 결론을 이끌어내서는 안 된다. 사람들은 이와 같이 자연적인 것은 도덕적인 것이라고 믿는 자연주의 오류를 종종 저지른다. 특히 인간 사회에서 민감하거나 껄끄러운 윤리적인 문제를 다룰 때 특정한 현상을 합리화하기 위한 방법으로 동물을 끌어들이는 경우가 많은데, 이는 학자들의 연구 결과를 잘못 이용하는 논리라 하겠다.

어머니와 자식의 끈끈한 관계

우리 인간은 사회적인 관계를 누구로부터 어떻게 배우게 되었을까? 태어난 지 몇 시간이 채 지나지 않아 벌떡 네 다리로 일어서는 송아지나 망아지와는 달리 사람은 처음 태어났을 때 어른이 돌봐주지 않으면 그야말로 아무것도 할 수 없는 존재이다. 적어도 아기가 1백 일이 될 때까지는 할 줄 아는 것이 거의 없고 그나마 한 살은 되어야 두 발로 걷는다는 것을 감안한다면 우리는 다른 동물에 비해 얼마나 무력한 존재인가 깨닫게 된다. 태어나자마자 스스로를 돌볼 수 있다면 좋지 않을까라는 생각이 들 수도 있지만 이렇게 성장이 느린 데에는 그 나름대로 이유가 있다. 갓 태어난 아기는 밥 먹는 것부터 시작해서 잠자는 것까지 일거수일투족에 어머니의 손길을 절실히 필요로 한다. 사회가 바뀌어 아버지도 육아에 참여하는 세상이지만 여전히 육아의 큰 몫을 차지하는 것은 어머니이다. 아기가 자라서 유치원과 같은 공동체에서 본격적으로 사회적인 관계를 배우기 이전에 아기는 어머니와 관계에서 많은 것을 배운다. 어머니는 아기에게 먹는 것부터 시작해서 말도 가르쳐 주고 배변 훈련도 시켜주는 등 좀 더 사람답게 사는 것을 가르쳐 주게 되고 그런 엄마와의 관계를 통해 아기는 정서적으로 안정을 찾게 된다. 그런데 이런 모성은 사람에게만 있는 것일까?

영장류의 중요한 특징 중 하나가 바로 어머니와 자식이 오랜 세월에 걸쳐 끈끈한 관계를 유지한다는 것이다. 침팬지의 경우 새끼가 태어나면 그 어미는 자식을 품에 꼭 데리고 다니면서 젖을 물리고 외부의 위험으로부터 보호해준다. 새끼는 그 과정에서 어미의 행동을 통해 자신이 속한 사회를 하나 둘씩 배워 나가기 시작한다. 침팬지의 경우 새끼가 어미한테서 독립하기 위해 짧게는 6년에서 길게는 10년의 세월이 걸린다. 이것은 매우 중요한 과정으로서 어미한테서 이러한 가르침을 받지 못한 침팬지는 성장이 끝난 이후에도 그 사회에 제대로 적응하지 못한다. 곰비 침팬지의 흰개미 사냥도 아프리카 서부 침팬지의 돌망치 사용도 모두 어미한테서 새끼에게 이어져 전달되는 것이니 말이다. 영장류에게 어머니와 자식의 끈이 얼마나 중요한지를 명확하게 보여준 것이 바로 제인 구달이 곰비에서 관찰한 어미 침팬지 플로와 새끼들 간의 관계이다. 플로는 참을성 있는 좋은 어미였고 그 결과 새끼들은 이후 그 사회에서 높은 지위를 차지하게 되었다. 하지만 플로가 늙어서 제대로 가르쳐 독립시키지 못한 플린트는 어미가 죽자 우울증에 시달리다가 금방 죽었다. 제인 구달이 침팬지 보호 운동을 펼칠 때 왜 그토록 열심히 새끼와 어미를 분리시키면 안 된다고 주장했는지 이해가 간다.

그렇다면 새끼 원숭이는 어미한테서 받는 것 중에 무엇을 가장 필요로 할까? 우리는 흔히 어미가 새끼를 먹여주는 것이 무엇보다 중요할 것이라는 생각을 하는데 과연 먹는 것만이 그토록 중요할까? 놀랍게도 새끼 원숭이에게 먹이보다 더 중요한 것이 정서적 안정감이라고 한다. 미국 위스콘신 대학의 해리 할로우Harry Harlow 박사의 실험은 이를 증명해준다. 할로우 박사는 새끼 원숭이에게 두 종류의 가짜 어미를 제공해주었다. 하나는 비록 먹이는 없지만 폭신폭신한 털로 덮인 어미이고, 다른 하나는 털이 없는 철사로 되어 있는 대신 먹이를 주는 어미였다. 새끼 원숭이가 어떤 어미를 더 좋아했을까? 이들은 놀랍게도 대부분의 시간을 폭신폭신한 털에 파묻혀 지내다가 배가 고파지면 다른 쪽으로 옮아가 잠시 먹이를 먹고 금방 다시 폭신폭신한 털로 돌아갔다. 부드러운 털로 덮인 어미가 먹이까지 가지고 있는 상황에서 새끼 원숭이는 아예 먹이만 있는 철사 어미에게는 갈 생각도 하지 않았다.

어머니가 자식에게 주는 사랑과 관심이 얼마나 중요한가는 굳이 이곳에서 강조하지 않아도 이미 잘 알려진 사실이다. 이는 우리가 만물의 영장이라고 하는 사람이기 때문이라기 보다는 우리도 결국은 영장류이고 어머니와 자식의 *끈끈한* 관계는 영장류 전반에 걸쳐 나타나는 공통적인 특징이기 때문인 것이다. 그렇다고 해서 너무 실망하지는 마시기를. "진자리 마른자리 갈아 뉘시며 손발이 다 닳도록 고생하시"는 그런 아낌없는 모성은 고도의 문화를 이룬 사람에게서만 나타나는 특징임이 분명하니까.

피는 물보다 진하다

어미와 새끼의 *끈끈한* 정 외에도 영장류는 자신의 일가친척이 누구인지 정확히 알고 있다는 사실이 많은 장기 연구를 통해 밝혀졌다. 케냐 국립공원에서 10년 넘게 진행되고 있는 긴꼬리원숭이 vervet monkey 연구를 예로 들어보자. 이 원숭이들은 표범이 나타난다든지 하는 위험한 상황이 닥치면 그것을 먼저 발견한 원숭이가 깩깩거리며 커다란 소리로 울어서 다른 원숭이들에게 위험을 알린다. 연구자들은 그 집단에 속해 있는 새끼 원숭이의 위험 신호 소리를 녹음한 뒤에 그것을 다른 원숭이들에게 들려주었다. 그랬더니 모든 원숭이들이 놀라기는 했지만 그중에서도 그 새끼 원숭이의 어미가 가장 민감하게 반응을 하며 소리가 나는 쪽으로 계속해서 달려갔다. 그뿐만 아니라 다른 원숭이들은 그 새끼 원숭이의 소리를 듣자마자 일제히 어미를 바라보는 것이었다! 이것은 무엇을 말해주는가? 우리 눈에는 다 비슷비슷하게 생긴 원숭이들이지만 그들은 누가 누구의 어미이고 새끼인지를 정확하게 파악하고 있다는 것이다. 앞서 제인 구달의 연구에서도 밝혀진 것처럼 어미가 일찍 세상을 뜨면 그 녀석을

긴꼬리원숭이 사이에서도 인간과 마찬가지로 혈연관계가 중요하다.

데리고 다니며 길러주는 것은 남이 아닌 혈연 관계에 있는 형제자매인 것을 보면 영장류들에게도 피는 물보다 진한가 보다.

같은 맥락에서 또 한 가지 재미난 사실이 있다. 사람도 이유 없이 짜증나는 날이 있듯이 원숭이들도 그런 날이 있는 것 같다. 그런 날에 원숭이들은 주로 자기보다 지위가 낮은 원숭이 곁에 다가가 슬쩍 툭툭 치고 때로는 소리도 질러가며 괴롭힌다. 이를 당하는 원숭이는 억울하겠지만 일단 참고 보는 것이 상책이다. 하지만 지렁이도 밟으면 꿈틀하는 법. 가만히 앉아서 당한 원숭이는 그 분풀이를 누구에게 할까? 바로 자신을 괴롭힌 녀석과 혈연 관계에 있되 자기보다는 지위가 낮은 놈을 찾아가 똑같은 행동을 함으로써 자신을 괴롭힌 녀석에 대한 복수를 한다. 이는 어쩌다 한 번 나타나는 행동이 아니라 10년이 넘는 기간 동안 계속된 연구 결과가 증명해주는 지속적인 행동양식이다. 자신을 괴롭힌 놈에게 직접 복수를 할 수 없다면 차선의 복수는 그 가족

을 괴롭혀 주는 것임을 원숭이들도 영악하게 알고 있는 것이다. 자기 가족이 밖에 나가서 누군가에게 당하고 오면 생판 모르는 남이 당한 것과는 비교할 수 없을 정도로 화가 나는 것이 인지상정이라는 사실을 우리뿐만 아니라 영장류들도 알고 있다니 신기할 따름이다.

21세기의 영장류학
—

영장류학이라는 분야가 이론적 체계를 갖춘 제대로 된 학문으로 자리 잡은 지 이제 50년 정도밖에 되지 않기 때문에 그 역사를 논하기에는 아직까지 이른 감이 없지 않다. 하지만 하루가 다르게 새로운 기술이 나와 세상을 깜짝 놀라게 하는 시대이기에 영장류학도 그 영향을 받아 새로운 방법론을 갖추고 급속도로 발전해나가고 있다. 제인 구달이 곰비에서 연구를 시작할 때만 하더라도 제인이 표본으로 삼을 만한 연구가 전무했다는 사실을 상기해본다면 그 뒤 50년간 영장류학이 참으로 빠르게 성장했음을 실감할 수 있을 것이다. 이제는 명실공히 영장류학의 선구자로 자리 잡은 제인 구달. 제인이 학계에서 은퇴하고 동물 보호가의 길로 들어선 뒤 제인의 후계자들은 영장류학을 어떻게 발전시켰을까?

제인 구달이 영장류학에 남긴 가장 큰 공헌이라면 무엇보다도 야생 서식지에서 장기 연구를 처음으로 시작했다는 것이다. 영장류는 다른 동물과 달리 성장 발달 기간이 매우 길기 때문에 단지 몇 년간의 짧은 연구로는 그 동물을 제대로 이해할 수가 없다. 아무도 생각해보지 않았던 수십 년에 걸친 장기 연구가 가능하다는 것을 몸소 보여준 제인 구달이 있었기에 제인의 뒤를 이은 수많은 영장류학자들에게 장기 연구는 필수 과정으로 자리 잡게 되었다. 제인 구달보다 몇 해 늦게 야생 침팬지 연구를 시작한 일본 학자들의 연구 역시 수십 년 동안 진행되고 있으며 아프리카와 아시아 그리고 중남미에서 시작된 영장류 연구들은 대개 10년이 훨씬 넘게 계속되고 있다. 이러한 학자들의 끈기와 노력 그리고 그들을 후원해주는 학술단체 덕분에 오늘날 우리는 사람을 비롯한 영장류에 대해 그 어느 때보다 많은 것을 알게 되었다.

장기 연구를 기본으로 하는 현대 영장류학은 유전학이나 면역학과 같은 생물학의 발전에 힘입어 그동안 하지 못했던 다양한 방법들을 도입해 나가며 발전하고 있다. 새로운 기술의 발전이 고인류학을 발전시킨 것과 비슷하게 영장류학도 그 연구 범위가 다양하게 넓어지고 있는 것이다. 제인 구달이 침팬지 조직의 위계 서열을 관찰하기 위해 곰비의 한 나무 밑에서 오랜 세월을 보냈다면 오늘날 영장류학자들은 한 발 더 나아가 그들의 배설물을 채취해 그 속에 들어 있는 호르몬의 양을 조사한다. 하버드 대학에 자리 잡고 있는 셰릴 노트Cheryl Knott 박사의 오랑우탄 연구가 그 대표적인 사례이다. 노트 박사 팀은 인도네시아에서 약 15년에 걸쳐 오랑우탄 배설물 연구 프로젝트를 진행하고 있다. 노트 자신은 물론이고 소속 팀원들은 인도네시아의 숲 속을 누비며 오랑우탄을 계속해서 좇는다. 아주 높은 나무 위에서 움직이는 오랑우탄을 좇아다니는 것만으로도 쉬운 일이 아닌데 그러다가 오랑우탄이 소변을 보는 것을 포착하면 그것이 떨어지는 장소에 커다란 비닐백을 던져서 깔아둔다. 그렇게 오닝수

탄을 쫓아다닌 시간만 벌써 5만 시간이 넘는다고 한다. 5만 시간이면 24시간 내내 깨어 있다고 해도 자그마치 6년에 해당하는 기간이다! 그 결과 수집한 오랑우탄의 배설물 표본이 2천 5백 점에 달하는데 이때 중요한 것은 각각의 표본이 어떤 오랑우탄에게서 왔는지 역시 일일이 기록을 해둔다는 것이다. 다시 말해 엄마 오랑우탄의 소변, 엄마 오랑우탄의 첫째 아들이 세 살 때 본 소변, 그 아들이 사춘기에 접어든 일곱 살 때 본 소변 등등 하는 식으로 꼼꼼하게 기록을 남기는 것이다. 과연 이런 배설물로 무엇을 알 수 있기에 노트 박사 팀은 이토록 정열적으로 오랑우탄의 오줌을 모으고 있는 것일까?

소변 검사만으로도 한 사람의 건강 상태를 짐작할 수 있는 것처럼 소변이 가지고 있는 정보는 참으로 많다. 노트 박사 팀은 오랑우탄의 소변에서 채취한 호르몬의 양을 분석하고 그것을 오랑우탄의 행동 관찰 자료와 결부시킴으로써 오랑우탄의 행동, 사회적인 관계, 신체 변화와 생식 주기에 관한 내용을 커다란 틀에서 통합적으로 이해하려는 것이다. 호르몬 중에서도 스테로이드와 같은 수컷 호르몬의 경우 그 수치를 비교함으로써 우두머리 수컷과 지위가 낮은 수컷들의 차이가 호르몬상에서 어떻게 나타나는지를 연구할 수 있다. 암컷의 경우 생식 주기에 따라 호르몬 분비에 어떤 변화가 생기며 얼마나 자주 새끼를 가질 수 있는지도 알 수 있다. 또한 유전자 분석 기법을 도입해 오랑우탄 무리 내에서 가족 관계를 더 정확하게 알 수 있게 되었고 기존의 관찰 방법만으로는 알아내기 힘들었던 부계 혈통 관계도 밝혀낼 수 있게 되었다. 제인 구달 역시 곰비에서 침팬지의 배설물을 열심히 모았다. 하지만 제인이 모은 것은 오줌이 아닌 똥이었고 그 것을 분석함으로써 침팬지가 무엇을 얼마나 먹는지를 알 수 있 었다. 제인 구달의 연구와 같은 맥락에 있으나 한층 더 깊이 있 게 정리된 방법으로 영장류 연구에 임하는 것이 현대 영장류학 의 특징이라 하겠다.

영장류학은 단지 사람에 대한 추상적인 수준의 이해를 돕는 것뿐만 아니라 사람의 질병 연구에도 많은 공헌을 하고 있다. 1976년에 아프리카의 수단과 자이르에서 4백 명이 넘는 사람을 죽음으로 몰고 갔으며 그 뒤에도 잊을 만하면 다시 나타나 지난 30년 동안 2천 명에 가까운 사람을 죽게 한 무서운 병 에볼라 Ebola. 에볼라 바이러스에 감염된 사람은 갑자기 열이 펄펄 끓고 몸 전체의 근육이 급격히 약해져서 움직이기조차 힘들어지며 두 통과 복통을 호소하고 심각한 구토와 설사 증세를 보이다가 장 기가 파열되어 내출혈이 일어나 며칠 안에 죽는다고 한다. 아직 까지 이에 대한 마땅한 치료법이 없는 상태인데 놀랍게도 몇 해 전에 아프리카에서 약 5천 마리의 고릴라가 에볼라 감염으로 떼 죽음을 당했다는 사실이 알려졌다. 사람에게 무서운 질병이 고 릴라에게도 치명적일 수 있다는 것이다. 제인 구달이 곰비에서 연구를 시작한 지 6년째 되던 해에 곰비의 침팬지들이 단체로 소아마비에 걸리는 일이 발생했다. 처음에 제인은 왜 침팬지들 이 갑자기 비실비실대는지 몰랐는데 알고 보니 사람에게만 걸리 는 줄 알았던 소아마비가 침팬지에게도 옮아간 것이었다. 대책 없이 죽어가거나 신체에 마비가 오는 침팬지를 위해 제인은 약 을 구해 바나나 사이에 넣어둠으로써 그늘을 살리고자 최신을 다했다. 제인이 악몽 같은 시간이었노라고 회상한 당시의 관찰 덕분에 우리는 사람이 걸리는 병이 침팬지에게도 옮아갈 수 있다는 사실을 알게 되었다.

천형으로 알려진 후천성 면역 결핍증인 에이즈를 치료할 방법을 찾기 위해 얼마나 많은 학자들이 노력을 해왔는가? 학자들은 에이즈를 유발하는 바이러스의 기원을 찾기 위해 그동안 침팬지를 비롯한 여러 종류의 원숭이들을 상대로 끊임없는 실험을 해왔다. 아직까지 딱히 치료법을 알 수는 없지만 언젠가는 영장류를 대상으로 한 연구로 인해 대책 없이 죽어가는 에이즈 환자들을 치료할 수 있는 날이 올 것이다. 물론 이러한 질병 연구는 제인 구달과 같은 영장류학자들보다는 실험실에서 연구를 하는 병리학자나 유전학자들이 주가 되어 진행하고 있는 것이 사실이다. 하지만 어떤 서식 환경에서 어떤 경로를 거쳐 어떻게 병이 옮아가는지를 세부적으로 이해하기 위해서는 영장류학자들이 모은 영장류의 행동 관련 자료가 필수적이다. 사람과 하는 행동만 비슷한 것이 아니라 사람과 같은 병에 걸리고 똑같이 고생하는 다른 영장류들. 이들을 이해하는 것이 사람을 이해하는 첫걸음임이 분명하다.

제인 구달이 처음 연구를 시작했을 때만 하더라도 침팬지와 관련된 모든 것들을 다 알아내야 하는 상황이었다. 침팬지가 무엇을 먹는지부터 사회구조와 성장 발달 과정은 어떠하고, 암수 간의 구애 과정은 어떠한지에 대한 것까지. 셀 수 없이 많은 정보를 혼자 수집해야 했다. 하지만 많은 학문 분야가 그렇듯이 이제는 영장류학도 연구 주제별로 세분화되어서 영장류들의 특정한 행동에 대해 훨씬 심도 있는 연구를 할 수 있게 되었다. 그만큼 영장류학이라는 분야에 뛰어든 학자들의 수도 많아졌고 연구비를 지원해주는 곳도 초창기보다는 많아졌다. 그 결과 우리는 영장류에 대해 그 어느 때보다도 더 많은 것을 알게 되었다. 예를 들어 원숭이의 종류에 따라 먹이가 달라지는데 그 먹이간의 영양가와 칼로리 차이는 어떻게 되며 특정 먹이를 소화시키기 위해 분비되어야 하는 소화 효소는 어떻게 달라지고 그 결과 위장과 같은 장기의 구조가 어떻게 다른지까지도 알게 되었다는 것이다. 그뿐만 아니라 예전에는 연구자가 직접 숲 속에서 영장류를 따라 뛰어다님으로써 그들의 활동 범위를 알아내야 했는데 이제는 그러한 전통적인 방법 외에도 위성 장치를 이용해 침팬지 무리의 이동 경로를 자세하게 추적하는 것도 가능해졌다. 영장류학이 계속해서 어떤 식으로 발전해 나갈지 그리고 그 과정에서 우리에게 또 얼마나 흥미 있는 생각할 거리들을 던져줄지 기대가 된다.

영장류학은 유인원과 원숭이라는 매력적인 동물들을 연구한다는 그 자체로도 흥미 있는

학문 분야인 것이 사실이다. 하지만 굳이 영장류라는 동물만 따로 묶어서 연구하는 가장 중요한 이유 중 하나는 바로 우리 인간이 영장류이기 때문이다. 인류학에서는 어떤 특징이 인간을 다른 동물과 차별된 인간이게 하는가에 초점을 맞추고 연구를 하는 데 비해 영장류학에서는 인간을 포함한 영장류 전반에 걸친 특징과 각 종*간의 공통점과 차이점을 찾아내는 연구가 주를 이룬다. 따라서 인류학과 영장류학은 떼려야 뗄 수 없는 관계에 놓이게 되고 그 두 분야의 연구가 총체적으로 종합될 때 우리는 비로소 생물로서 인간과 문화적인 산물로서 인간을 제대로 이해할 수 있게 된다. 이렇게 볼 때 루이스 리키는 화석 인류를 통해, 또 제인 구달은 침팬지를 통해 자연의 일부로서 인간을 깊이 있게 이해하는 데 커다란 공을 세운 사람들인 것이다. 아무도 가지 않은 길을 과감하게 밟은 리키와 구달. 그들의 열정과 끈기는 여전히 인류학과 영장류학이라는 이름으로 우리 곁에 남아 있게 되었다.

Chapter 3

Jane Goodall

대화

TALKING

Louis Leakey

리키 부부와 루이스의 세 천사
올두바이에서 재회하다

한낮의 뜨거운 햇살이 쏟아져 내리고 있다. 1950년대의 햇살이나 2000년대의 햇빛이나 여전히 따갑기는 마찬가지이다. 이곳은 케냐의 수도인 나이로비. 루이스와 메리 리키가 화석 인류를 찾겠다는 목표를 가지고 케냐로 함께 이주 했던 1950년대에 그들은 이곳에 집을 한 채 장만했다. 어차피 평생을 화석 찾기에 바치기로 했으니 이왕이면 현지에 본거지가 있는 것이 좋겠다는 생각에서였다. 오십 여 년이라는 세월이 지나면서 집 자체가 많이 낡기는 했지만 군데군데 묻어 있는 리키 가족의 흔적은 오히려 고풍스러운 느낌마저 자아내고 있다.

케냐 나이로비 공항에 도착한 제인 구달은 택시를 타고 리키 부부의 집으로 향하고 있는 중이다. 여느 나라의 외무부 장관 못지 않게 바쁜 일정을 소화해내고 있는 제인 구달이지만 그녀는 이번 나이로비 방문을 위해 일주일을 비워둔 상태였다. 리키 부부가 제인 구달을 그들의 나이로비 집에 처음으로 초대했던 것이 1957년. 그로부터 오십 여년이 흐른 2008년에 리키 부부가 루이스 리키의 세 천사라 불리는 제인 구달, 다이앤 포시, 비루테 갈디카스를 모두 한 자리에 초대했다. 우리나라 식으로 치자면 일종의 동문회 내지는 홈커밍 행사라고나 할까. 집으로 들어서자 루이스 리키가 그녀를 반갑게 맞이한다.

|루이스| 제인! 이게 얼마 만이오. 그동안 잘 지냈소?

|제인| 선생님, 정말 오랜 만이네요. 어쩌면 이렇게 하나도 안 변하셨어요. 그대로세요.

|루이스| 허허. 빈말이어도 기분은 좋구려. 어서 들어오게. (거실을 향해 큰 소리로 말한다) 메리, 다이앤, 비루테! 제인이 왔소.

제인이 거실로 들어서자 그곳에는 이미 오늘 초대 받은 손님들이 모두 모여 있었다. 그들은 오랜만의 재회에 들뜬 마음으로 그동안 전하지 못한 안부를 주고 받느라 바빴다. 리키 부부의 집은 여전히 정신 없이 북적거리는 곳이었다. 메리 리키의 애완견 달마시안 다섯 마리가 집안 이곳 저곳에서 나와 오랜 만에 찾아온 손님들을 반겨주었고 정원에는 작은 사슴과 독수리, 그리고 원숭이들이 놀고 있었다. 거실에 있는 커다란 어항 속에는 루이스 리키가 정성 들여 기르는 색색의 열대어가 헤엄 치고 있었으

며 집 전화기 옆에는 큰 아들 조나단 리키가 가장 아끼는 동물인 뱀이 또아리를 틀고 있었다. 각종 동물들 때문에 그렇지 않아도 정신 없던 리키의 집에는 아주 오래 전부터 손님이 끊이지 않고 드나들었다. 나이로비를 방문할 기회가 생긴 학자들은 하나 같이 리키의 집에 초대를 받았기 때문이다.

저녁 식탁에는 요리를 좋아하는 루이스가 직접 준비한 요리 이외에도 메리 리키가 일 년에 한 번씩 꼬박꼬박 만들곤 하는 오렌지잼도 함께 올라왔다. 루이스와 메리 리키, 제인 구달, 다이앤 포시, 그리고 비루테 갈디카스. 이 모든 이들이 이렇게 한 자리에 모인 것은 이번이 처음이었다. 화기애애하고 따뜻한 저녁 식사 자리였다.

|비루테| 메리 선생님의 케이크는 여전히 맛이 최고에요.

|메리| (빙그레 웃으며 짧게 답한다) 그래요?

|루이스| (기분 좋은 얼굴로) 메리의 케이크 굽는 솜씨를 따라갈 자가 없지! 그나저나 자네들은 요즘 무슨 주제에 가장 관심이 있는지 한 번 말들 해 보겠나.

|제인| (웃으며) 선생님께서는 시간이 아무리 흘러도 여전히 열정적이세요. 저는 선생님께서 이미 아시다시피 침팬지 보호운동에 최선을 다하고 있어요.

|다이앤| 저는 고릴라 보호운동이요.

|비루테| 저는 오랑우탄 보호운동을 하지만 연구 활동도 같이 하고 있어요.

|루이스| 세 명 모두 유인원 보호운동을 한다는 공통점이 있군. 내가 처음에 자네들을 필드에 내 보냈을 때는 동물 보호운동보다는 그들의 행동을 연구하라는 목적이었는데 어찌해서 다들 보호운동으로 돌아섰는지?

|다이앤| 제가 비룽가 산에 처음 도착했을 때에 저는 제가 고릴라 보호운동에 몸을 바칠 것이라고는 생각도 못 했어요. 고릴라라는 동물을 좋아하기는 했지만, 선생님께서 말씀하신 대로 고릴라의 습성을 연구하려고 떠난 것이었지 보호운동을 하려고 간 것은 아니었으니까요. 그런데 비룽가에 도착하자마자 생각이 바뀌었답니다. 나무 사이사이에 자리 잡고 있는 덫에 수많은 동물들이 걸려들어 그 덫에서 벗어나려고 안간힘을 쓰는 모습을 보면서 정말이지 가슴이 아팠습니다. 온갖 희한한 덫으로 동물들을 잡아서 그것을 먹기 위해 혹은 박제용으로 사용하기 위해 죽이다니요. 특히나 제가 애정을 가지고 있던 고릴라가 그런 식으로 잡히는 것을 보는 것은 도저히 참을 수가 없는 일이었습니다. 그래서 그때부터 저는 고릴라 연구는 연구대로 진행하면서도 많은 시간을 고릴라 보호 운동에 쏟기 시작했지요. 고릴라를 잡으려고 놓은 덫을 수도 없이 끊어버렸고 한번은 밀렵꾼의 아들을

인질로 잡은 적도 있었지요.

|루이스| 물론 자네의 우려나 고릴라에 대한 애정은 이해하지만 그런 식으로 지역 주민들과 부딪히는 것은 좋을 것이 없지 싶은데 말이야. 그 지역에서 연구를 하려면 그 지역 주민들과 잘 지내는 일이 얼마나 중요한지는 자네도 알고 있지 않은가.

|다이앤| 그 말씀에 동의해요. 하지만 모든 지역 주민들이 동물을 잡아들이는 것은 아니거든요. 비룽가 지역 주민들 중에는 저와 뜻을 같이 한 사람들도 많이 있었어요. 단지 그들의 생각을 행동으로 옮길 무언가가 필요했는데 그게 저였던 것이지요. 그런데 밀렵 못지 않게 고릴라들에게 위협적인 것은 서식지 파괴예요. 농사를 짓기 위해 혹은 가축을 키우기 위해 숲의 나무들을 마구 잡이로 베어내는데 그렇게 되면 문제는 그 숲을 집 삼아 살아가는 고릴라는 어떻게 살아 남느냐 하는 것이지요.

|제인| 맞아요. 서식지의 환경 변화가 지구 상에 존재하는 모든 동물에게 지대한 영향을 미치지요. 그 중에서도 특히 영장류들처럼 성장 발달 과정이 느리고 긴 동물들에게는 서식지 환경 변화가 치명적인 것이고요. 초파리처럼 한꺼번에 알을 많이 낳고 금방 다음 세대로 넘어가는 동물의 경우, 환경이 변화하면 그에 따른 돌연변이 같은 것들이 나타나 빠르게 바뀐 환경에 적응할 수 있잖아요. 하지만 침팬지처럼 어미가 새끼를 8년도 넘게 데리고 다니면서 보살펴 주어야 비로소 독립을 할 수 있는 동물은 서식

지가 바뀌면 그에 적응할 틈도 없이 멸종 위기에 처할 수 있다는 것이지요.

|비루테| 제인의 이야기에 전적으로 동의해요. 제가 연구하고 있는 동남아시아의 경우 서식지 변화와 그에 따른 영장류의 적응 과정을 특히 잘 보여주는 곳이에요. 오랑우탄도 물론이지만 동남아시아 및 중국 남부에 서식하는 대표적인 유인원 긴팔원숭이(기번, Gibbon)의 진화가 좋은 예라고 할 수 있지요.

|루이스| (슬쩍 미소를 지으며 고개를 끄덕인다) 그렇지. 같은 지역에 살고 있는 긴팔원숭이와 오랑우탄의 공통점이 무엇인지 생각해보면 실마리를 잡기 쉽겠지?

|비루테| (역시 미소를 지으며 고개를 끄덕인다) 바로 그거예요. 긴팔원숭이와 오랑우탄은 모두 동남아시아의 울창한 밀림에 서식하는데 이 둘은 생김새도 다르고 몸집의 차이도 심하지만 무리를 지어서 생활하지 않는다는 공통점을 가지고 있지요. 침팬지나 고릴라가 모두 무리를 지어 살아가는데 비해 오랑우탄이나 긴팔원숭이는 거의 혼자 다녀요. 물론 새끼가 있는 어미는 그 새끼가 독립할 때까지 데리고 다니고 긴팔원숭이는 암수가 함께 다니기도 해요. 그렇지만 침팬지나 고릴라 혹은 비비 원숭이처럼 다른 개체들과 밀접한 관계를 맺고 살지는 않지요.

|제인| 흥미 있는 얘기네요. 저는 침팬지의 사회적인 구조와 그 속

에서 벌어지는 개체 간의 미묘한 권력 투쟁과 동맹 관계 등을 연구하는데 평생을 바쳤기 때문인지 무리를 지어서 살지 않는 영장류 이야기가 더 흥미롭게 들립니다. 그런데 왜 이런 차이가 생겨난 것이지요? 조금 전에 언급한 서식지 환경의 변화와 관계가 있는 듯 싶은데 좀더 구체적으로 이야기해 주면 좋겠어요. 궁금해요.

|비루테| 네 그러지요. 지금으로부터 약 8백 만 년 전에 동남아시아의 밀림은 지금보다 더 울창했답니다. 사시사철 열대 우림에서 많은 과일이 자랐기 때문에 당시 이곳을 누비던 영장류들은 어디에 살든지 관계 없이 늘 풍부한 먹이를 먹을 수 있었어요. 그런데 7백 만 년 전 즈음부터 환경의 변화와 함께 열대 우림이 축소되면서 예전에는 어디에나 똑같이 많았던 과일 나무들이 점점 줄어들기 시작했어요. 먹이가 그만큼 부족하게 되었다는 이야기지요. 그래서 영장류들은 그 나름대로 살아남을 전략을 취하게 되었는데 긴팔원숭이의 경우 그것이 꽤 효과적이었던 것으로 보여요. 그 때까지 무리를 지어 살던 긴팔원숭이들은 더 이상 무리를 지어 사는 것이 좋지 않다는 것을 깨달았던 것 같습니다. 먹이가 부족한 상황에서 여러 마리가 모여 살면 충분한 먹이를 구하기 힘들어지고 싸움만 더 하게 될 테니까요.

|다이앤| 재미있네요. 그래서 각자 살 길을 찾아 혼자 살게 되었다는 이야기가 되나요?

|비루테| 네, 바로 그거예요. 뿐만 아니라 긴팔원숭이들은 그 때부터 몸집이 줄어들었는데, 이 역시 먹이의 감소와 밀접한 관련이 있어요. 먹이가 줄이든 마당에 커다란 몸집을 유지하면 그 몸집을 감당할 만큼의 먹이를 구할 수 없게 되니 몸집을 줄이는 방향으로 나간 것이지요.

|루이스| 어디 그것 뿐인가? 긴팔원숭이가 어떻게 움직이는지 다들 잘 알지? 침팬지나 고릴라 혹은 오랑우탄과는 비교할 수 없을 만큼 빠른 속도로 두 팔을 날렵하게 움직이며 나무와 나무 사이를 옮겨 다니지. 이렇게 빨리 숲을 누빌 수 있게 되니 짧은 시간에 더 넓은 지역을 오갈 수 있게 되고 그렇게 되면 멀리 떨어져 있는 먹이도 쉽게 구할 수 있게 된다는 사실! 정말 멋진 동물이야!

|비루테| 그렇지요. 몸집이 잘 해야 10킬로그램 안팎 정도 밖에 되지 않는 긴팔원숭이들이 놀라운 속도로 밀림을 누비는 광경은 그야말로 경이롭다라고밖에 표현할 수 없어요.

|제인| 잠깐. 오랑우탄과 긴팔원숭이의 공통점이 또 있는 것 같은데요? 긴팔원숭이도 큰 소리를 내어 자기 영역을 보호하고 오랑우탄도 굉장히 큰 소리를 내서 영역 표시를 하지 않던가요?

|비루테| 좋은 지적이에요. 두 종류 다 무리를 짓지 않고 넓은 범위의 숲을 오가며 살다 보니 자기 영역을 침범하는 놈을 일일이 좇

아낸다는 것이 쉬운 일은 아니지요. 그래서 둘 다 몇 킬로미터까지도 들린다는 큰 소리를 내어 자신의 영역을 표시한답니다.

|다이앤| 참으로 신기해요. 영장류란 동물이 알면 알수록 서로 비슷한 점도 많고 또 다른 점도 참 많다는 것이 말이에요. 게다가 서식지 환경의 변화와 먹이, 몸집, 사회 구조 등이 모두 연관되어 함께 변한다는 것도 어찌 보면 당연한 일이겠지만 그래도 여전히 신기한 것이 사실이에요.

|제인| 맞아요. 제가 초창기에 곰비에 있을 때 정말 미워하던 동물이 있었어요. 바로 비비 원숭이지요. 이 녀석들이 얼마나 영악한지 침팬지를 관찰하려고 하는데 자꾸만 와서 방해를 하고 바나나도 먹으려 들고, 쫓아내면 더 포악하게 달려들고 말이지요. 저는 제가 모든 동물을 사랑하는 줄 알았는데 그때는 이 놈들이 얼마나 밉고 보기 싫던지 말이에요. 호호. 그런데 어느 날부터 가만히 보니까 이 녀석들이 침팬지와는 또 다른 여러 면에서 참 재미난 동물이더라고요. 비비 원숭이들은 무엇이든지 닥치는 대로 다 먹어요. 오죽하면 별명이 쓰레기통이겠어요! 무엇이든 먹을 수 있기 때문에 사람이 사는 근처를 어슬렁거릴 수 있지요. 이 이야기를 왜 꺼냈느냐 하면 조금 전에 다이앤이 이야기 한 것처럼 이런 비비 원숭이의 습성도 서식지 환경에 대한 적응의 결과라는 거예요.

|다이앤| 긴팔원숭이는 여전히 과일을 주식으로 하면서 더 넓은 지

역으로 과일을 찾아 퍼져 나갔다면 비비 원숭이는 그렇게 넓은 지역을 오가는 대신 좁은 지역에 무리 지어 살면서 과일은 물론이고 무엇이든 다 먹어 치운다 이 말이겠네요?

|제인| 그렇지요! 비비 원숭이에 대해 공부를 해 보니 처음처럼 마냥 밉지만은 않더라고요. 알면 사랑하게 된다더니 그 말이 맞나 봐요.

|루이스| 그럼 그렇고 말고. 제인이 1973년인가 《네이처》에 비비 원숭이의 도구 사용에 관한 논문까지 낸 것을 보면 정말 비비 원숭이를 사랑하게 되었나 보더라고!

|제인| 하하. 그런가요? 그나저나 아까 하던 이야기로 돌아가 보면요. 영장류가 무엇을 먹는지에 따라 그 습성이 천차만별이라는 거예요. 아프리카에 사는 콜로버스 원숭이를 보면 하루 종일 나무 위에 앉아서 나뭇잎을 먹거나 그냥 그 자리에 가만 앉아 있거든요. 재미난 것은 콜로버스 원숭이의 소화 기관이 나뭇잎을 소화하기 좋게 발달했다는 것이에요. 사실 나뭇잎은 소화가 잘 안 되는 질긴 것들이 많아서 그걸 소화 시키는 게 쉬운 일이 아니거든요. 그래서 이 원숭이들은 위장에서 독특한 소화 효소를 분비해 내는데 그 효소의 분비 과정부터 소화가 되기까지 시간이 굉장히 오래 걸린대요. 상황이 이렇다 보니 나뭇잎을 먹고 그 다음에 가만히 앉아서 그것을 소화 시키다 보면 하루가 다 가는 셈이지요. 그러니 복잡한 사회구조 등과 같은 다른 특성이 발달

하기 힘든 것이고요.

|비루테| 제인의 이야기를 들으니 생각나는 원숭이가 또 있어요. 젤라다 원숭이 말이에요. 이 원숭이는 '영장류의 말'이라고 불린다는 이야기를 들었거든요. 콜로버스 원숭이가 나뭇잎을 주식으로 하는 대신 이 원숭이들은 풀을 주식으로 하지요. 풀은 나뭇잎에 비해 소화하기 쉽기 때문에 특별한 소화 효소가 필요하지 않아요. 그 대신 먹어도 별로 배 부르지 않고 먹는 즉시 소화 되어서 배설물로 나가기 때문에 굉장히 많은 양을 먹어야 한다는 차이점이 있어요. 그러니 이 녀석들은 콜로버스 원숭이처럼 가만 앉아서 소화될 때까지 기다려야 할 필요는 없지만 계속 먹어줘야 한다는 사실!

|루이스| (흐뭇한 표정을 지으며 이야기를 이어간다) 중국 남쪽과 동남아시아에는 황금 들창코 원숭이라는 원숭이가 있지. 그 원숭이들은 고도가 꽤 높은 곳에 살기 때문에 어떤 사진을 보면 눈 속에 파묻혀 있더라고. 그러면 도대체 거기서 무얼 먹고 사느냐? 신기하게도 이 녀석들은 주식이 돌 사이에 끼어 있는 이끼야. 그런데 이끼라는 식물이 빨리 자라지를 않거든. 그렇다고 이끼가 새로 자랄 때까지 마냥 기다릴 순 없지 않은가. 그래서 이 원숭이는 하루에 움직이는 범위가 매우 넓다고 해. 먹이를 찾아 움직이는 거지. 긴팔원숭이처럼 서식지 환경이 변해서 활동 범위를 넓혀야 했던 녀석들이 있는가 하면 이 황금 들창코 원숭이들처럼 먹이의 특성 상 넓은 활동 범위를 가지고 있는 종들도 있

다 이거지. 사람도 먹는 것이 중요한 것처럼 영장류들도 먹지 않으면 살 수가 없으니 그들의 여러 가지 측면이 먹이의 특징과 밀접한 관계를 맺고 있다는 것은 당연한 일이야.

|제인| 선생님은 참말로 모르는 것이 없는 분이세요. 제가 선생님을 처음 뵌 것도 벌써 오십 년 전의 일인데 그때도 똑같은 생각을 했답니다. 무슨 주제가 나오든지 간에 그와 관련된 이야기를 줄줄 하실 수 있으니 참 놀라워요.

|루이스| (쑥스러운 미소를 지으며 답한다) 글쎄. 워낙 이것저것 주워들은 것이 많아서인가? 그나저나 우리의 메리 여사는 어째 한 말씀도 없으신가?

메리는 여전히 아무 말 없이 차가운 미소로 답한다.

|다이앤| 메리 선생님은 예전에도 늘 조용한 분이셨는데 지금도 그 모습 그대로이시네요.

제인과 비루테 그리고 다이앤은 서로 눈을 맞추며 '맞아 맞아'라는 표정을 지으며 웃는다.

|다이앤| 전세계에 240종 정도의 영장류가 있다고 하지요. 30그램 정도밖에 나가지 않는 아주 작은 난쟁이 리머 원숭이부터 170킬로그램까지 나가는 고릴라까지 다양한 몸집을 가진 영장류가

존재하는 것을 보면 영장류라는 집단을 단순히 '원숭이' 정도로 생각하는 것은 옳지 않아 보여요. 게다가 서식지도 다양하잖아요. 사하라 사막을 제외한 아프리카 전체를 비롯해 중남미, 인도, 동남아시아부터 일본까지.

|제인| 바로 그런 다양성 때문에 영장류학이 재미난 학문이기도 하지만 반면에 그렇게 다양한 생물체가 영장류라는 하나의 집단으로 묶인다는 사실도 그에 못지 않게 흥미로운 사실이 아닐까 싶어요. 생각해 보면 영장류가 그토록 다양하기는 하지만 그 숫자만 놓고 봤을 때 생태계에서 그다지 많은 수를 차지하지는 않잖아요? 그것은 바로 영장류가 다른 동물에 비해 천천히 성장 발달하기 때문이지요. 새끼 때부터 커다란 두뇌를 발달시키는 데 많은 시간이 들고 2차 성징이 나타나기까지 또 많은 시간이 걸리다 보니 개체수가 증가하는 데 한계가 있게 마련이고요.

|비루테| 바로 그러한 영장류의 특징 때문에 그 어느 동물보다 빠르게 멸종 위기에 놓이는 것이 영장류이고, 그러한 이유에서 보호운동이 절실한 것이 영장류 아니겠어요!

|메리| (한 손에는 그녀가 가장 좋아하는 술인 위스키를 들고 있다. 드디어 천천히 한 마디를 한다) 상황이 그렇다 보니 이 세 분이 모두 연구하러 갔다가 동물 보호운동도 함께 하게 된 것이 자연스러운 결과겠네요.

|루이스| 그런 셈이지요. 알면 사랑하게 된다더니 그 말이 이처럼 잘 통하는 경우가 또 있을까 싶다오. 처음에 제인을 곰비에 보낼 때만 하더라도 야생 유인원 연구가 이렇게 장기간에 걸쳐서 진행될 줄은 몰랐을 뿐더러 동물보호와 이토록 밀접한 관계를 맺게 될 줄도 몰랐지. 허허. 그런데 자네들. 지금 야생에 살고 있는 유인원의 멸종을 방지하기 위해서는 살아있는 유인원에 대한 연구도 중요하지만 화석으로 출토되는 영장류에 대해 공부하는 것도 필수적이라네. 물론 지금은 인간이 인위적으로 자연 환경을 파괴한다는 차이점이 있긴 하지만 멸종이라는 것은 새로운 종의 출현과 마찬가지로 자연스런 과정의 하나라고 볼 수도 있거든. 그렇기 때문에 과거에 어떻게 영장류라는 동물이 지구 상에 나타나게 되었고 그 후 어떤 과정을 거쳐 진화했는가 다시 말해 그 과정에서 어떤 놈들이 살아 남았고 어떤 것들이 멸종되었는지를 알면 자네들이 하는 동물보호 활동에 도움이 될 것이다 이거지. 생물의 출현과 멸종은 모두 환경의 변화에 따른 결과이니 말일세.

|비루테| 선생님 말씀에 동의해요. 영장류학을 연구하는 학자들 중에는 저희처럼 살아있는 영장류를 연구하는 사람도 있지만 화석 영장류들을 주로 연구하는 학자들도 많지요. 영장류라는 동물을 제대로 이해해야 그들을 보호할 수 있으니 이 두 분야를 함께 이해하는 것이 필수적이겠지요.

|다이앤| 저도 그 생각에는 동의하는데요 문제는 잘 보존되어 있는

화석 영장류가 드물다는 것이 아닐까 싶어요. 영장류가 지구 상에 처음 출현한 것은 공룡 멸종 이후의 일인 약 6천만 년 전의 일이라고 하는데 그 이후에 오늘날에 이르기까지 남아있는 화석이 많지 않다고 하잖아요.

|루이스| 그렇지. 하지만 그렇기 때문에 더 흥미진진하고 재미난 학문이 바로 화석을 연구하는 학문이라는 것이 내 생각이라네. 아직까지 풀어야 할 과제들이 산더미 같이 남아있는 분야이니 얼마나 재밌나!

|다이앤| 역시 선생님이세요. 호호.

|제인| 오늘날 사람을 제외한 대부분의 영장류들은 아열대와 열대 기후 지역에 모여 살지요. 이들은 나무 위에서 잘 살 수 있도록 신체의 여러 기관이 만들어져 있고요. 영장류들은 팔과 다리를 다른 동물에 비해 자유자재로 움직일 수 있어요. 말이나 사슴을 생각해 보세요. 그들은 원숭이들과 달리 팔 다리로 원을 그리며 휘휘 저을 수 없잖아요. 뿐만 아니라 영장류들은 손과 발이 나무를 꽉 움켜 쥐기 쉽게 되어 있지요. 이러한 신체 구조 덕분에 영장류들은 나무를 잘 타고 이 나무에서 저 나무로 쉽게 옮겨 다닐 수 있는 것이고요. 그런데 이런 특징은 영장류가 지구 상에 처음 출현했던 때부터 생겨난 것으로 보인다고 해요. 지금으로부터 약 6천만 년부터 3천만 년 전에는 지구가 지금보다 훨씬 따뜻했고 지구의 많은 부분이 아열대와 열대 우림으로 덮여 있었다고

하는데 마침 그 시기에 영장류 화석이 가장 많이 출토되고 있어요. 이는 그런 환경이 영장류가 살기 좋은 환경이었다는 것과 영장류는 진화 초기부터 아열대 혹은 그보다 더 더운 기후에서 살았다는 것을 말해주지요.

|다이앤| 맞아요. 그렇게 나무가 많은 곳에서 수천 만 년의 세월에 걸쳐 진화를 거듭해 왔기 때문에 영장류들은 몸의 여러 감각 중에서도 특히 시각에 의존하게 되었지요. 이 나무에서 저 나무로 자유자재로 옮겨 다니기 위해서는 나무와 나무 사이의 거리를 정확히 측정할 줄 알아야 하는데 이를 위해서는 눈의 위치가 중요해요. 눈이 말처럼 머리의 양 옆에 있으면 각각의 눈이 바라보는 범위가 겹치지 않는데 그렇게 되면 거리 측정이 힘들어지지요. 우리가 한쪽 눈을 가리고 앞을 보면 거리 감각이 확 떨어지는 것과 같은 이치에요. 그래서 영장류들은 모두 눈이 얼굴의 앞에 모여 있게 된 것이지요. 이는 화석 영장류들에게서도 보이는 특징이랍니다.

|비루테| 거리 감각 뿐만 아니라 영장류 눈에서 중요한 것 중 하나가 또 있으니 바로 색깔을 구별할 수 있다는 것이지요. 이는 나무에서 살면서 새싹이나 익은 과일을 주로 먹는 영장류들에게 매우 중요한 일이에요. 왜냐하면 흑백으로 세상을 본다면 덜 익은 과일과 제대로 익어 먹을 때가 된 과일을 구별하는 것이 힘들어지기 때문이죠. 이러한 특징들이 영장류 진화의 매우 이른 단계에서부터 나타났다는 것은 영장류 화석 두개골을 통해 심직해

볼 수 있지요. 거리를 제대로 측정하거나 색을 구별하기 위해서는 상당량의 두뇌 활동이 필요합니다. 사람을 비롯한 영장류 두뇌에 시각을 관장하는 뇌가 따로 있는 것만 보더라도 짐작을 하실 수 있겠지요. 그래서 영장류의 두개골을 보면 다른 많은 동물들과 달리 두 눈과 뇌가 직접 연결되지 않고 뼈로 막혀 있어요. 그래야 턱을 움직이거나 할 때 눈이 같이 흔들리는 일이 없거든요. 그렇게 뼈로 막혀 있지 않은 동물들은 턱 근육이 눈 옆으로 연결되어 있어서 턱을 움직일 때마다 눈이 살짝살짝 흔들린답니다. 그렇게 되면 안정적인 시각을 확보할 수 없으니 영장류에게는 문제가 되지요. 화석 영장류의 두개골 눈 뒷 부분이 뼈로 막혀 있는 것을 볼 수 있는데 이는 시각의 중요성이 영장류의 오랜 특징임을 알려주는 것이지요.

|루이스| 다들 화석 영장류에 대해서도 제대로들 알고 있구먼. 허허. 이집토피테쿠스나 드라이오피테쿠스, 그리고 프로콘술처럼 그 보존 상태가 매우 좋은 화석 영장류들 덕분에 여전히 부족하지만 그래도 영장류의 진화에 대해 더 많은 것을 알 수 있게 되었지. 이들의 공통점은 수천 만 년 전부터 아열대나 열대의 숲에 살았다는 것이야. 그러니 그 숲이 파괴되면 거기 살던 녀석들도 함께 멸종하는 것은 시간 문제인 셈이고. 지금으로부터 약 3천만 년 전에 그 때까지 양극 지방이 없을 정도로 따뜻했던 지구가 갑자기 추워지기 시작했어. 그 때 많은 영장류들이 멸종한 것으로 보이지. 영장류들은 일년 내내 따뜻한 기후와 그에 따라 일년 내내 먹을 나뭇잎과 과일이 있는 곳에 적응해 온 동물이기 때문

에 그것이 불가능해지면 살아남기가 힘들어지는 것이고.

|다이앤| 역시 서식지 파괴는 현생 영장류들의 최고의 적이군요.

|제인| 맞아요. 정말이지 눈 앞의 이익 만을 노리며 다른 영장류들이 가지지 못한 최신 기술을 이용해 그들의 서식지를 마구 파괴해 가는 인간의 행태를 보면 화가 나서 참을 수가 없어요. 또 그 앞에서 무방비로 당할 수밖에 없는 영장류들을 보면 너무 가엾고요. 이게 과연 윤리적으로 옳은 것일까요?

|비루테| 그래요. 생물의 멸종이 자연계의 순리 중 하나인 것은 인정하지만 이런 식으로 인간의 행위 때문에 빠른 속도로 멸종 위기에 처하는 것은 결코 순리라고 볼 수 없지요.

|루이스| 허허. 이거 내가 또 기금 모금해서 영장류 보호 재단을 하나 세워야겠군. 가만 있어보자. 누구한테 연락을 해야 하나.

|다이앤| (웃으며 말한다.) 선생님께서는 몇 십 년 전이나 지금이나 여전히 모든 일에 열정적이시군요.

|메리| 내가 루이스를 처음 만났을 때 그에게 반했던 가장 큰 이유도 바로 저렇게 지칠 줄 모르는 배움에 대한 열정 때문이었답니다. 이제는 70년도 더 지난 옛날 이야기인데 루이스는 여전히 그대로예요.

|제인| 저희들이 선생님께 반했던 이유도 거의 비슷할 거예요.

|루이스| 아니 이 사람들이 갑자기 쑥스럽게 왜들 그러시는가.

　모두 즐겁게 웃는다.

|메리| 루이스, 당신이 한 일 중에 가장 성공적인 일 중의 하나가 여기 모인 세 천사를 야생 유인원 연구에 투입하고 적극적으로 후원한 것이 아닌가 싶어요.

|루이스| (쑥스러운 듯 웃는다) 거참. 오늘 당신에게 갑자기 칭찬을 너무 많이 받아 몸 둘 바를 모르겠군요.

　서로 알고 지낸 세월이 오십 년이나 되어 가는 세 천사와 리키 부부가 모두 큰 소리로 웃는다. 스승과 제자 그리고 동료로 만나 부모와 자식 그리고 자매와 같은 끈으로 수십 년 동안 서로의 연구를 밀어주고 끌어준 이들. 이제는 모두 세계적으로 유명한 학자가 된 루이스 리키, 메리 리키, 제인 구달, 다이앤 포시, 비루테 갈디카스. 이들의 이야기는 아프리카 하늘 아래서 밤이 깊어서 까지 계속해서 이어진다.

Jane Goodall

😎 이슈

ISSUE

Louis Leakey

일본 구석기 고고학 날조 사건

고고학이나 인류학계에서 단박에 스타로 떠오를 수 있는 방법
은 가장 오래된 유적, 가장 오래된 유물 혹은 가장 오래된 화석
을 찾아내는 것이다. 무엇이든지 가장 오래되었다고 하면 사람
들의 시선을 쉽게 사로잡을 수 있기 때문이다. 루이스와 메리 리
키라는 이름을 세상에 널리 알려준 것도 가장 오래된 화석 영장
류의 발견이었고 리차드와 미브 리키를 유명하게 만들어준 것도
가장 오래된 호모 속᷀ 화석 인류의 발견이었다.

일본의 고고학자 시니치 후지무라는 1980년대부터 약 20년 동
안 180개가 넘는 유적을 발굴했는데 그때마다 놀라운 발견을 해
냈다. 멋진 유물을 발견하기 위해서는 운이 필요하다. 대부분의
고고학자들에게 그런 운은 평생에 한 번 찾아올까 말까 한 일인
데 어쩐 일인지 후지무라에게만은 그 행운이 20년 동안이나 계
속해서 찾아들었다. 그는 일본 고고학계의 '신의 손'으로 일컬
어지던 그야말로 행운의 사나이였다. 그가 땅을 파기만 하면 그

곳에서는 일본에서 가장 오래된 구석기들이 출토되었으니 말이다. 시니치는 기존의 일본 고고학사를 다시 쓰게 만든 주인공이었을 뿐만 아니라 인류 진화의 역사를 다시 검토해보게 한 주인공이기도 했던 것이다. 일본에서 가장 존경받는 아마추어 고고학자 중 한 명이었던 후지무라는 2000년 11월 5일 이후 고고학자로서 보낸 인생을 마감해야 했을 뿐만 아니라 정신병원에 감금된 채 외부와 접촉이 차단되어버렸다. 잘 나가던 후지무라에게 어떤 일이 일어난 것일까?

2000년 11월 5일 아침 일본의 주요 일간지인 마이니치 신문의 보도는 일본 열도를 발칵 뒤집어놓았다. 일본 고고학계의 황금손이었던 후지무라가 몰래 석기를 땅속에 파묻는 장면이 보도되면서 그동안 그가 발견했던 석기들이 사실은 날조된 것임이 세상에 알려지게 된 것이었다. 참으로 충격적인 보도가 아닐 수 없었다.

1970년대까지만 하더라도 일본에서 가장 오래된 구석기 유적은 3만 년 정도 된 것들이었고, 그곳에서 출토되는 구석기 유물들은 대부분 그다지 정교하게 만들어지지 않은 석기들이었다. 이러한 증거로 미루어볼 때 3만 년 전에 한반도에서 사람들이 일본 열도로 이주해갔다는 것이 정설로 받아들여지고 있었다. 그런데 이런 일본 구석기의 상황은 시니치 후지무라라는 아마추어 고고학자의 출현과 함께 큰 전환기를 맞게 되었다. 비록 정규 고고학 교육을 받지는 않았지만 일본 구석기 고고학에 큰 관심을 가지고 있던 그는 자신이 살던 동네인 미야기를 중심으로 이곳저곳에서 발굴을 시작했다. 같은 동네의 정규 고고학자들은 열정을 가지고 고고학 발굴에 힘을 쏟는 그를 눈여겨보았고 마침내 1975년부터 그들은 팀을 조직해 함께 발굴을 시작했다. 이 팀은 2000년도까지 25년 동안이나 훌륭한 협동 정신을 보여주면서 활발한 활동을 펼쳤다. 당시에 정규 교육을 받았던 고고학자들은 은근히 아마추어 고고학자들을 무시했는데 미야기에서 고고학을 이끌던 세리자와 박사는 오히려 아마추어들의 열정을 높이 사 그들을 격려해줄 뿐 아니라 그들의 업적을 널리 알린 사람이기도 했다. 후지무라는 그런 세리자와 박사의 신념을 이어받은 제자들과 함께 일을 하게 된 행운아였다. 그들의 팀에서 후지무라는 정규 교육을 받은 고고학자와 대등한 대접을 받았던 것이다. 그는 일본 최고의 아마추어 고고학자에게 주는 상을 두 번이나 받았고 구석기 고고학 유적들을 계속해서 찾아냈다.

2000년 10월에 후지무라는 또 한 번 세상을 깜짝 놀라게 한 발굴 결과를 내놓았다. 일본의 혼슈 섬 북쪽에 위치한 카미타카모리 유적 발굴에서 60만 년 전 석기를 발굴해낸 것이다. 많은 고고학 유적들이 연대 측정이 올바로 되었느냐가 쟁점이 되곤 하는데 이 유적은 그런 문제도 없어 보였다. 일본은 화산섬이기 때문에 정확한 연대 측정이 가능한 화산재가 많이 남아 있는데 카미타카모리 유적도 화산재를 이용해 연대를 측정한 것이었기 때문에 그 결과에 신빙성이 더해진 것이었다. 기존에 가장 오래된 유적이 불과 3만 년 전 것이었음을 감안해볼 때 이는 획기적인 발견이 아닐 수 없었다. 그뿐만 아니라 그렇게 오래된 유적은 동아시아 전체를 통틀어 볼 때 몇 개 되지 않았기 때문에 더더욱 세상의 주목을 받았다. 그의 주장대로라면 3만 년 전에 중국을 거쳐 한반도로 이주해온 사람들이 일본으로 건너갔다는 기존의 이론은 틀린 것이었다. 오히려 어떤 경로를 거쳤는지는 확실치 않지만 자그마치 60만 년 전에 석기를 만들 수 있는 능력을 가진 사람들이 일본 열도에 살고 있었다는 새로운 가설을 세워야 했다. 후지무라가 놀라운 발견으로 유명 인사가 되어 있을 때 마이니치 신문 기자들은 뒤에서 이를 묵묵히 지켜보고 있었다. 후지무라가 카미타카모리에서 발굴을 하고 있던 때에 지난 20년간 그에게만 따라온 행운 뒤에 뭔가 미심쩍은 구석이 있다고 여겨온 사람들이 마이니치 신문 기자에게 연락을 해두었던 것이다.

그러한 제보를 받은 마이니치 신문 기자들은 후지무라가 발굴하고 있던 카미타카모리 유적 근처에 숨어서 몇 달 동안 그를 관찰했다. 설마 했던 기자들은 얼마 지나지 않아서 놀라운 장면을 비디오에 담게 되었다. 후지무라가 아침 일찍 혼자 유적에 미리 나와 땅을 파고 그곳에 미리 준비해온 석기를 묻는 장면이었다. 그리고 그날 오후에 후지무라는 태연하게 그가 미리 묻어놓은 석기를 발굴해냈고 마치 진짜로 발견을 한 것처럼 흥분했다고 한다. 그렇게 "발견"된 석기가 바로 일본 구석기 고고학의 역사를 다시 쓰게 했다는 60만 년 전 석기였던 것이다. 마이니치 기자들은 그것을 보도하기에 앞서 후지무라에게 인터뷰를 요청했다. 기자들이 이미 그가 한 행동을 다 알고 있다는 것을 알 턱이 없는 후지무라는 자신이 "발견"한 석기가 얼마나 놀라운 것이며 그것이 고고학사에서 차지하는 위치의 중요성에 대해서까지 열변을 토했다. 가만히 듣고 있던 기자들은 마침내 입을 열었다,

잠시 침묵을 지키던 후지무라는 곧 자신의 잘못을 순순히 인정했으나 자신이 조작한 유적은 카미타카모리 하나밖에 없다고 잡아뗐다.

이렇게 하여 신의 손 후지무라의 영광은 끝이 났고 일본 고고학계는 발칵 뒤집어졌다. 그와 같은 팀을 이루어 25년간이나 활동해온 팀원들은 앞 다투어 자신들은 전혀 모르는 일이었다는 성명을 발표했다. 한 개인의 어처구니 없는 이런 사기극으로 일본 고고학계 전체의 위상이 땅에 떨어져 버렸다. 외국의 언론들은 이를 두고 제대로 된 검증 제도가 없는 일본 고고학계의 풍토와 가장 오래된 것을 일본 땅에서 찾고자 하는 강박 관념에 시달리는 일본의 고고학자들을 비판했다. 하지만 일본의 학자들은 이러한 비난에 차분히 대응하며 그동안 후지무라가 발굴했던 유적과 그곳에서 출토된 유물에 대한 대대적인 재검토에 들어갔다. 그 결과 그가 1980년대부터 40개가 넘는 유적의 유물을 조작했음이 밝혀졌다. 그는 스스로 돌멩이를 이용해 석기를 만들어서 (석기를 직접 만드는 일은 생각만큼 어렵지 않다) 다른 사람이 유적에 나타나기 이전에 그것을 자신이 원하는 위치에 묻어두고 돌아갔다. 팀원들과 함께 유적에 돌아온 후지무라는 아침에 자신이 묻어둔 석기를 "발견"하는 방식으로 수많은 석기들을 찾아냈다. 그저 자신이 발견하고자 하는 지층에 석기를 파묻으면 되었기 때문에 그는 계속해서 더 오래된 석기를 발견할 수 있었다. 이렇게 하여 후지무라에 의해 다시 쓰였던 일본 고고학사는 이번에도 후지무라 때문에 다시 쓰이게 되었다. 교과서에까지 실렸던 후지무라의 발견에 대한 내용이 삭제되었고 일본 구석기 고고학의 시작은 60만 년에서 다시 3만 년으로 내려갔다.

도대체 왜 후지무라는 이런 엄청난 사기극을 벌이게 된 것일까? 후지무라의 고고적 유적 날조가 보도된 직후 개인적으로 그를 알던 사람들은 하나같이 도저히 믿을 수 없는 사실이라고 했다. 아무도 후지무라를 좋지 않게 평하는 사람이 없었기에 오히려 이를 취재하던 기자들이 당황할 정도였다. 그들이 지난 20년 세월 동안 알아온 후지무라는 누구보다 정직하고 조용한 사람이었으며 자신이 멋진 발견을 하더라도 그것을 결코 자랑하지 않는 겸손한 사람이라는 것이었다. 후지무라의 고고학 날조 사건이 처음 보도되었을 때 많은 사람들은 어떻게 아마추어가 그렇게 존경받는 고고학자가 될 수 있었는지에 의문을 제기하며 아마 후지무라가 정규 교육을 받지 못한 열등감 때문에 그런 행동을 하지 않았겠느냐고 추측했다. 하지만 후지무라의 동료들이 그가 아마추어라고 해서 그의 발굴성과를 무시하지 않았음은 익히 알려진 사실이기에 이것은 설득력이 떨어지는 설명이다. 게다가 다른 나라에는 없는 아마추어와 정규 고고학자의 긴밀한 협동이라는 일본 고고학계만의 독특한 풍토로 볼 때 후지무라가 아마추어로서 지닌 열등감 때문에 저지른 사기극이라는 설명은 석연치가 않다. 쉰을 갓 넘긴 후지무라는 이 사건의 보도 직후에 정신병원에 감금되었다. 어떤 사람은 그를 처벌해야 한다고도 주장하였으나 현실적으로 그를 처벌할 법이 없었다. 일본 문화재법에는 고고학 유적을 손상하는 사람을 처벌하는 조항은 있어도 후지무라같이 스스로 고고학 유적을 만들어낸 사람을 처벌하는 조항은 없기 때문이었다. 따라서 후지무라가 자그마치 20년이 넘는 세월 동안 왜 이런 거짓을 조작했는지는 영원한 미스터리로 남을 가능성이 높아졌다.

후지무라가 그 오랜 세월 동안 거짓 발견을 하는데도 이를 알아채지 못한 일본 고고학계에 구조적인 문제가 있는 것은 사실이었다. 그의 발견을 객관적인 입장에서 제대로 검증해줄 제도가 없었고 언론을 통해 일단 가장 오래된 유물이라고 발표부터 하고 보자는 식의 비과학적인 생각 역시 널리 퍼져 있었다. 세계 고고학계의 흐름을 타기보다는 우물 안 개구리 식으로 주로 일본 안에서만 이루어지던 고고학 풍토에도 문제가 있었다. 이러한 구조적인 문제에 가장 오래된 것을 찾고자 하는 한 개인의 열망이 얹혀지면서 희대의 고고학 날조극이 가능해진 것이었다. 하지만 그런 엄청난 조작을 하리라고는 아무도 쉽게 상상하지 못했을 뿐더러 그가 워낙 교묘하고 완벽하게 유물을 묻었기 때문에 그것을 알아채기도 쉽지 않았다. 이 사건이 일본에서 일어난 것은 맞지만 그렇다고 해서 이런 문제가 비단 일본에 국한된 것은 결코 아니다. 가장 오래된 혹은 가장 처음 발견된 유물을 찾고자 하는 고고학자들의 욕구는 국경을 뛰어넘어 존재해온 것이고 앞으로도 이 학문이 존재하는 이상 계속해서 남아 있을 것이다. 이러한 개인의 욕심이 학문 전체의 객관성을 흐리지 않도록 잡아주는 제도가 필요한 동시에 그 제도와 규제의 틀이 개인의 열정을 막아 학문의 발전을 가로막는 일이 생기지 않도록 해야 한다. 이것이 말만큼 쉽고 간단한 일은 아니겠지만 시니치 후지무라의 구석기 고고학 날조극이 우리에게 남긴 숙제라 할 수 있겠다.

고대 DNA 연구의 발달

누구나 한 번쯤은 들어보았을 스티븐 스필버그 감독의 영화 〈쥬라기 공원^Jurassic Park(1993)〉. 이 영화의 주인공들이 어떻게 하여 눈앞에서 살아 움직이는 공룡을 볼 수 있게 되었는지 기억을 더듬어보자. 그들은 화석에 갇혀 있던 모기의 피에서 공룡의 DNA를 채취해 개구리의 유전자와 결합시키는 방법으로 공룡을 복제해냈다. 영화 속에서나 일어날 법한 이러한 일이 언제까지 꿈속의 이야기로 남지만은 않을는지도 모른다. 〈쥬라기 공원〉이 개봉된 1990년대 초만 하더라도 유전자를 이용해 멸종한 동식물을 연구한다는 것이 현실적으로 가능해 보이지 않았다. 하지만 유전자와 관련된 과학 기술이 급속도로 발전하면서 얼마 전까지만 해도 불가능했던 많은 것들이 이제는 가능하게 되었다. 이러한 유전학의 발달은 인류학과 고고학의 영역에까지 파고들어 기존의 화석 형태 연구를 보충해줄 수 있는 각광받는 방법으로 떠오르고 있다. 멸종된 동물에 관한 정보들 화식 속에 남아 있는 유전자를 통하여 알아내고자 하는 연구를 고대 DNA^{ancient DNA} 연구라고 한다. 지금부터 그 속으로 들어가보자.

고대 DNA 연구는 1990년대 말에 접어들면서 본격적으로 이루어지기 시작했지만 그 첫 번째 가능성을 보여준 것은 1984년의 일이었다. 캘리포니아 버클리 대학 팀이 쿠아가^{quagga}(말과 얼룩말을 섞어놓은 듯한 모습의 동물)라는 멸종 동물에서 DNA를 얻어내는 데 성공했던 것이다. 이어 1985년에는 2,400년 전 이집트 미이라에서 DNA를 성공적으로 채취했다. 이후 여러 가지 새로운 기술의 발달로 고대 DNA 연구는 더욱 활발하게 진행되기 시작했다. 특히 1990년대 초에 PCR^{Polymerase Chain Reaction} 기술이 본격적으로 도입되면서 그동안 불가능해 보였던 멸종 동물에 대한 연구가 가능해졌다. 고대 DNA를 통해서 무언가를 연구하려고 한다면 단순히 DNA를 채취하는 것을 넘어서 다른 동물의 DNA와 비교 분석하는 연구 등도 함께 이루어져야 한다. 그런데 문제는 수천 년 혹은 수만 년 전에 죽은 동물의 경우 남아 있는 DNA의 양이 너무 적다는 것이었다. 이 문제를 해결해준 기술이 바로 PCR이었다. PCR은 캘리포니아 버클리 대학 출신의 생화학자 캐리 뮬리스^{Kary Mullis}가 버클리 바로 앞 동네인 에머리빌에서 DNA 화학자로 근무하던 중 발명한 DNA 복제 기술이다. 이 기술을 이용하면 원하는 부분의 DNA만 빠른 시간에 엄청난 양을 복제해낼 수 있다. 쉽게 말해 DNA 복사기인 셈이다. 이것은 고대 DNA 연구뿐만 아니라 DNA 연구 자체에 획기적인 전환점이 되었고 그 공헌을 인정받아 캐리 뮬리스는 1993년에 노벨 화학상을 받았다.

여기서 DNA라는 것을 간략하게 살펴보도록 하자. 우리 몸의 세포 속에는 염색체가 있는데 그 염색체 안에는 DNA라는 유전 물질이 있다. DNA라는 것은 수많은 염기쌍으로 이루어져 있으며 그 수가 동식물에 따라 다른데 사람의 경우에는 각각의 DNA마다 약 30억 개의 염기쌍이 존재하는 것으로 알려졌다. 이 DNA 염기쌍이 어떤 순서로 배열되어 있는지를 밝혀내는 데 성공한 것이 바로 지난 2003년에 발표된 13년간에 걸친 인간 게놈 프로젝트이다. 하지만 우리가 DNA에 관해 아는 것은 아직도 너무 미약하기만 하다. 왜냐하면 DNA 염기쌍이 어떻게 배열되어 있는지를 알아내는 것과 그것이 각각 어떤 기능을 하는지를 알아내는 것은 다르기 때문이다. 한글을 전혀 읽을 줄 모르는 사람이 한글 읽는 법을 배워서 책 한 권을 모두 소리 내어 읽을 수 있게 되었다고 하더라도 그것이 무슨 내용인지를 이해할 수 없다면 아직 갈 길이 멀지 않은가. 하지만 일단 글자를 읽을 줄 알아야 결국에는 의미도 이해할 수 있는 법이니 DNA 염기쌍의 배열을 알아내는 것은 그만큼 중요한 일이었다. 고대 DNA 연구도 아직까지는 DNA의 염기쌍 배열을 읽어내는 연구가 주가 되고 있다고 보면 되겠다.

21세기는 고대 DNA의 시대?
—

1991년에 이탈리아 북쪽의 알프스 산맥을 오르던 사람들은 그곳에서 오래된 것으로 보이는 사람 시체를 발견해 경찰에 신고했다. 처음에 신고를 받은 경찰은 그가 실종된 사람인 것으로 보고 조사를 하였으나 죽은 사람이 가지고 있던 도끼와 활 그리고 칼이 요즘 것이 아님을 알게 되면서 그 뒤로 이 사건은 고고학자들에게 넘어갔다. 미이라가 되어 알프스 산맥에서 발견되어 외찌^{Oetzi}라는 이름으로 알려진 이 남자는 방사성 탄소 연대 측정 결과 지금부터 5,200년 전에 그곳에서 죽은 것으로 밝혀졌다. 그는 마흔여섯 살경에 사망한 것으로 보였으며 죽기 전에 했던 마지막 식사는 염소와 사슴 고기였다는 것까지 알 수 있었다. 그런데 한 가지 특이한 것은 그의 몸이 성하지 않았다는 것이다. 이 남자의 등 쪽에는 화살촉 같은 것이 박혀 있었으며 사방의 뼈가 부러진 상태였다. 그가 알프스 산맥에서 누군가와 싸우다 도망치는 과정에서 죽음을 맞이한 것은 아닐까? 혹은 산 위에서 이루어진 제사 의식의 희생 제물이 아니었을까?

지난 2003년 오스트레일리아 퀸스랜드 대학 연구 팀은 외찌에서 고대 DNA를 채취하여 분석하는 데 성공했다. 그 결과 그의 무기와 겉옷에서 총 네 사람의 DNA가 발견되었다. 연구자들은 이것이 연구자들의 DNA가 아님을 확인하기 위해 여러 번 반복하여 검사를 했고 그 결과 그것이 예전에 살았던 사람의 것임이 분명하다고 발표했다. 물론 이 결과가 외찌가 여러 명과 싸웠다거나 의식의 희생양이 되었음을 뒷받침해주는 증거로는 불충분하지만, 이를 통해 그 남자가 아무 이유 없이 산을 넘어가다가 그곳에서 죽은 것은 아님이 다시 한 번 확인되었다. 2005년에는 4만 년 전에 알프스 산맥에서 서식했던 동굴곰 두 마리의 유전체 복원에 성공했다는 소식이 과학 잡지 《사이언스》를 통해 세상에 알려졌다. 약 1만 년 전에 멸종한 것으로 추정되는 이 동굴

곰은 현생 북극곰과 갈색곰의 조상 격인 것으로 알려져 왔는데 고대 DNA 연구 결과 그것이 사실임이 밝혀진 것이다. 캘리포니아에 있는 미국 조인트 지놈 연구소^{Joint Genome Institute}에서 한 이 연구는 최초의 멸종 동물 유전자 지도 복원 결과였기 때문에 전 세계의 주목을 받았다.

네안데르탈인의 유전자 분석

이에 질세라 지난 2006년 10월에는 학술 과학 잡지의 양대 산맥인 《네이처》와 《사이언스》지에 일제히 네안데르탈 유전체 복원 연구의 첫 신호탄을 알리는 논문이 실렸다. 독일의 막스 플랑크 연구소와 미국 조인트 지놈 연구소는 지금으로부터 3만 8천 년 전에 크로아티아 지방에 살았던 네안데르탈인의 뼈를 서로 다른 방법으로 분석했고 그 결과를 각각의 잡지에 발표한 것이었다. 네안데르탈인이 도대체 무엇이길래 오늘날 가장 잘 알려진 화석 인류 중 하나가 된 것이며 또 무엇 때문에 고대 DNA 연구의 중심에 놓여 있는 것일까?

몇 해 전에 개봉된 영화 〈엑스맨 2〉에는 얼음을 얼게 할 수 있는 능력과도 같은 신기한 재주를 가진 인물이 등장한다. 재미있는 사실은 이 영화에서 이러한 초인적인 능력을 가지고 있는 인물을 네안데르탈인과 호모 사피엔스의 혼혈로 설정하고 있다는 것이다. 왜 하필이면 이 영화에서는 오늘날 우리를 가리키는 호모 사피엔스와 네안데르탈인 간의 잡종 돌연변이를 선택했을까? 중·고등학교 교과서와 각종 다큐멘터리 등에서 읽거나 볼 기회가 많아 그리 낯설지만은 않을 이름인 네안데르탈인, 그들은 누구인가?

1856년 독일의 뒤셀도르프 근교 네안데르 골짜기에 있는 한 동굴에서 채석 작업을 하고 있던 일꾼들은 땅을 파던 중에 납작한 두개골의 일부를 발견하였다. 이 두개골은 눈썹 부분부터 머리 꼭대기 부분으로 이어져 뒤통수 쪽으로 내려가는 부분까지 남아 있었는데, 당시 현장 감독은 이것을 동굴곰의 뼈라고 생각했다. 그는 이 뼈를 보관해두었다가 동식물 채집에 한창 열을 올리고 있던 풀로트 박사에게 주었다. 풀로트 박사는 그 두개골을 받아 꼼꼼하게 조사를 했고 이것이 결코 다른 동물이 아닌 인간의 두개골임을 알아보았다. 하지만 이 두개골은 눈썹 부위가 현생 인류에 비해 많이 튀어나왔고 여러 측면에서 현대인보다 더욱 강건한 특징을 보여주었다. 오늘날의 우리와 닮기도 했지만 다르기도 한 이 두개골이 그 뒤로 발견될 수많은 네안데르탈인 화석 중 첫 번째 것이었다.

다른 화석 인류는 오스트랄로피테쿠스 혹은 호모 하빌리스, 호모 에렉투스 등과 같이 학명으로 일컫는 데 비해 네안데르탈인은 그것이 발견된 지명을 딴 이름으로 주로 일컫는다. 이것은 그만큼 네안데르탈인이 인류학계에 몰고 온 파장이 컸다는 것을 의미하기도 한다. 처음 네안데르탈인이 발견되었을 때 유럽인들은 이토록 투박하고 원시적인 두개골의 주인공을 그들의 땅에 살던 조상이라고 인정하고 싶지 않아 했다. 그래서 네안데르탈인은 그 뒤로도 끊임없이 원시적인 모습으로 묘사되어왔다(우리가 영화나 다큐멘터리에서 볼 수 있는 가상의 미개인들의 이미지를 떠올리면 된다). 이러한 원시적인 네안데르탈인은 오늘날 우리들과 같은 종에 속하는 호모 사피엔스의 조상에 의해 멸종당하게 되었고, 그 결과 더 우수한 우리가 살아남게 되었다는 것이 오래도록 받아들여져 온 네안데르탈인의 멸종에 관한 이야기이다. 네안데르탈인이 결국 멸종한 것은 맞지만 그렇다고 해서 그들이 현생 인류인 우리보다 미개했을 것이라는 생각은 잘못된 것이다. 그들은 약 20만 년 전에 지구상에 출현해 3만 년 전까지 자그마치 17만 년이라는 긴 세월을 성공적으로 살아남았던 생물종이었으며 석기를 만드는 능력이 뛰어났다. 인류학자들이 궁금해하는 것은 과연 그들이 비슷한 시기에 지구상에 출현한 현생 인류의 조상과 어떤 관계에 놓여 있는지이다. 이에 대한 해답을 찾기 위해 인류학자들은 발굴과 그 결과 출토된 뼈의 형태학적 비교에 주력을 해왔다. 예를 들어 네안데르탈인의 머리통은 현생 인류의 머리통보다 더 길고 넓다든지 현생 인류는 턱이 있는데 네안데르탈인은 턱이 없다든지 하는 식으로 비교하면서 그 둘의 관계를 추측해냈다. 물론 뼈의 형태학 자료도 중요하고 화석과 함께 출토되는 석기도 중요하지만 고대 DNA 기술이 발달하면서 이 역시 그동안 이룬 연구에 해답을 제시해줄 수 있는 새로운 방법으로 떠오르기 시작했다. 더군다나 네안데르탈인은 다른 화석 인류에 비해 비교적 최근에 지구상에 존재했던 생물 종이기 때문에 그 이전에 멸종한 생물 종과 비교해볼 때 DNA의 보존 상태가 좋은 편이다. 여러 여건이 맞아 떨어져 마침내 네안데르탈인의 고대 DNA 연구가 진행되게 된 것이다.

네안데르탈인의 뼈에서 추출해낸 DNA로 복원해낸 염기쌍은 불과 1백만 쌍밖에 되지 않았다. 워낙 오래 전의 뼈이기 때문에 이미 DNA가 많이 손상된 상태여서 그나마 그 정도도 굉장한 성과라고 할 수 있다. 이렇게 복원된 네안데르탈인의 유전자를 현생 인류의 유전자와 비교·분석한 결과 독일 팀과 미국 팀은 거의 같은 결과를 내놓았다. 네안데르탈인과 현생 인류인 호모 사피엔스가 서로 다른 종으로 갈라진 시점이 지금으로부터 약 70에서 50만 년 전의 일이라는 것이었다. 호모 사피엔스가 네안데르탈인과 언제 분기되었는지 그리고 그 둘은 어떤 관계에 있는 종인지에 대한 연구는 지난 1백여 년간 고인류학계에서 가장 많이 다루어진 주제 중 하나이다. 지금까지의 연구는 화석 인류가 출토되는 지층의 연대 측정이라는 간접적인 방법으로 그 분기 시점을 추정하는 식으로 이루어졌는데 이번에는 뼛속에 있는 DNA에서 더욱 직접적인 해답을 얻었다는 점에서 그 의의가 크다. 호모 사피엔스와 네안데르탈인이 서로 다른 종으로 갈라진 뒤에 서로 얼마나 교류가 있었는지도 끊임없는 논쟁을 낳는 주제인데 이에 대한 실마리 역시 고대 DNA 연구로 얻을 가능성이 높다. 사자와 호랑이 사이에서 태어난 라이거의 경우 그 유전자 속에 사자와 호랑이의 유전자가 모두 남아 있을 것인데 이처럼 현생 인류의 유전자 속에 네안데르탈인의 유전자가 남아 있는지를 살펴볼 수 있기 때문이다. 이러한 여러 가지 이유로 네안데르탈인의 유전체 복원 연구는 앞으로도 계속해서 세상의 시선을 사로잡을 것이 분명하다. 게다가 두 팀 모두 앞으로 2년 내에 네안데르탈인의 유전체 전체를 복원해낼 수 있을 것이라고 밝혔으니 그 결과가 기대된다.

고대 DNA의 연구가
쉽지 않은 이유는?
—

그렇다면 고대 DNA 연구가 왜 쉽지만은 않은 것일까? 고대 DNA 연구가 쉽지 않은 가장 큰 이유는 바로 연구에 적합한 DNA를 찾기가 쉽지 않다는 데 있다. 이는 DNA가 생물체의 죽음과 동시에 붕괴되기 시작하기 때문에 생기는 문제이다. 특히 습도가 높고 따뜻한 곳에서는 더욱 빠른 속도로 DNA가 없어지므로 DNA가 보존되기 위해서는 여러 환경 조건이 맞아떨어져야 하는데 이것이 말처럼 쉬운 일이 아니라는 것이다. 게다가 아무리 환경이 적합하다고 할지라도 현재 알려진 바에 의하면 생물체가 죽은 뒤 수십만 년 정도 지나면 DNA가 모두 없어지기 때문에 그보다 더 오래 전에 죽은 생물체에서 DNA를 찾아내는 것은 힘들어 보인다. 그리하여 6천만 년도 훨씬 이전에 살았던 공룡의 DNA 복원은 아마도 영화 속의 상상으로 남지 않을까 싶다.

운 좋게도 모든 조건이 들어맞아 지금까지 보존된 멸종 동물의 DNA를 발견했다고 가정해보자. 다음의 큰 문제는 어떻게 DNA 시료의 오염을 막을 수 있느냐이다. 고대 DNA를 연구하기 위해 그 동물의 뼈나 조직에 연구자가 손을 대거나 가까이 가게 되면 그 연구자의 DNA가 멸종 동물의 DNA와 섞이게 된다. 연구자가 아무리 조심을 한다고 하더라도 자기도 모르는 사이에 머리카락 세포가 톡 하고 떨어지기 십상이고 사람 눈에는 보이지 않는 표피 세포도 탁 하고 떨어지는 일이 다반사이다. 게다가 땅속에 묻혀 있던 뼈를 파고 들었던 각종 미생물들도 그 속에 DNA를 남기게 된다. 물론 빈도체 처리 공정에서처럼 온몸을 꽁 꽁 싸매주고 멸균실 같은 곳에 들어가 작업을 하게 된다면 이런 문제는 어느 정도 해결이 될 수 있을지도 모른다. 하지만 문제는 멸종 동물의 뼈는 대개의 경우 발굴을 통해 발견된다는 것이다. 발굴자가 그런 복장으로 발굴을 할 수 없을 뿐더러 뼈가 발견되는 곳 자체가 멸균실과는 너무도 거리가 먼 환경이 아니던가. 하지만 이에 굴할 수는 없는 일. 어떤 발굴을 통해 만약 동물 뼈가 발견될 경우 고대 DNA 연구를 하겠노라고 미리 계획을 세우고 발굴에 들어가는 경우 고고학자들은 만반의 준비를 하고 발굴에 임하기 시작했다.

뼈가 발견되면 즉시 장갑을 끼고 최대한 오염을 줄이기 위해 노력하는 것이다. 사람이 아닌 동물의 경우는 사실 이런 오염 문제에서 어느 정도 자유롭다. 예를 들어 고양이 DNA를 분석중인데 그중에 사람 DNA가 섞여 있다면 그것은 십중팔구 발굴자 혹은 연구자의 것이기 때문에 그 부분은 제외하면 되기 때문이다. 하지만 고인류학 연구의 경우 문제가 달라진다. 인류의 조상과 이미 6백만 년 전에 분기된 것으로 알려진 침팬지도 사람과 98퍼센트의 유전자를 공유하고 있는데, 하물며 인간의 직접적인 조상은 어떻겠는가. 상황이 이렇다 보니 어느 것이 진짜 인류의 조상의 것이고 어느 것이 연구자의 것인지 모호한 경우가 생기게 되었다.

이러한 DNA 오염의 문제를 비롯한 고대 DNA 연구에 장애가 되고 있는 여러 가지 문제를 극복하기 위해 연구자들은 오늘도 실험실의 불을 환하게 밝히고 있다. 그동안 뼈와 화석의 형태 비교가 주된 연구 방법이었던 인류학에 DNA 연구는 새로운 가능성을 열어주었고 앞으로 인류학 연구에 더욱 큰 기여를 하게 될 것이 분명해 보인다.

과학자와 언론의 미묘한 관계

    루이스와 메리 리키가 올두바이 계곡에서 '진지' 화석을 찾아 낸 이야기는 1959년에《내셔널 지오그래픽》에 실렸다. 이를 읽은 대중들은 그때까지 잘 알려지지 않았던 아프리카에서 하는 발굴 작업을 알게 되었고 이는 단박에 리키 부부를 세계적인 유명 인사로 만들어주었다. 제인 구달이 곰비에서 야생 침팬지를 연구하며 침팬지와 나란히 있는 모습을 처음으로 전 세계에 내보낸 것도《내셔널 지오그래픽》이었다. 다이앤 포시가 고릴라와 보낸 정겨운 한때를 담아 세상에 내놓은 것도, 비루테 갈디카스가 열대 밀림을 누비며 오랑우탄을 연구하는 모습을 담은 것도 모두《내셔널 지오그래픽》이었다. 리차드와 미브 리키가 화석을 찾기 위해 낙타를 타고 아프리카의 평원을 누비는 낭만적인 사진을 전 세계에 소개하여 수많은 젊은이들을 열광하게 한 것도 《내셔널 지오그래픽》이었다.

    이렇게 여러 가지 발굴과 탐험 이야기를 세상에 알려준 내셔널 지오그래픽은 어떤 단체인가. 내셔널 지오그래픽은 1888년에 세계 방방곡곡에 대한 정보를 수집하고 그것을 널리 알리고자 하는 목적으로 설립된 단체이다. 이 단체는 이후 1백 년이 넘는 기간 동안 총 7천 5백 개가 넘는 프로젝트의 연구비를 지원했으며 현재에도 고고학과 인류학은 물론 고생물학, 천문학, 지질학, 해양학, 생물학 등 다양한 분야의 연구를 후원해주고 있다. 백문이 불여일견이라 하지 않던가. 내셔널 지오그래픽에서는 멋진 사진을 찍어낼 수 있는 능력을 가진 사진 작가들을 고용해 자신들이 후원해준 연구의 과정과 결과를 찍어오도록 했다. 잉카 문명이 남긴 마추피추 유적부터 시작해서 깊은 바닷속에 사는 신비한 물고기 사진까지 소개하면서 내셔널 지오그래픽은 기존에 상아탑 속에 갇혀 있던 자연과학 연구를 대중에게 널리 알리는 데 결정적인 공을 세웠다.

하지만 세상에 공짜는 없는 법. 내셔널 지오그래픽은 비영리 단체가 아니기 때문에 자신들한테서 연구비를 지원받는 대신 연구자가 돌려주어야 할 것들이 많고 까다로운 것으로도 유명하다. 제인 구달의 경우 곰비에서의 침팬지 연구를 위한 금전적 지원을 받는 대신 연구 내용은 반드시 내셔널 지오그래픽을 통해서 최초로 알려야 한다는 조건이 붙었다. 그뿐만 아니라 내셔널 지오그래픽이 파견한 사진 작가로 하여금 사진을 찍게 했기 때문에 이후에 제인 구달이 더 이상 연구비 지원을 받지 않던 때라도 제인의 초기 연구에 관한 사진은 제인 마음대로 사용할 수가 없게 되어버린 것이었다. 전문 사진 작가가 함께 있으니 제인 구달이야 말로 스스로 굳이 사진을 찍을 필요가 없지 않았겠는가.

그러다 보니 제인 구달과 관련된 초기 사진들이 모두 내셔널 지오그래픽 소유로 되어 있었고 이 문제를 해결하기 위해 제인은 많은 시간 골머리를 앓아야만 했다. 하지만 인류학과 고고학을 대중 앞에 성큼 다가서게 해준 내셔널 지오그래픽의 공은 충분히 인정받아야 할 것이다. 내셔널 지오그래픽이 아니었다면 일반인들은 그러한 직업이 존재하는 줄도 몰랐을 것이고 따라서 자라나는 청소년들이 아예 고고학자나 영장류학자가 될 꿈조차 꾸지 못했을 테니 말이다!

리키 가족과 루이스 리키의 세 천사들의 경우 대중매체를 잘 이용해 자신들이 하는 학문을 소개했고 그 결과 고고학과 영장류학이라는 학문이 있다는 것을 많은 대중들이 알게 되었다. 동시에 그로 얻게 된 유명세로 계속 연구비를 지원받아 더욱 수준 높은 연구 결과를 내놓을 수 있었다. 언론으로 대중에게 다가가는 것은 대부분 연구자들에게 좋은 결과를 가져다주는 동시에 학문 자체의 발전에도 기여하게 된다. 리키 가족의 이야기를 통해 미래에 고고학자가 되겠다는 꿈을 꾸는 청소년들이 생겨났고 이들 중 훗날 정말 그 꿈을 이룬 사람들도 있으니 말이다. 대중의 관심이 많아질수록 그것을 업으로 삼고자 꿈을 꾸는 청소년들이 늘어나게 되고 결과적으로 학문의 미래가 밝아지게 되는 것이다. 하지만 무엇이든 지나치면 모자람만 못하다고 하지 않았던가. 언론의 힘을 지나치게 이용한 나머지 언론과 대중에게 매여 학자로서 의무를 소홀히 하게 되는 경우도 심심치 않게 보인다. 그 대표적인 예가 우리나라 최초의 복제 소라 하는 영롱이 연구 결과이다. 1999년 서울대학교 수의학과의 황우석 교수는 대중매체를 통해 복제 양 돌리와 같은 방법으로 소를 복제하는 데 성공했다고 밝혔다. 이렇게 태어난 소 영롱이는 우리나라 최초이며 세계에서는 다섯째로 성공한 복제 동물로서 황우석 교수의 업적을 대표하는 연구 결과로 교과서에까지 실리게 되었다. 이렇게 황우석 교수가 우리나라를 대표하는 과학자로 알려지기 시작할 때 학계 내부에서는 그의 연구 결과에 대한 의문이 제기되기 시작하였다. 텔레비전을 통해 영롱이라는 복제 소의 모습이 전 국민에게 알려지긴 했는데 이에 대한 논문은 어디에 있단 말인가. 영롱이는 어떤 과정으로 어떻게 태어난 소인 것일까.

오늘날 학계에서 새로운 연구 결과를 내놓는 과정은 다음과 같다. 학자들은 일단 자신의 연구 결과를 학술 잡지에 투고한다. 학술 잡지의 편집 위원들은 투고된 논문을 그 분야에서 잘 알려진 학자들에게 보내 그 논문에 실린 내용을 평가해달라고 의뢰하게 된다. 이것을 피어 리뷰^{peer review}라고 하는데 이 과정이 얼마나 까다로운지가 학술 잡지의 수준을 드러내주는 중요한 척도 중 하나이다. 논문의 평가 결과에 따라 그것이 학술 잡지에 실릴수도 있고 탈락할 수도 있다. 이러한 검증 과정을 거쳐 논문이 출판되고 그것이 중요한 연구일 경우 그 직후에 기자회견이 열려 마침내 연구 결과가 대중들에게 전해지게 되는 것이다. 그런데 복제 소 영롱이의 경우에는 어떤 과정을 거쳐서 어떻게 복제를 했는가에 관한 논문이 한 편도 없었다. 이에 대해 황우석 교수는 논문을 낼 만큼 가치가 없어서 논문을 출판하지 않았다고 했는데 그렇다면 그런 가치 없는 일을 어째서 언론을 통해 대대적으로 전 국민에게 알렸을까. 끝끝내 영롱이에 대한 논문은 출판되지 않았고 영롱이를 복제해낼 수 있도록 세포를 제공했던 어미 소는 이미 죽었기 때문에 더 이상 영롱이의 진위 여부를 가릴 수 없게 되었다. 그리하여 언론의 보도에만 의존해 교과서에까지 실렸던 영롱이 이야기는 교과서에서 삭제되게 된 것이다. 대중 잡지인 《내셔널 지오그래픽》을 통해 자신의 이름을 알렸던 리키 가족과 제인 구달의 경우 《내셔널 지오그래픽》에 실린 기사와는 별도로 그들의 연구 결과를 전문 학술 잡지를 통해 발표함으로써 그 분야의 전문가들에게도 검증을 받았다. 학계에서 인정받기도 전에 대중매체를 통해 일반인에게 먼저 연구 결과를 발표하게 될 경우 잘못된 정보를 대중에게 전달할 우려가 있으므로 이는 학자로서 삼가야 할 행동이다.

　언론의 힘이 얼마나 막강한지는 우리 모두 잘 알고 있다. 대중매체에 어떤 식으로 보도되는지에 따라 자고 일어나니 유명 인사가 되어 있을 수도 있고 그 반대로 하루아침에 악명이 높아질 수도 있으니 말이다. 유명 인사가 되면 될수록 연구비를 지원받기도 쉬워지기 때문에 늘 연구비에 쪼들리는 학자들에게 대중매체의 힘은 참으로 유혹적이다. 하지만 언론을 통한 홍보는 학문의 발전을 위한 것이어야 하지 개인의 유명세를 위한 것이 되어서는 안 된다. 학문의 발전을 위해 정말로 열심히 연구를 하는 진지한 학자들에게 맥 빠지는 상황이 생겨서는 안 된다는 것이다. 그렇다면 결론은 언론의 힘을 잘 이용하면서도 학문을 소홀히 하지 않아야 한다는 것이 되겠는데 이는 말처럼 쉬운 일이 아니다. 하지만 이런 모범적인 예를 보여주고 있는 학자와 기자들이 있으니 그들의 이야기를 소개함으로써 학문과 언론의 바람직한 공생 관계를 이야기해보고자 한다.

　우리나라에서 대중에게 가장 많이 알려진 과학자를 꼽으라면 반드시 들어갈 사람이 있으니 이화여대에 재직중인 최재천 교수이다. 하버드 대학교에서 생물학 박사 학위를 받고 서울대를 거쳐 이화여대로 자리를 옮긴 그는 여러 가지 방법으로 대중에게 다가가기 위한 노력을 해왔다. 지난 10년간 그는 자신의 전문 분야인 개미에 관한 책은 물론이고 동물 행동학이라는 학문에 대한 책을 여러 권 냈으며 많은 책들이 베스트셀러가 되었다. 단독 저서로 출판된 책만 해도 여러 권이고 제인 구달의 책도 번역했으며 그가 감수한 동화책과 과학 교양 서적만 해도 열 손가락이 충분히 넘어갈 만큼 많다. 글 솜씨가 뛰어난 최재천 교수는 동물 행동학이 무엇을 하는 학문이고 오늘날 우리에게 어떤 생각할 거리를 던져주는지에 대한 내용을 누구나 쉽게 이해할 수 있도록 풀어나가는 재주를 가졌다. 그 분야의 전문가가 아니면 이해하기 힘든 딱딱하고 어려운 논문을 일반 대중이 읽어주기를 바라는 것은 무리이기 때문에 이렇게 전문가가 비전문가의 눈높이에 맞추어 가려는 노력은 매우 중요하다. 각종 텔레비전 강의와 신문 칼럼을 통해 대중에게 가까이 다가가는 노력을 하면서도 대학원생 여러 명을 지도하면서 자신의 본업인 학문을 소홀히 하지 않는 최재천 교수. 과학의 대중화를 넘어 대중의 과학화를 꿈꾼다고 하는 그는 전문가와 일반 대중의 연결 고리 역할을 훌륭히 해내고 있다.

　학자가 직접 대중을 위한 글쓰기를 하는 경우도 있지만 기자가 한 분야의 전문가가 되어서 대중에게 학문을 소개하는 역할을 하기도 한다. 세계적인 과학 잡지인 《사이언스》 지에서 10년이 넘는 기간 동안 고인류학 뉴스를 담당하고 있는 앤 기본스^{Ann Gibbons}. 대학에서 저널리즘을 공부한 앤 기본스는 졸업 이후에 논문 쓰는 방법 등을 강의했으며 틈틈이 신문에 칼럼을 쓰기도 했다. 평소에 인류학에 관심이 많았던 앤 기본스는 《사이언스》 지에 기자가 된 이후 오랜 세월에 걸쳐 수많은 고인류학자들을 인터뷰했으며 이를 통해 학계가 어떻게 돌아가는지를 누구보다도 잘 파악하게 되었다. 이러한 배경 지식에 글솜씨를 보태 본격적으로 고인류학이라는 학문을 일반인에게 알리는 일에 뛰어들게 되었다. 그리하여 출판된 앤 기본스의 대중 서적 『최초의 인간^{The First Human}』은 고인류학을 충분히 소개를 하면서도 누구나 흥미 있게 읽을 수 있도록 쉽고 재미있게 쓰인 책이다. 앤 기본스와 같은 전문 기자들이야말로 대중과 학자들을 이어줄 수 있는 다리 역할을 하기에 매우 적합한 사람들이라 하겠다.

학문이라는 것이 어쩌면 그 존재 자체로 의미가 있는 것일지도 모른다. 하지만 학문도 사회의 일부분이기 때문에 일반 대중에게도 그러한 학문이 있다는 것과 그 연구 과정과 연구 결과 등을 알릴 때 그 존재 가치가 더욱 커지는 것이 아닐까. 그들만의 학문이 아닌 모두의 학문을 위해 오늘도 열심히 노력하는 수많은 과학자와 기자들의 노력에 아낌없는 박수를 보낸다.

에필로그
Epilogue

지식인 지도

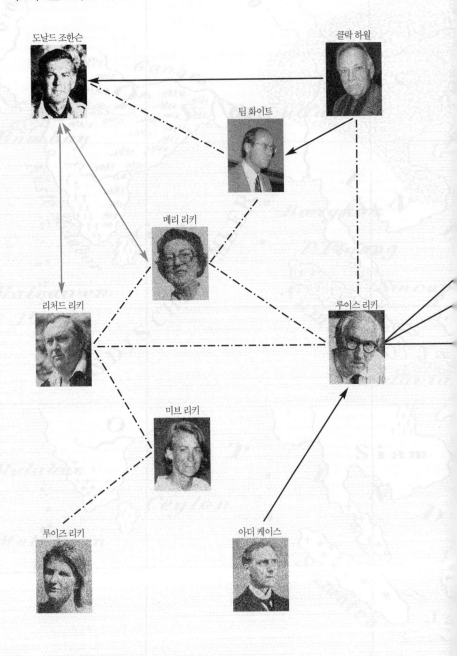

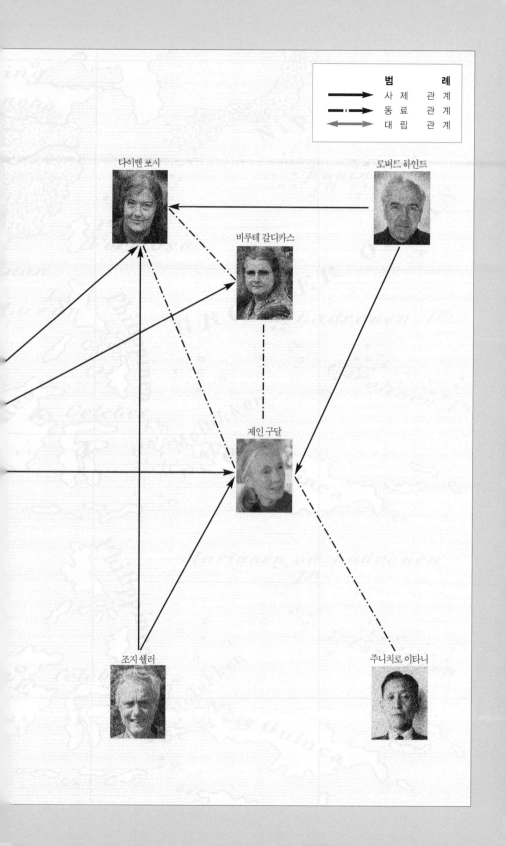

범   례
사 제 관 계
동 료 관 계
대 립 관 계

다이앤 포시

비루테 갈디카스

모비드 하인드

제인 구달

조지 쉘러

주니치로 이타니

지식인 연보

· 루이스 리키

1903	케냐 키쿠유 마을에서 영국 선교사의 아들로 태어남
1919	가족이 모두 영국으로 돌아감
1926	영국 케임브리지 대학에서 학사 학위받음
	아프리카에서 첫 번째 발굴 시작
1928	프리다 애버른과 결혼
1931	첫딸 프리실라 태어남
1933	둘째 아들 콜린 태어남
1936	프리다와 이혼. 메리 리키와 결혼해 아프리카로 이주
1939	케냐의 영국 식민지 정부의 특별 정보원으로 일함
1941	케냐 코린돈 박물관 학예사로 일하기 시작
1943	구석기 유적 올로게사일리 발견
1947	제1회 범아프리카 학술회의 개최
1960	제인 구달을 곰비로 보냄
1962	내셔널 지오그래픽으로부터 공로상 수상
1967	다이앤 포시를 비룽가로 보냄
1971	비루테 갈디카스를 보르네오로 보냄
1972	영국에서 심장병으로 세상을 떠남

· 메리 리키

1913	런던에서 태어남
1918	부모님과 함께 프닝으로 이주
1926	아버지 사망으로 영국으로 돌아감
1927	중학교에서 퇴학당함
1930	영국의 대학에서 고고학 과목 청강 시작
1936	루이스 리키와 결혼해 아프리카로 이주
1940	첫째 아들 조나단 리키 태어남
1944	둘째 아들 리차드 리키 태어남
1948	화석 유인원 프로콘술의 두개골 최초로 발견
1949	셋째 아들 필립 리키 태어남
1959	올두바이 계곡에서 동아프리카 최초의 화석 인류 발견
1962	내셔널 지오그래픽으로부터 공로상 수상
1969	남아공 위트워터스랜드 대학에서 명예 학위받음
1972	올두바이에서 최초의 호모 하빌리스 발견
1977	라에톨리에서 화석 발자국 발견
1983	학계에서 은퇴
1996	케냐 나이로비에서 세상을 떠남

· 제인 구달

키워드 찾기

• **인류학(人類學)** Anthropology 사람을 연구하는 학문이라는 뜻을 가진 인류학. 학자에 따라 인류학을 정의하는 방법이 다를 수 있지만 미국 식 분류를 따르면 크게 네 개의 하위 분야(문화 인류학, 생물 인류학, 언어 인류학, 고고학)로 나뉜다고 볼 수 있다. 문화 인류학은 각양각색의 문화를 비교·분석하는 분야로서 어떤 집단이 가지고 있는 고유의 문화가 생겨나게 된 배경과 그 변천 과정 등을 총체적으로 연구한다. 생물 인류학은 사람을 다른 동물과 구별 짓는 생물학적 특징과 오늘날 지구상에 존재하는 사람들 사이에서 나타나는 생물학적 차이점과 공통점 등을 연구하는 분야이다. 언어 인류학에서는 서로 다른 언어를 비교·분석함으로써 언어의 생성과 발달 과정을 연구한다. 고고학은 옛날 사람들이 남겨놓은 각종 유물을 찾아내고 그것을 연구함으로써 과거에 사람들이 어떻게 살았는지에 대한 해답을 찾고자 하는 학문 분야이다.

• **고인류학(古人類學)** Paleoanthropology 고인류학은 생물 인류학의 한 분야로서 인간의 진화를 중점적으로 연구하는 분야이다. DNA 분석과 그동안 출토된 여러 가지 화석을 토대로 해볼 때 사람과 침팬지의 공동 조상이 서로 나뉘어진 시점은 지금으로부터 약 6백만 년 전인 것으로 추정된다. 고인류학에서는 그때 이후 사람이 어떤 과정을 거쳐 오늘날 우리인 호모 사피엔스가 되었는지를 연구한다. 두 발 걷기의 시작과 발달, 두뇌 용량의 증가, 도구 사용의 기원 등과 같이 인간의 진화 과정에서 일어난 여러 가지 변화의 원인과 구체적인 과정을 알아내고자 하는 학문이다.

• **호미니드** Hominid 생물계에서 사람과 가장 가까운 동물인 침팬지와 사람이 진화의 역사에서 갈라져 각자의 길을 가기 시작한 것은 약 6백 만 년 전 일로 추정된다. 그렇게 갈라진 이후에 사람의 진화 계보상에 위치했던, 그리고 위치하는

모든 생물을 통틀어 호미니드라고 한다. 이 지구상에 오늘날의 호모 사피엔스가 생겨나기까지 우리의 친척뻘 되는 수많은 종들이 출현했다가 사라졌는데 이들을 모두 묶어서 일컫는 용어가 호미니드인 것이다. 이 때문에 고인류학이라는 분야를 다른 말로 호미니드 고생물학(Hominid Paleontology)이라고도 한다. 이에 대한 마땅한 우리말 번역어가 없는 실정이어서 이 책에서는 화석 인류라는 단어를 사용했다.

• **영장류학**(靈長類學) Primatology 동물계에서 사람은 영장류라는 집단의 하나로 분류된다. 사람이 속해 있는 집단이기 때문에 사람을 이해하기 위해서는 영장류에 대한 연구가 필수적이다. 원숭이, 침팬지, 고릴라, 오랑우탄과 같은 동물이 모두 영장류에 속하는데 이러한 동물의 행동양식, 습성, 서식 환경과 사회 구조 등을 연구하는 분야가 영장류학이다. 그뿐만 아니라 이 지구상에 출현했다가 사라진 현생 영장류의 조상인 화석 영장류에 대한 연구도 영장류학에서 다룬다.

• **유인원**(類人猿) Ape 영장류 중에서도 사람과 가장 가까운 집단을 묶어서 유인원이라고 한다. 침팬지, 고릴라, 오랑우탄 그리고 긴팔원숭이[긴팔원숭이의 본래 이름은 '기번(gibbon)'이며 '기번'은 원숭이가 아닌 유인원이므로 이는 애매한 번역어라 하겠다.]가 유인원에 속하는데 이들은 원숭이와는 달리 꼬리가 없다. 원숭이보다 사람과 여러 가지 면에서 더 가깝기 때문에 루이스 리키는 이 유인원들을 연구하는 것이 인간의 진화를 이해하는 데 매우 중요하다고 생각했다. 그는 이런 이유에서 제인 구달의 침팬지, 다이앤 포시의 고릴라, 비루테 갈디카스의 오랑우탄 연구를 적극적으로 추진하고 후원했던 것이다. 루이스 리키는 야생 기번 원숭이 연구도 추진하고 있었는데, 그 계획을 실천에 옮기지 못하고 세상을 떠났다.

• **올두바이 계곡과 동아프리카 지구대** 루이스 리키와 메리 리키가 평생을 바쳐 인류의 조상을 찾기 위해 발굴을 했던 곳은 동아프리카 지구대라 하는 지역의 일부인 올두바이 계곡(Olduvai Gorge)이다. 올두바이 계곡에서는 화석 인류는 물론이고 수백만 년 전에 그곳에 살았던 코끼리, 하마, 말, 사슴, 악어 등 수많은 동물의 화석도 대량 출토되었다. 올두바이 계곡 이외에도 동아프리카 지구대에 위치한 수많은 유적에서 셀 수 없이 많은 동물 화석이 출토되었고 오늘날도 계속해서 새로운 화석이 발견되고 있다. 무엇이 이 지역을 동물 화석의 천국으로 만든 것일까? 아주 오래 전에 지금의 탄자니아, 이티오피아, 케냐 등이 위치한 동아프리카의 땅이 지층 운동으로 위로 불쑥 솟아올랐다. 세측되는 대륙

의 움직임으로 솟아올랐던 땅이 이번에는 양 갈래로 찢어지듯 갈라졌다. 그 결과 오래 전에 죽어서 땅속에 묻혀 있던 많은 동물 뼈가 세상에 모습을 드러내게 된 것이었다. 약 1만 킬로미터에 걸친 거대한 땅이 갈라지면서 그 단면이 노출된 덕분에 아직도 동아프리카 지구대는 또 다른 화석 인류가 발견될 가능성이 다른 어느 지역보다도 높은 곳이다.

• **오스트랄로피테쿠스와 호모** Australopithecus and Homo 인간의 진화 역사에서 나타난 호미니드가 여러 종 있는데 이들은 크게 두 가지 종류로 분류된다. 침팬지와 인간이 갈라지면서 사람 계보에만 새롭게 나타난 첫째 특징이 두 발 걷기이다. 두 발 걷기를 시작하였으나 두뇌 용량은 여전히 침팬지와 별다른 차이가 없었던 호미니드는 오스트랄로피테쿠스로 분류된다. 오스트랄로피테쿠스도 지역에 따라 오스트랄로피테쿠스 아파렌시스, 오스트랄로피테쿠스 아프리카누스 등과 같은 여러 종이 있으며 약 350만 년부터 2백만 년 전후에 걸쳐 아프리카 전역에 살았던 것으로 보인다. 이후 호미니드 종에는 두뇌 용량의 증가라는 커다란 변화가 생기는데 이렇게 두뇌가 현저하게 커진 호미니드는 호모로 분류된다. 아프리카에서만 발견되는 오스트랄로피테쿠스와 달리 호모는 유럽과 아시아 전역에 걸쳐서 발견된다. 이들은 서식했던 지역과 시대에 따라 호모 에르게스터나 호모 에렉투스 등으로 나뉜다. 하지만 새로운 화석이 계속해서 발견됨에 따라 예전에는 오스트랄로피테쿠스와 호모로만 나뉘던 인간 진화의 계보가 점점 더 복잡해지고 있다. 전통적 분류인 이 둘 외에도 아르디피테쿠스와 케냔트로푸스 등의 새로운 학명이 보태지고 있는데 이들이 과연 학계에서 인정 받을지는 시간이 흘러봐야 알겠다.

깊이 읽기

• 도널드 요한슨, 메이틀랜드 에디 지음. 이충호 옮김, 『최초의 인간 루시』 – 푸른숲, 1996
가장 널리 알려진 화석 인류 중 하나인 루시에 관한 책. 루시를 발견한 도널드
조한슨이 직접 쓴 책으로 루시의 발견 과정과 그 중요성에 관한 내용을 고인류
학이라는 학문 전반에 대한 소개와 곁들여 누구나 이해하기 쉽게 잘 쓴 책이다.
쉬운 언어로 쓰였으면서도 충분히 깊이 있는 내용을 담고 있다는 것이 이 책의
가장 큰 장점. 게다가 중간중간 들어가 있는 삽화 역시 훌륭하다. 번역도 매끄
럽게 잘되어 있어서 고인류학에 대해 혹은 사람의 진화 역사에 대해 더 깊이 있
게 알고 싶은 사람에게 권한다. 한 가지 아쉬운 점은 이 책의 저자가 리키 가족
과 사이가 좋지 않았기 때문에 리키 가족을 꽤나 이상한 사람들로 묘사하고 있
다는 것이다. 이는 옮긴이의 말에도 나와 있는데 이러한 점을 감안하고 읽는다
면 더할 나위 없이 유익하고 재미난 책이다. 필자를 고인류학이라는 학문에 뛰
어들게 한 필자의 인생을 바꾸어놓은 책이다. 아쉽게도 절판이 된 것으로 나오
는데 가까운 도서관이나 헌책방에서 구할 수 있을 것이다.

• 리차드 리키 지음. 황현숙 옮김, 『인류의 기원–리차드 리키가 들려주는 최초의 인
간 이야기』 – 사이언스 북스, 2005
1994년에 처음 출판된 이 책은 영국 오리온 출판사의 과학 교양 서적 시리즈
중 한 권이다. 인간 진화 역사에 대해 쉬우면서도 깊이 있게 쓰인 책이다. 바로
위에 소개한 도널드 조한슨과 리차드 리키는 오랜 기간 경쟁 관계에 있었으며
둘 다 뛰어난 젊은 인류학자였다. 이 둘은 인류 진화에 대한 이론도 서로 다르
고 글쓰기 방식도 다르기 때문에 두 권의 책을 비교하며 읽는 것도 재미있을
것이다. 이 책은 조한슨의 책에 비해 고인류학에서 다루는 주제들을 체계적으

로 잘 정리해서 쉽게 설명하고 있다는 장점이 있다. 인간이 두 발 걷기를 처음 시작했을 때 이야기부터 언어와 문화 예술의 진화에 이르기까지 인류의 역사를 총체적으로 이해하고자 하는 사람에게 권한다. 출판된 지 10년이 넘었기 때문에 최근에 발견된 새로운 화석 인류와 그에 따른 새로운 이론을 담고 있지 못한 것이 아쉬운 점이다.

- Virginia Morell, 『Ancestral Passions: The Leakey Family and the Quest for Humankind's Beginnings』 - Touchstone, 1996

리키 가족에 대해 더 자세히 알고 싶다면 이 만한 책이 없다. 루이스 리키는 물론이고 그의 손녀 루이즈 리키에 관한 내용까지 담고 있는 그야말로 리키 가족의 모든 것을 알려주는 책이다. 이 한 권의 책을 내기까지 저자가 얼마나 많은 인터뷰를 했으며 고인류학에 대해 얼마나 많은 공부를 했는지가 감탄스러울 정도이다. 일반 대중에게도 높은 인기를 누리고 있을 뿐만 아니라 고인류학을 공부하는 이들에게도 꼭 읽어봐야 할 책으로 꼽힌다. 안타깝게도 아직은 우리 말로 번역되지 않았다.

- 제인 구달 지음. 이상임, 최재천 옮김, 『인간의 그늘에서–제인 구달의 침팬지 이야기』 - 사이언스북스, 2001

1971년에 출판된 제인 구달의 첫 번째 대중 서적. 전세계 47개 언어로 번역되어 수많은 독자를 열광시킨 책이다. 곰비에서 한 10여 년에 걸친 침팬지 연구 내용을 자세하면서도 재미있게 다루고 있다. 전문가가 아니면 알아듣기 힘든 딱딱한 용어를 사용하는 것을 누구보다 싫어했던 제인이기에 누구나 쉽게 알아들을 수 있게 썼다. 중간중간에 들어가 있는 침팬지 사진들이 읽는 재미를 더해준다. 벌써 이 세상에 나온 지 30년이 넘은 책이지만 여전히 많은 이들의 사랑을 받고 있는 책이다. 우리와 가장 가까운 동물이라는 침팬지에 대해 혹은 제인 구달의 연구에 대해 더 알고 싶은 분들에게 권한다.

- Dale Peterson. 『Jane Goodall, The Woman Who Redefined Man.』 - Houghton Mifflin, 2006.

제인 구달의 모든 것을 담고 있다고 할 수 있는 전기. 제인 구달과 이미 여러 권의 책을 공동 집필한 경력 덕분에 저자인 데일 피터슨은 누구보다 가까이에서 오랜 시간에 걸쳐 제인을 관찰할 수 있었다. 그동안 제인 구달이 출판했던 책들이 자신보다는 제인이 사랑한 침팬지에 대한 내용을 담고 있는 데 비해 이 책은 제인 구달이라는 한 사람에게 초점을 맞추고 있다. 제인 구달의 부모 이야기로 시작해 제인 구달의 평양 동물원 방문기로 끝을 맺는 이 책은 방대한 자료 수집과 인터뷰를 통해 연구자로서 제인 구달뿐만 아니라 한 사람으로서 한 여자로서 제인의 모습까지 상세히 그려내고 있다. 언젠가는 우리말 번역판이 나오기를 바란다.

• 사이 몽고메리 지음. 김홍옥 옮김, 『유인원과의 산책』 – 르네상스, 2003

루이스 리키의 세 천사라고 하는 제인 구달, 다이앤 포시 그리고 비루테 갈디카스의 침팬지, 고릴라, 오랑우탄 연구를 집약해 한 권에 담아놓은 책. 흥미 있는 사진도 많이 들어가 있고 세 여인이 야생 동물을 연구하기까지 개인적인 배경부터 연구 방법과 과정이 잘 담겨 있다. 구달, 포시, 갈디카스는 모두 문명과는 동떨어진 외진 곳에서 수많은 시간을 보내며 유인원을 연구했는데 무엇을 이 여인들을 사로잡았는지 또한 그들이 어떻게 해서 세계적인 학자가 되었는지에 대한 내용도 흥미롭다. 루이스 리키의 세 천사를 한 권으로 이해할 수 있는 좋은 책이다.

• 다이앤 포시 지음. 남현영, 최재천 옮김, 『안개 속의 고릴라』

  – 승산, 2007.

• Birute M. F. Galdikas. 『Reflections of Eden: My Years with the Orangutans of Borneo』

  – Back Bay Books, 1996.

제인 구달에게 『인간의 그늘에서』가 있었다면 다이앤 포시와 비루테 갈디카스에게는 이 두 권의 책이 있다. 다이앤 포시는 야생 고릴라의 행동 생태 연구 이외에도 고릴라 밀렵 방지 운동에 누구보다 적극적이었다. 고릴라가 얼마나 신기하고 멋진 동물인지 그런 고릴라가 얼마나 잔인하게 밀렵을 당하는지 등을 소개함으로써 그 동안 안개 속에 가려져 있던 신비한 동물, 고릴라를 세상에 널리 알린 책이다. 1983년에 펴낸 첫 번째 대중 서적인 이 책은 다이앤 포시가 1985년에 세상을 떴기 때문에 그녀의 첫 번째이자 마지막 책이 되었다. 비루테 갈디카스는 여전히 오랑우탄 연구에 매진하고 있는데 여기서 소개하는 책은 비루테의 약 20년에 걸친 오랑우탄 연구를 집약해 놓은 것이다. 어떻게 해서 처음 루이스 리키를 만나게 되었고 보르네오에 가게 되었으며 연구를 하는 데 어떤 어려움과 또 보람이 있었는지를 흥미진진하게 엮어 나간 책이다. 비루테 갈디카스는 이 책 외에도 몇 권의 책을 더 발표했다. 『안개 속의 고릴라』는 번역본이 출간되었으나 갈디카스의 책은 아직 우리말로 번역되어 나온 것이 없다.

• 프란스 드 발, 프란스 랜팅 지음. 김소정 옮김, 『보노보―살아가기 함께 행복하게』
  – 새물결, 2003

우리는 침팬지 하면 제인 구달이 연구한 침팬지만을 떠올리기 쉬운데 그 침팬지와 거의 비슷하면서도 다른 또 다른 종류의 침팬지인 보노보가 있다. 이 책은 보노보에 대한 설명을 곁들인 사진첩이다. 침팬지 연구의 세계적 권위자인 프란츠 드 발과 사진 작가가 함께 발간한 책이기 때문에 사진도 하나같이 멋지고 내용 설명도 훌륭하다. 보노보에 대한 글을 읽는 것도 좋지만 백문이 불여일견이라 하였으니 이 책 한 권으로 더 많은 것을 얻을 수 있으리라고 생각한다.

• 가볼 만한 홈페이지 •

백문이 불여일견이라 했다. 글로 접하는 리키 가족과 제인 구달도 좋지만 그들의 인생을 사진과 목소리로 접하는 것은 글과는 또 다른 커다란 매력이다. 특히 침팬지, 고릴라, 오랑우탄이 살아 움직이는 모습을 동영상으로 보는 것은 기억에 오래 남을 것이다. 아쉽게도 여기서 소개하는 모든 홈페이지가 영어로 되어 있다. 하지만 설령 영어에 능통하지 않아도 침팬지 감상을 하는 데에는 큰 문제가 되지 않으니 지레 겁 먹지 말고 한 번 가 보시길!

• http://leakeyfoundation.org

루이스와 메리 리키의 지인들이 그들의 연구를 위한 기금을 마련하기 위해 1968년에 만든 비영리 단체인 리키 재단의 공식 홈페이지. 리키 가족의 사진과 그들의 활동 내역은 물론이고 리키 단체의 후원을 받아 진행되어 온 인류학 연구들에 대해 상세히 볼 수 있다. 또한 메인 화면에서 오디오 기록(Audio Archives)을 클릭하면 메리 리키, 제인 구달, 다이앤 포시, 비루테 갈디카스 등의 사진과 함께 그들이 남긴 강연의 일부분을 들을 수 있다. 이 외에도 인류학에 대해 더 알고 싶은 사람들을 위한 각종 자료도 풍부하기 때문에 (Educational Resources) 관심 있는 사람이라면 한번쯤 들러볼 만한 홈페이지이다.

• http://www.janegoodall.org

제인 구달과 그녀의 침팬지를 보고 싶다면 가장 먼저 들러보야 할 홈페이지. 제인 구달의 일대기가 사진과 함께 소개되고 있으며 침팬지의 모든 것을 담고 있다. 곰비에서 현재 진행 중인 침팬지 연구에 관한 내용도 블로그 형식으로 들어가 있다. 어떻게 하면 침팬지 보호 운동에 참여할 수 있는지에 대해서도 소개되어 있으니 침팬지와 제인 구달 연구소에 대해 더 궁금한 사람에게 꼭 추천할 만한 홈페이지다.

• http://www.becominghuman.org

루시 화석을 발견한 인류학자 도널드 조한슨이 책임자로 있는 인류 기원 연구소(The Institute of Human Origins)가 운영하고 있는 고인류학 홈페이지. 학계의 최신 동향은 물론이고 고인류학에 관심 있는 사람들을 위한 짤막하지만 멋진 다큐멘터리를 제공한다. 화석 자료부터 유전자 정보까지 방대한 양의 자료를 담고 있다. 아프리카의 발굴 현장의 모습을 담은 동영상도 있고 각종 퀴즈도 마련되어 있다. 인간의 기원에 대해 궁금한 사람들에게 꼭 권하고 싶은 홈페이지다.

• http://animals.nationalgeographic.com/animals

내셔널 지오그래픽 공식 홈페이지인 http://www.nationalgeographic.com 안에 링크로 걸려있는 홈페이지다. 이 곳에 가면 원하는 동물을 찾아 그 동물에 관한 짤막한 동영상을 볼 수 있으며 각종 동물의 섭생에 대해서도 자세히 알 수 있다. 오랑우탄이 밀림 속 높은 나무에서 어떻게 움직이는지, 오랑우탄이 어떤 소리를 내며 우는지, 고릴라들이 얼마나 깊고 높은 산 속에 사는지 등등에 대해 매우 풍부한 정보를 담고 있으며 사진들도 멋지다. 동물을 사랑하는 사람이라면 시간 가는 줄 모르고 즐길 수 있는 홈페이지다.

찾아보기

⊙ 이 책의 저자와 김영사는 모든 사진과 자료의 출처 및 저작권을 확인하고 정상적인 절차를 밟아 사용했습니다. 일부 누락된 부분은 이후에 확인 과정을 거쳐 반영하겠습니다.

Jane Goodall

&

Louis Leakey

인류의 지성사를 이끌어온
100인의 지식인 마을 주인들